rororo

In diesem so informativen wie unterhaltsamen Buch legt John D. Barrow anhand einiger verblüffender Alltagsphänomene dar, warum die Dinge so laufen, wie sie laufen – von der Wahrscheinlichkeit, im Lotto zu gewinnen, bis hin zu der Linienführung von Achterbahnen und der Argumentation, die hinter der fairstmöglichen Scheidungsvereinbarung steckt. Mit einfachem mathematischem Grundwissen und erläuternden Abbildungen entzaubert er zahlreiche dieser kleinen Mythen, mit denen wir uns tagtäglich konfrontiert sehen. Haben Sie sich schon einmal überlegt, warum Sie scheinbar immer die längste Warteschlange erwischen? Warum sind drei einer zu viel? Oder warum trennen uns von allen Bewohnern dieser Erde angeblich nur sechs Schritte und nicht sieben? Dieses kleine schlaue Buch weiß all die Antworten auf diese verzwickten Fragen unseres Daseins und erspart uns fortan eine Menge Kopfzerbrechen.

John D. Barrow

100 Dinge, von denen du nicht wusstest, dass du sie nicht wusstest

Wie Mathematik unsere Welt erklärt

Deutsch von Hucky Maier

Rowohlt Taschenbuch Verlag

Für David und Emma

Die englische Originalausgabe erschien 2008 unter dem Titel «100 Essential Things You Didn't Know You Didn't Know» bei The Bodley Head/Random House, London.

Deutsche Erstausgabe
Veröffentlicht im Rowohlt Taschenbuch Verlag,
Reinbek bei Hamburg, September 2010

Lektorat Bernd Gottwald
Umschlaggestaltung ZERO Werbeagentur, München
(Abbildung: plainpicture/Jasmin Sander)
Satz Swift PostScript (InDesign) bei
KCS GmbH, Buchholz bei Hamburg
Druck und Bindung CPI – Clausen & Bosse, Leck
Printed in Germany
ISBN 978 3 499 62617 3

Inhaltsverzeichnis

Vorwort

Dieses kleine Buch ist voller bunter Geschichten, wie sich die Mathematik in unserem Alltag längst unverzichtbar gemacht und ungeahnte Tätigkeitsfelder erschlossen hat. Es erwartet Sie eine willkürliche Auswahl von hundert Geschichten, die keine bestimmte Reihenfolge aufweisen und ohne tieferen Sinn oder gar durchgehenden Handlungsstrang aneinandergereiht sind. Manchmal werden Sie mit bloßen Worten vorliebnehmen müssen, aber manchmal werden Sie auch Zahlen vorfinden und hin und wieder sogar weiterführende Anmerkungen zu den zugrunde liegenden mathematischen Formeln. Die Mathematik ist ein interessantes und auch wichtiges Feld, ist sie doch in der Lage, uns Dinge auf dieser Welt begreiflich zu machen, die wir auf andere Weise niemals zu verstehen imstande wären. Dies mag nicht weiter überraschen, wenn von den Tiefen der Elementarphysik oder der ganzen Bandbreite des astronomischen Universums die Rede ist. Dennoch hoffe ich, Sie sehen an dieser Stelle, wie einfache Gedankengänge alle möglichen Dinge in einem neuen Licht erscheinen lassen können, die wir ansonsten stinknormal fänden oder überhaupt nicht bewusst wahrnähmen.

Bei vielen der auf den folgenden Seiten aufgeführten Beispiele standen die Forschungsziele des Millenium Mathematics Projects* Pate, dessen Leitung ich 1999 in Cambridge übernahm. Zu zeigen, wie die Mathematik auf viele Fragen unseres Alltags eine Antwort parat hält, stellt nicht nur eine echte Herausforderung dar, sondern ist auch dazu angetan, Jung und Alt begreiflich zu machen, dass die Mathematik der Dreh- und Angelpunkt in unserem Weltverständnis ist.

* www.mmp.maths.org

Bedanken möchte ich mich bei Steve Brams, Marianne Freiberger, Jenny Gage, John Haigh, Jörg Hensgen, Helen Joyce, Tom Körner, Imre Leader, Drummond Moir, Robert Osserman, Jenny Piggott, David Spiegelhalter, Will Sulkin, Rachel Thomas, John H. Webb, Marc West und Robin Wilson für ihre konstruktive Kritik, ihren aufmunternden Zuspruch und andere praktische Ratschläge, die einen wertvollen Beitrag zur Zusammenstellung dieser kleinen Auswahl essenzieller Dinge leisteten.

Danke auch an Elisabeth, David, Roger und Louise für ihr nervtötend reges Interesse an diesem Buch. Manch eines meiner Familienmitglieder erklärt mir heute oft, warum Strommasten aus Dreiecken bestehen und Seiltänzer einen langen Stab mit sich herumschleppen. Bald werden auch Sie es wissen.

John D. Barrow

1

Der Strommast des Monats

Wie Moses einst das Meer teilte, so durchpflügt der Energieversorger PLC mit seinen Strommasten die Wohngebiete Oxfordshires bis ins «gelobte Land» – zum Kraftwerk nach Didcot.

(Aus Pylon of the Month, *Dezember 1999)*

An interessanten Websites zu diesem Thema mangelt es durchaus nicht, aber keine ist so verlockend wie *Pylon of the Month** – eine Website, die ursprünglich nur dazu gedacht war, ihre Besucher im monatlichen Turnus mit Schnappschüssen der faszinierendsten Strommasten dieser Welt zu erfreuen, und längst Kultstatus erlangt hat. Die Bilder auf der unten aufgeführten Website stammen aus Schottland. Leider Gottes scheint *Pylon of the Month* inzwischen nicht mehr ganz auf dem neuesten Stand zu sein, dennoch können wir von dieser Website immer noch etwas lernen, erzählt doch jeder Strommast aus Sicht des Mathematikers eine Geschichte. Über etwas, das so allgegenwärtig und uns so vertraut ist, dass es – wie etwa das Phänomen der Schwerkraft – weitgehend unbemerkt bleibt.

Achten Sie einmal, wenn Sie das nächste Mal mit dem Zug fahren, auf die Strommasten, die an ihrem Fenster vorbeifliegen. Jeder besteht aus einem Verbund von Metallstreben, die sich immer ein und derselben Form bedienen – des Dreiecks. Sie erkennen sowohl große Dreiecke als auch kleinere, die in die großen verschachtelt sind. Selbst vermeintlich offenkundige Quadrate und Rechtecke entpuppen sich bei nähe-

* http://www.drookitagain.co.uk/coppermine/thumbnails.php?album=34

rem Hinsehen als Paare einzelner Dreiecke. Einer der Gründe dafür ist nicht zuletzt eine interessante mathematische Geschichte, die im frühen 19. Jahrhundert mit dem Werk des französischen Mathematikers Augustin-Louis Cauchy ihren Ausgang nahm. Unter allen polygonalen Formen, die wir durch das Zusammenschrauben gerader Metallstreben zu bilden imstande sind, nimmt das Dreieck eine Sonderstellung ein. Es stellt die einzige Figur dar, die *starr* ist. Alle anderen könnten schrittweise in andere geometrische Figuren verwandelt werden, ohne das Metall zu verbiegen – vorausgesetzt, sie wären an ihren Eckpunkten mit Scharnieren versehen. Einfaches Beispiel: ein quadratischer oder rechteckiger Rahmen. Er kann jederzeit in ein Parallelogramm verwandelt werden, ohne seine Streben zu knicken. Dies ist ein wichtiger Gesichtspunkt, wenn es darum geht, angesichts beträchtlicher Temperaturschwankungen und stürmischer Winde die Stabilität einer Gesamtstruktur zu gewährleisten. Aus diesem Grund scheinen Strommasten dem Gott der Dreiecke gewidmete große Totems zu sein.

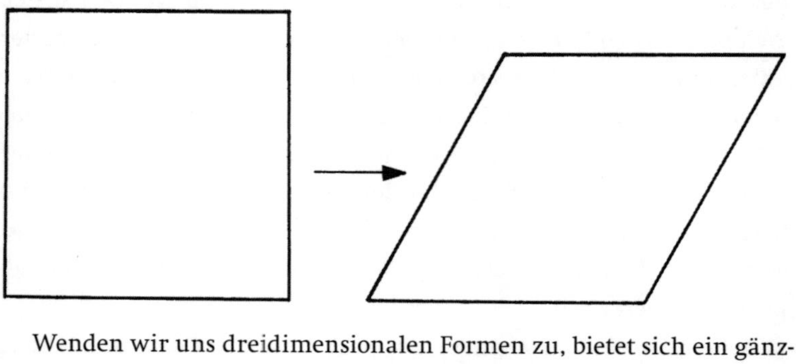

Wenden wir uns dreidimensionalen Formen zu, bietet sich ein gänzlich anderes Bild: Cauchy wies nach, dass *jedes* konvexe Polyeder (dessen Flächen also alle nach außen deuten) mit starren Flächen, die seitlich aufklappbar sind, starr ist. Gleiches gilt auch für konvexe Polyeder mit vier oder mehr räumlichen Dimensionen.

Wie verhält es sich nun mit den nicht-konvexen Polyedern, deren Flächen zum Teil nach innen deuten können? Sie sehen wesentlich instabiler aus. Die Beantwortung dieser Frage ließ bis zum Jahr 1978 auf sich warten, als Robert Connelly auf ein Beispiel für ein Polyeder mit nicht-konvexen Flächen stieß, das nicht starr ist, und anschließend nachwies, dass in all diesen Fällen – egal wie die Flächen nun verschoben werden – das Gesamtvolumen des Polyeders stets gleich bleibt. Allerdings scheinen nicht-konvexe Polyeder (die uns bereits bekannten ebenso wenig wie die noch zu entdeckenden) für Baustatiker aus praktischer Sicht nicht von besonders großem Interesse zu sein, weisen sie doch die Besonderheit auf, dass sie eine technisch absolut präzise Konstruktion erfordern, die der Ausbalancierung einer Nadel auf ihrer Spitze gleichkommt. Jede noch so kleine Abweichung bedeutet, das entstandene Gebilde ist starr, weshalb Mathematiker davon sprechen, dass «fast alle» Polyeder starr sind. All dies macht es scheinbar recht einfach, eine starre Konstruktion zu erlangen – aber Strommasten verbiegen sich und fallen um. Ich bin sicher, Sie können sehen warum.

2 Gleichgewichtssinn

Obwohl ich in privilegierten Verhältnissen aufwuchs, bin ich ein sehr ausgeglichener Mensch. Ich trage einen Chip auf beiden Schultern.

(Russell Crowe in A Beautiful Mind – Genie und Wahnsinn)

Viele Entscheidungen im Leben gleichen einem Hochseilakt zwischen Erfolg und Scheitern; man wägt Dinge gegeneinander ab oder versucht, sich einer Aufgabe zu entziehen, die einen immensen zeitlichen Aufwand mit sich brächte. Was ist jedoch mit den Leuten, die tatsächlich Hochseilakte vollführen? Neulich schaute ich mir einen alten Wochenschau-Film an, dessen Bilder heutzutage längst nichts Besonderes mehr darstellen: ein verrückter Hochseilartist, der todesmutig auf einem Drahtseil eine tiefe Schlucht und einen reißenden Fluss überquert. Der kleinste Fehltritt, und auch er wäre Newtons Gravitationsgesetz zum Opfer gefallen.

Wir alle haben schon einmal versucht, auf Holzsprossen oder -balken zu balancieren, und so sind uns aus eigener Erfahrung ein paar grundsätzliche Dinge vertraut, die dazu angetan sind, die Balance zu halten: sich nicht zur Seite neigen, aufrecht stehen, seinen Schwerpunkt niedrig halten. All die Kniffe, die man im Zirkus lernt. Aber diese Hochseilartisten halten offensichtlich immer einen sehr langen Stab in den Händen. Manchmal hängen diese Stäbe aufgrund ihres Gewichts an den Enden etwas durch, manchmal werden sie sogar mit Eimern beschwert. Warum, glauben Sie, machen diese Seiltänzer das?

Um verstehen zu können, warum der Seiltänzer einen langen Stab mit sich führt, um die Balance besser zu halten, müssen Sie das Prinzip der physikalischen Trägheit kennen. Je größer die träge Masse eines Körpers ist, desto weniger beeinflusst eine auf ihn einwirkende Kraft seine Bewegung. Dies hat nichts mit dem Schwerpunkt zu tun. Je weiter die Masse um den Schwerpunkt gestreut ist, desto größer ist die Trägheit des betreffenden Körpers, und desto schwieriger gestaltet es sich, diesen zu bewegen. Nehmen wir zwei Kugeln – eine massive und eine hohle – unterschiedlichen Materials, die den gleichen Durchmesser und die gleiche Masse aufweisen. Die Hohlkugel, deren gesamte Masse sich an der Oberfläche, also weit weg vom Schwerpunkt, befindet, ist schwerer zu bewegen und rollt zum Beispiel langsamer einen Abhang hinunter. In ähnlicher Weise erhöht der lange Stab die Trägheit des Hochseilartisten, indem er einen Teil der Masse von der Längsachse des Körpers weit nach außen verlagert – die Trägheit eines Körpers errechnet sich aus der Masse mal dem Entfernungsquadrat. Infolgedessen geht jedes von der Gleichgewichtsposition abweichende Wackeln langsamer vonstatten; die Auslenkung dauert länger, und der Seiltänzer hat somit mehr Zeit, dem Wackeln entgegenzuwirken und die Balance wiederherzustellen. Überzeugen Sie sich selbst, dass es viel einfacher ist, einen ein Meter langen Stock auf dem Finger zu balancieren als einen zehn Zentimeter langen.

3 Affentheater

I have a spelling chequer
It came with my pee sea
It plainly marques four my revue
Miss takes I cannot see

I've run this poem threw it
I'm shore yaw pleased to no
It's letter perfect in its weigh
My chequer told me sew …
(Barri Haynes)

Das berühmte *Theorem der endlos tippenden Affen*, das besagt, dass irgendwann die Werke Shakespeares entstehen, lässt man ein Heer von Affen unendlich lange willkürlich auf einer Schreibmaschine herumtippen, ist nicht von heute auf morgen entstanden.

In *Gullivers Reisen* – verfasst im Jahr 1782 – erzählt Jonathan Swift von einem geheimnisvollen Professor der Großen Akademie von Lagado, dessen Ziel es ist, einen Katalog zu erstellen, der sämtliche wissenschaftlichen Kenntnisse umfasst; dazu ließ er seine Studenten auf mechanischen Schreibmaschinen ununterbrochen zufällige Buchstabenfolgen produzieren. Die erste mechanische Schreibmaschine war 1714 patentiert worden. Nachdem verschiedene französische Mathematiker aus dem 18. und 19. Jahrhundert die Entstehung eines umfassenden Nachschlagewerks aus einer Flut willkürlich aneinander gereihter Buchstaben als extrem unwahrscheinlich abtaten, traten die Affen erstmals im Jahr 1909 auf den Plan, als der französische Mathematiker Émile

Borel die These aufstellte, willkürlich Schreibmaschinen schreibende Affen würden schließlich jedes Buch in Frankreichs Nationalbibliothek hervorbringen. Arthur Eddington griff 1928 diese Analogie in seinem berühmten Werk *Das Weltbild der Physik und ein Versuch seiner philosophischen Deutung* auf, allerdings anglisierte er die Bibliothek: «Würde ich meine Finger ziellos über die Tasten einer Schreibmaschine gleiten lassen, *könnte* es sein, dass meine Schreibkünste einen verständlichen Satz ergeben. Wenn nun ein ganzes Heer von Affen auf Schreibmaschinen herumklimpert, *könnte* dies dazu führen, dass dabei alle Bücher des Britischen Museums entstehen.»

Dieses oft zitierte Beispiel erkor schließlich «Sämtliche Werke Shakespeares» als aussichtsreichsten Kandidaten für eine auf diese Art zustande gekommene literarische Schöpfung. Interessanterweise gab es eine Website, die ein endloses, willkürliches Anschlagen von Schreibmaschinentasten simulierte und das Ergebnis anschließend mit «Sämtlichen Werken Shakespeares» abglich, um identische Buchstabenfolgen zu ermitteln. Diese Simulation begann am 1. Juli 2003 mit hundert Affen und dauerte bis vor kurzem an, wobei der Affenbestand alle paar Tage verdoppelt wurde. In diesem Zeitraum produzierten die Affen mehr als 10^{35} Seiten Text mit je 2000 Anschlägen.

Fortlaufende Aufzeichnungen dokumentieren alle rekordverdächtigen Zeichenfolgen bis ins Jahr 2007, als die Website des «Monkey Shakespeare Simulator»-Projekts schließlich nicht mehr aktualisiert wurde. Die Tageshöchstwerte bewegen sich recht gleichmäßig in einem Bereich von 18 bis 19 übereinstimmenden Zeichen, während die absolute Bestmarke peu à peu nach oben geschraubt wird. So findet sich zum Beispiel in einem von den Affen hervorgebrachten Fragment diese aus 18 Buchstaben bestehende Zeichenfolge:

... Theseus. Now faire UWfllaNWSK2d6L; wb ...

Die ersten 18 Zeichen entsprechen einem Auszug aus *Ein Sommernachtstraum*, der im Original folgendermaßen lautet:

... us. Now faire Hippolita, our nuptiall houre ...*

Vorübergehend lag der Rekord bei 21 Zeichen:

... KING. Let fame, that wtIA»yh!"VYONOvwsFOsbhzklH ...

Was den 21 Zeichen folgender Sequenz aus *Liebes Leid und Lust* entspricht:

KING. Let fame, that all hunt after in their lives,
Live regist'red upon our brazen tombs,
And then grace us in the disgrace of death; ...**

Im Dezember 2004 wurde mit 23 Zeichen ein neuer Rekord aufgestellt:

Poet. Good day Sir FhlOiX5a)OM,MLGtUGSxX4IfeHQbktQ ...

Dieses Fragment entspricht einer Textstelle aus der Tragödie *Timon von Athen*:

Poet. Good day Sir
Pain. I am glad y'are well
Poet. I haue not seene you long, how goes the World?
Pain. It weares sir, as it growes ...***

* aus *Ein Sommernachtstraum:*
Theseus. Nun rückt, Hippolyta, die Hochzeitsstunde ...

** aus *Liebes Leid und Lust:*
KÖNIG. Mag Ruhm, den jeder sucht, solang' er lebt,
Leben in Schrift auf unserm erznen Grabe
Und dann uns zieren in des Todes Unzier; ...

Im Januar 2005, nach 2737850 Millionen Milliarden Milliarden Milliarden (Simulations-)Jahren endloser Tipptätigkeit der Affen, konnte die Rekordmarke um ein weiteres Zeichen auf 24 Buchstaben gesteigert werden:

RUMOUR. Open your ears; 9r»5j5&?OWTY Z 0d 'B-nEoF.vjSqj(...

Was folgenden 24 Buchstaben aus *König Heinrich IV. (2. Teil)* entspricht:

RUMOUR. Open your ears; for which of you will stop
The vent of hearing when loud rumour speaks?****

Wenn es also noch eines Beweises bedurfte: Es ist alles nur eine Frage der Zeit!

.*** aus *Timon von Athen:*
Poet. Guten Tag, mein Herr
Mahler. Ich erfreue mich über euer Wohlbefinden.
Poet. Ich hab' euch lange nicht gesehen; wie geht's in der Welt?
Mahler. So daß es besser seyn könnte, mein Herr ...

**** GERÜCHT. Die Ohren auf! Denn wer von euch verstopft
Des Hörens Tor, wenn laut Gerüchte spricht?

4

Unabhängigkeitstag

Seitdem ich gelesen habe, die Wahrscheinlichkeit beträgt 1 zu 1000, dass jemand mit einer Bombe im Gepäck ein Flugzeug besteigt, führe ich auf allen meinen Flügen eine Bombe mit. Ich denke, die Wahrscheinlichkeit ist verschwindend gering, dass zwei Leute Bomben dabei haben.

(Verfasser unbekannt)

Ich erinnere mich noch gut an den 4. Juli 1977, den amerikanischen Unabhängigkeitstag. Abgesehen davon, dass es sich um einen der heißesten Tage seit Jahren in England handelte, stand an jenem Tag meine Promotionsprüfung in Oxford an. Und ein gewisses Maß an Unabhängigkeit – wenn auch einer etwas anderen Art – sollte sich auch hier als wichtig erweisen, hatte doch die erste Frage der Prüfer nicht das Geringste mit Kosmologie, dem eigentlichen Thema der Doktorarbeit, zu tun. Es ging vielmehr um Statistik. Einer der Prüfer hatte 32 Tippfehler in der Doktorarbeit ausfindig gemacht (damals gab es noch keine Textverarbeitungs- und Korrekturprogramme), der andere 23. So lautete die Frage: Wie viele weitere Tippfehler enthält die Arbeit wohl, die beiden entgangen waren? Aus verschiedenen Unterlagen ging schließlich hervor, dass 16 der Fehler von beiden Prüfern entdeckt worden waren. Weiß man dies, ist diese Frage nur schwer zu beantworten, wenn man von der Annahme ausgeht, die zwei Prüfer arbeiten unabhängig voneinander, sodass die Wahrscheinlichkeit, dass der eine einen Fehler entdeckt, nicht davon beeinflusst wird, ob der andere einen Fehler findet oder nicht.

Nehmen wir einmal an, die zwei Prüfer stießen auf A beziehungsweise B Fehler und C Fehler wurden von beiden entdeckt. Nehmen wir weiterhin an, die Wahrscheinlichkeit, dass der erste Prüfer einen Fehler findet, betrage a, und die Wahrscheinlichkeit, dass der zweite Prüfer einen Fehler findet, b. Betrüge die Gesamtzahl an Tippfehlern in der Doktorarbeit T, so wäre $A = aT$ und $B = bT$. Wenn die beiden Prüfer allerdings *unabhängig* voneinander Korrektur lesen, dann gilt, dass $C = abT$. Also $AB = abT^2 = CT$, weshalb die Gesamtzahl an Fehlern $T = AB / C$ beträgt, unabhängig von den Werten a und b. Da die von den Prüfern ermittelte Gesamtfehlerzahl $A + B - C$ ist (Hinweis: Die Fehler C, die von beiden entdeckt wurden, sind nicht doppelt zu zählen), beträgt die Gesamtzahl der unerkannten Fehler einfach $T - (A + B - C)$ oder $(A - C)(B - C) / C$. Anders ausgedrückt, das Produkt aus der Zahl der Fehler, die vom jeweils anderen Prüfer nicht entdeckt wurden, dividiert durch die Fehlerzahl, auf die beide stießen. Dies macht durchaus Sinn. Würden beide viele Fehler finden, aber keinen einzigen übereinstimmenden, wären sie wohl keine allzu guten Korrektoren, und aller Wahrscheinlichkeit nach existierte dann eine ganze Menge weiterer Fehler, die keiner von beiden entdeckte. In meiner Doktorarbeit war $A = 32$, $B = 23$ und $C = 16$, woraus sich eine zu erwartende Dunkelziffer nicht entdeckter Fehler von $(16 \times 7) / 16 = 7$ ergibt.

Diese Art der Beweisführung lässt sich in vielen Situationen anwenden. Stellen Sie sich etwa mehrere Ölsucher vor, die unabhängig voneinander Ölfeldern nachspüren: Wie viele blieben wohl unentdeckt? Oder wenn Ökologen auf der Basis mehrerer unabhängig voneinander zustande gekommener 24-Stunden-Zählungen einzelner Mitarbeiter herausfinden wollen, wie viele Tier- oder Vogelarten in einer bewaldeten Region beheimatet sind.

Ein ähnlich gelagertes Problem ergab sich bei der Analyse von Literatur. 1976 griffen zwei Statistiker aus Stanford auf eben diesen Ansatz zurück, um den Umfang von Shakespeares Wortschatz zu beziffern. Sie ermittelten die Anzahl unterschiedlicher Wörter, die in seinen Werken Verwendung finden, wobei Mehrfachbedeutungen mitberücksichtigt wurden. Shakespeare brachte insgesamt ungefähr 900 000 Wörter zu

Papier. Dabei benutzte er 31534 unterschiedliche Wörter, von denen 14376 nur einmal, 4343 nur zweimal und 2292 nur dreimal auftauchen. Sie berechneten, dass Shakespeare mindestens 35000 Wörter kannte, die in seinen Werken nicht vorkommen: er verfügte aller Wahrscheinlichkeit nach über einen Gesamtwortschatz von ca. 66500 Wörtern. Es mag Sie überraschen, aber dies entspricht in etwa Ihrem Wortschatz.

5

Rugby und Relativität

Rugby ist ein Spiel, von dem ich nun wirklich nicht behaupten kann, ich hätte es in all seinen Feinheiten verstanden. Natürlich sind mir die Regeln in groben Zügen bekannt. Ich meine, ich weiß, dass es beim Rugby grundsätzlich darum geht, den Ball irgendwie ans andere Ende des Spielfelds zu befördern, um ihn dort hinter einer Linie abzulegen. Und dass zur Erreichung dieses Ziels den Spielern beider Seiten ein gewisses Maß an Gewaltanwendung zugebilligt wird, um ihren Mitmenschen Dinge zuzufügen, die – passierten sie außerhalb des Spielfeldes – innerhalb von 14 Tagen unweigerlich vor den Kadi führten und mit einer empfindlichen Strafe wegen Körperverletzung endeten.

(Aus P. G. Wodehouse: Very Good, Jeeves*)*

Die Relativität der Bewegung muss nicht zwangsläufig ein Phänomen sein, das nur für Einstein interessant war. Wer hat nicht schon einmal die Erfahrung gemacht, auf einem Bahnhof in einem stehenden Eisenbahnwaggon zu sitzen und plötzlich das Gefühl zu haben, der Zug setze sich in Bewegung, nur um schließlich festzustellen, dass ein Zug auf dem Nachbargleis den Bahnhof soeben in die entgegengesetzte Richtung verlassen hat und der eigene Zug sich überhaupt nicht bewegt?

Hier ein weiteres Beispiel. Vor fünf Jahren stattete ich der University of New South Wales in Sydney einen zweiwöchigen Besuch ab, just zu der Zeit, als in den Medien und der Öffentlichkeit die Rugby-Union-Weltmeisterschaft das alles beherrschende Thema war. Ich schaute mir im Fernsehen ein paar von diesen Spielen an und machte dabei ein interessantes Relativitätsproblem aus, das der Prominenz im Studio entgangen war. Wozu ist ein Vorwärtspass relativ? Das Regelwerk ist eindeutig: man spricht von einem Vorwärtspass, wenn der Ball in Richtung der gegnerischen Torlinie geworfen wird. Wenn sich die Spieler jedoch bewegen, ist es für einen Beobachter aufgrund der Relativität der Bewegung schwieriger zu beurteilen, ob es sich nun um einen Vorwärtspass handelt oder nicht.

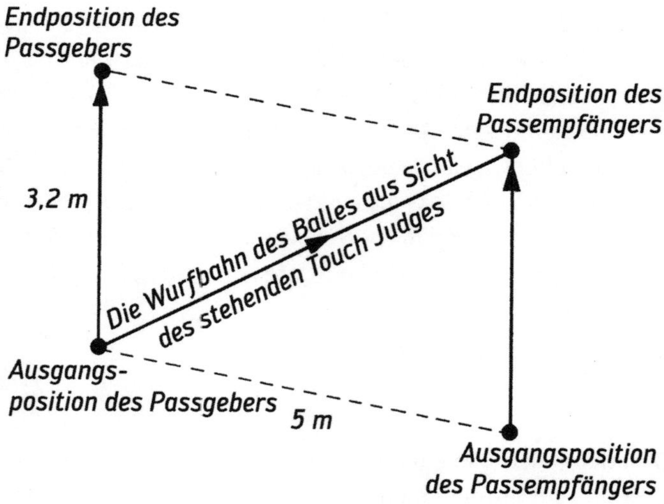

Stellen Sie sich vor, zwei angreifende Spieler laufen (wie in obiger Skizze) im Abstand von 5 Metern mit einer Geschwindigkeit von 8 Metern / Sek. auf parallelen, geraden Bahnen auf die gegnerische Torlinie zu. Ein Spieler – der Passempfänger oder «Receiver» – befindet sich einen Meter hinter dem anderen, ballführenden Spieler – dem Passgeber oder «Passer». Der Passgeber wirft dem Receiver den Ball mit 10 Metern / Sek. zu. Die zum Erdboden relative Geschwindigkeit des Balles be-

* Im Rugby / American Football eine Art Torrichter.

trägt $\sqrt{(10^2 + 8^2)}$ = 12,8 Meter / Sek., der Ball braucht somit 0,4 Sekunden, um die Strecke von 5 Metern zwischen den beiden Spielern zurückzulegen. In dieser Zeitspanne legt der Receiver eine Strecke von $8 \times 0{,}4 = 3{,}2$ Meter zurück. Als der Pass gespielt wird, befindet er sich – aus Sicht eines Schiedsrichters, der sich mit dem Passgeber auf gleicher Höhe befindet – 1 Meter hinter besagtem Passgeber, als er den Ball fängt, jedoch 2,2 Meter vor diesem. Er glaubt, es handelt sich um einen Vorwärtspass, und hebt seine Fahne. Aber der Schiedsrichter läuft neben dem Spielgeschehen her, sieht keine Vorwärtsbewegung des Balles und lässt folglich weiterspielen.

6

Und der Wagen, der rollt

My heart is like a wheel
Paul McCartney, »Let me roll it"

Irgendwann stellte ich an einem Wochenende fest, dass in den Zeitungen Vorschläge zur Einführung einer rigoroseren Geschwindigkeitsbeschränkung auf 35 km/h in sämtlichen Wohngebieten in Großbritannien diskutiert wurden, deren Einhaltung durch die Installierung unzähliger Radargeräte Nachdruck verliehen werden sollte. Abgesehen vom Aspekt der Verkehrssicherheit ergeben sich hieraus einige interessante Gesichtspunkte zur Rotationsbewegung, die vermuten lassen, dass die Radargeräte letztlich eine ganze Menge Schnappschüsse perplexer Fahrradfahrer liefern würden, die das Tempolimit offensichtlich erheblich überschritten haben. Wie das?

Nehmen wir einmal an, ein Fahrrad bewege sich mit der Geschwindigkeit V auf ein Radargerät zu. Das heißt, eine Radnabe oder der Körper des Radfahrers bewegen sich im Verhältnis zum Erdboden mit der Geschwindigkeit V. Betrachten wir jedoch die Vorgänge an verschiedenen Stellen eines sich drehenden Rades etwas genauer. Wenn das Rad nicht ins Rutschen gerät, muss die Geschwindigkeit an dem Punkt gleich null sein, wo das Rad Bodenkontakt hat. Verfügt das Rad über einen Radius von R und dreht sich mit der konstanten Rotationsgeschwindigkeit von W Umdrehungen pro Sekunde, kann die Geschwindigkeit am Kontaktpunkt auch als V – RW beschrieben werden. Dies muss null ergeben, weshalb V gleich RW ist. Die Vorwärtsgeschwindigkeit im Zentrum des Rads beträgt V, am obersten Punkt der Felge jedoch die Summe aus V plus Rotationsgeschwindigkeit. Also V + RW, was 2V entspricht. Wenn eine Kamera nun das Tempo eines sich nähernden oder entfernenden Fahrrads durch eine Geschwindigkeitsmessung am obersten Punkt der Felge ermittelt, registriert sie eine Geschwindigkeit, die doppelt so hoch ist wie die, mit der sich der Radfahrer bewegt. Dies mag vielleicht eine interessante Anregung für meine gebildeten Freunde sein, dennoch empfehle ich in diesem Fall ein Paar vernünftige Schutzbleche.

7

Augenmaß

Man kann der Wahrheit nur dann mit Logik auf die Spur kommen, wenn man sie bereits ohne Logik ergründet hat.
(G. K. Chesterton)

Es heißt, je größer, desto stärker. In unserer Welt gibt es unzählige Beispiele dafür, dass mehr Größe auch mehr Kraft bedeutet. Dass schwerere Boxer, Ringer oder Gewichtheber stärker sind als leichtere Kontrahenten, ist längst eine Binsenweisheit und äußert sich in der Einführung verschiedener Gewichtsklassen, um den sportlichen Wettkampf zu nivellieren. Aber wie schnell wächst die Kraft, wenn Gewicht oder Größe zunehmen? Kann sie Schritt halten? Immerhin ist ein Katzenjunges in der Lage, seinen kleinen, spitzen Schwanz kerzengerade zu halten, seine Mutter jedoch nicht, obwohl sie viel größer ist: Ihr Schwanz beugt sich unter der Last seines eigenen Gewichts.

Einfache Beispiele können sehr anschaulich sein. Nehmen Sie eine kurze Salzstange und brechen Sie sie in zwei Hälften. Und anschließend machen Sie das Gleiche mit einer wesentlich längeren Salzstange. Halten Sie die Salzstangen in beiden Fällen im gleichen Abstand zur Bruchstelle, werden Sie feststellen, dass die längere nicht schwerer zu brechen ist als die kürzere. Überlegen wir kurz, warum dies so ist. Unser Versuchsobjekt bricht entlang einer quer durch die Salzstange verlaufenden Bruchstelle. Und nur hier spielt die Musik: Ein dünner Verbund aus Salzstangenmolekülen wird gebrochen und reißt ab. Der Rest der Salzstange ist irrelevant. Selbst wenn sie hundert Meter lang wäre, bedürfte es keines höheren Kraftaufwands, um diesen dünnen Molekülverbund an einem Punkt der Länge nach zu brechen. Die Widerstandskraft der Salzstange ergibt sich aus der Anzahl der Molekülschichten, die entlang ihrer Querschnittsfläche gebrochen werden müssen. Je größer dieser Bereich ist, desto mehr Molekülschichten müssen gebrochen werden, entsprechend stärker hält die Salzstange dagegen. Kraft ist also proportional zur Querschnittsfläche, die sich in der Regel proportional zum Quadrat ihres Durchmessers verhält.

Ganz alltägliche Dinge verfügen über eine konstante Dichte, die ausschließlich von der durchschnittlichen Dichte der sie bildenden Atome abhängt. Aber Dichte ist Masse geteilt durch Volumen, also Masse geteilt durch die dritte Potenz der Größe. Hier auf der Erdoberfläche verhält sich die Masse proportional zum Gewicht, woraus sich für einigermaßen kugelförmige Objekte das simple «Proportionalitätsgesetz»

$$(\text{Kraft})^3 \propto (\text{Gewicht})^2$$

ergibt.

Diese einfache Faustregel ist der Schlüssel zum Verständnis aller möglichen Dinge. Das Verhältnis von Kraft zu Gewicht stellt sich als

$$\text{Kraft} / \text{Gewicht} \propto (\text{Gewicht})^{-1/3} \propto 1 / (\text{Größe})$$

dar. Wenn Sie also wachsen, kann Ihre Kraft mit Ihrem zunehmenden Gewicht nicht Schritt halten. Nähmen Ihre Abmessungen konstant an Größe zu, hielten Ihre Knochen irgendwann Ihrem Gewicht nicht mehr Stand, und Sie brächen zusammen. Aus diesem Grund existiert eine maximale Größe für alle irdischen Objekte, die aus Atomen und Molekülen bestehen – seien es nun Dinosaurier, Bäume oder Gebäude. Nähmen diese Objekte weiter an Gestalt und Größe zu, würden sie schließlich so groß, dass ihr Gewicht ausreichte, um die Molekülverbunde an ihrer Basis zu durchtrennen, und sie brächen unter der Last ihres eigenen Gewichts zusammen.

Am Anfang dieses Kapitels war von verschiedenen Sportarten die Rede, wo ein Größen- und Gewichtsvorteil derart drastisch ins Gewicht fällt, dass die Sportler je nach Körpergewicht in verschiedene Klassen eingeteilt werden. Unserem «Gesetz» zufolge müsste sich eine lineare Korrelation ergeben, wenn wir die dritte Potenz des zur Hochstrecke gebrachten Gewichts im Verhältnis zum Quadrat des Körpergewichts des Gewichthebers graphisch darstellen. Die folgende Darstellung zeigt anhand der aktuellen Weltrekorde aller Gewichtsklassen im Gewichtheben – genauer gesagt im Stoßen der Männer –, wie ein solcher Graph aussieht:

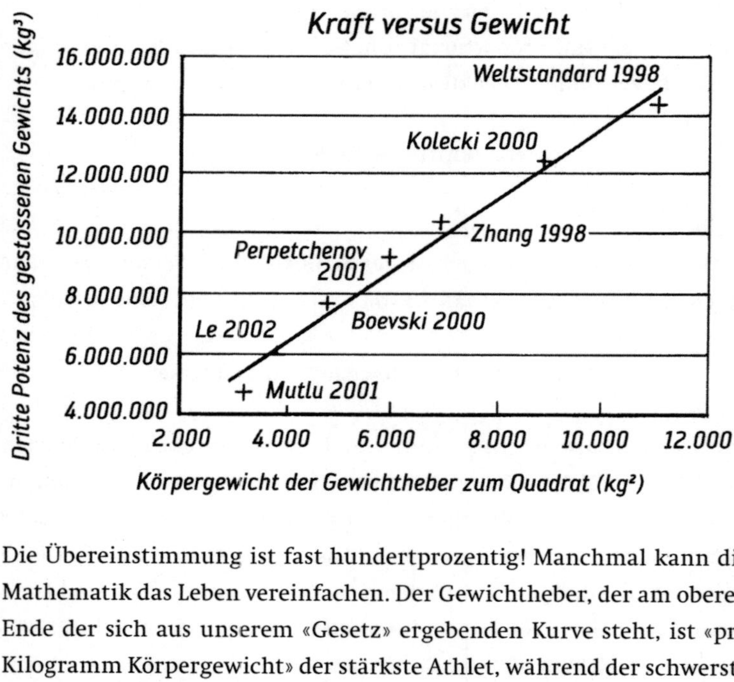

Die Übereinstimmung ist fast hundertprozentig! Manchmal kann die Mathematik das Leben vereinfachen. Der Gewichtheber, der am oberen Ende der sich aus unserem «Gesetz» ergebenden Kurve steht, ist «pro Kilogramm Körpergewicht» der stärkste Athlet, während der schwerste Gewichtheber, der am meisten Gewicht zur Hochstrecke bringt, in Wirklichkeit aus relativer Sicht der schwächste ist, wenn man seine Größe berücksichtigt.

8

Warum stehe ich immer in der langsameren Warteschlange?

The other man's grass is always greener.
The sun shines brighter on the other side.
(Aus einem Song von Petula Clark)

Wenn Sie am Flughafen oder auf der Post in einer Schlange stehen, haben auch Sie sicher schon festgestellt, dass sich die anderen Warteschlangen scheinbar schneller voranbewegen – immer. Bei zähfließendem Verkehr auf der Autobahn scheint es auf den anderen Fahrspuren immer schneller voranzugehen als auf der eigenen. Selbst ein Spurwechsel ändert daran nichts. Situationen wie diese sind auch unter der Bezeichnung «Murphys Gesetz» bekannt und scheinen Ausdruck eines zutiefst antagonistischen Prinzips unserer Realität zu sein. Oder vielleicht nur ein Symptom menschlicher Paranoia oder eine selektive Wahrnehmung der Dinge. Wir lassen uns von Zufällen beeindrucken, ohne die weitaus zahlreicheren Nicht-Zufälle zu hinterfragen, die wir geflissentlich übersehen. Der Eindruck, wir stünden so oft in der langsameren Warteschlange, muss nicht unbedingt eine Sinnestäuschung sein. Sondern eine Konsequenz der Tatsache, dass wir im Schnitt *wirklich* in der langsameren Warteschlange stehen!

Der Grund ist denkbar einfach. Im Schnitt befinden sich auf den langsamen Fahrspuren mehr Fahrzeuge und in den langsamen Warteschlangen mehr Leute. Und so ist die Wahrscheinlichkeit größer, sich in einer dieser Fahrspuren oder Warteschlangen wieder zu finden als in einer der weniger stark frequentierten, die schneller vorankommen.

Der Vorbehalt «im Schnitt» ist wichtig an dieser Stelle. Jede Schlange hat ihre eigenen, mitunter merkwürdigen Charakteristika – Leute, die ihren Geldbeutel vergessen haben oder ein Auto besitzen, das nicht schneller als 50 km/h fährt, und so weiter und so fort. Sie finden sich nicht ausnahmslos in der langsamsten Schlange wieder, aber wenn Sie alle Warteschlangen in Betracht ziehen, in die Sie sich *im Schnitt* stellen, ist die Wahrscheinlichkeit größer, dass Sie in einer der stärker frequentierten landen.

Diese Art der Selbstselektion führt zu einer Verzerrung, die in der Wissenschaft und bei der Analyse von Datenmaterial weit reichende Folgen haben kann – vor allem, wenn sie unbemerkt bleibt. Stellen Sie sich vor, Sie wollten herausfinden, ob regelmäßige Kirchgänger gesünder sind als Leute, die nicht zur Kirche gehen. Dabei lauert eine Falle, in die es nicht zu tappen gilt: Die gesundheitlich am stärksten angeschlagenen Leute sind nicht in der Lage, die Messe zu besuchen, weshalb es zu einem verzerrten Ergebnis führen würde, lediglich die im Gottesdienst anwesenden Personen zu zählen und deren Gesundheitszustand zu vermerken. Auch wenn wir einen Blick auf das Universum werfen, haben wir möglicherweise eine kopernikanische Erkenntnis im Hinterkopf und glauben, unsere Stellung im Universum sei nichts Besonderes.

Auch wenn wir getrost davon ausgehen können, dass wir nicht *in jeder Beziehung* etwas Besonderes sind, wäre es doch ein gravierender Fehler, zu glauben, unser Dasein stelle *in keiner Weise* etwas Besonderes dar. Leben kann nur an Orten existieren, wo besondere Bedingungen herrschen: am wahrscheinlichsten dort, wo es Sterne und Planeten gibt. Diese Objekte entstehen nur an bestimmten Orten, an denen größere Vorkommen des Ausgangsstoffs Staub vorhanden sind, als dies im Durchschnitt der Fall ist. Wenn wir also wissenschaftliche Untersuchungen durchführen oder mit Datenmaterial konfrontiert werden, lautet die wichtigste Frage, die es stets zu stellen gilt, ob die Ergebnisse eine Tendenz erkennen lassen, die es uns erlaubt, zu einem unzweideutigen Schluss zu kommen.

9 Drei sind einer zu viel

Runter kommen sie alle.
(Verfasser unbekannt)

Zwei Menschen, die gut miteinander können, machen mitunter die Erfahrung, dass ihre Freundschaft ins Wanken gerät, wenn ein Dritter in ihrem Dunstkreis auftaucht. Dies ist umso bemerkenswerter, wenn es sich bei der zugrunde liegenden Anziehungskraft um Gravitation handelt. Von Newton haben wir gelernt, dass zwei Objekte aufgrund der Wechselwirkung ihrer Gravitationskräfte in der Lage sind, auf einer stabilen Umlaufbahn um ihren Masseschwerpunkt zu kreisen – wie dies bei Erde und Mond der Fall ist. Kommt jedoch ein weiteres Objekt mit ähnlicher Masse hinzu, hat dies in der Regel dramatische Folgen. Das Zusammenspiel der Gravitationskräfte führt dazu, dass ein Objekt aus dem System katapultiert wird und die zwei verbleibenden Objekte in eine engere, stabile Umlaufbahn gezwängt werden.

Ausgehend von diesem simplen, so genannten *Slingshot*-Manöver entdeckte Jeff Xia im Jahr 1992 eine außergewöhnliche Eigenschaft des Newtonschen Gravitationsgesetzes, die man in dieser Form nie und nimmer erwarten würde. Nehmen wir vier Teilchen mit der gleichen Masse M und lassen diese paarweise auf zwei parallelen Ebenen ineinander in entgegengesetzter Richtung umkreisen, sodass kein Gesamtdrehimpuls entsteht. Fügen wir dieser Konstellation nun ein weiteres, wesentlich leichteres Teilchen m hinzu, das auf der Senkrechten zwischen den Massezentren der beiden Teilchenpaare oszilliert, dehnt sich dieses aus fünf Teilchen bestehende System in einem endlichen Zeitraum unendlich weit aus!

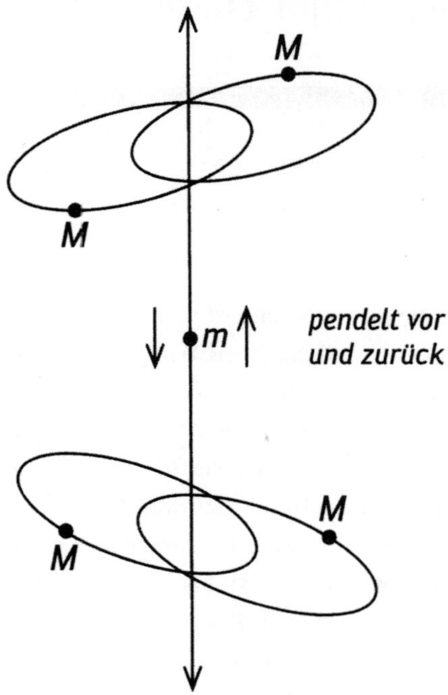

Wie ist dies zu erklären? Das kleine, oszillierende Teilchen schwirrt von einem Teilchenpaar zum anderen, wo es ein kleines Dreikörperproblem heraufbeschwört und weggeschleudert wird, während das betroffene Teilchenpaar nach außen zurückprallt, um seinen Drehimpuls zu erhalten. Daraufhin wandert das leichteste Teilchen zum anderen Teilchenpaar, wo sich das gleiche Szenario wiederholt. Dies geschieht ohne Unterlass immer und immer wieder und beschleunigt die beiden Teilchenpaare so extrem, dass sie sich innerhalb eines endlichen Zeitraums unendlich weit voneinander entfernen – ein Prozess, in dessen

Verlauf eine unendliche Anzahl von oszillierenden Pendelbewegungen zu verzeichnen ist.

Dieses Beispiel ist in der Tat dazu angetan, ein altes Problem zu lösen, das von Philosophen immer wieder aufgeworfen wurde: die Frage, ob es möglich ist, in einem endlichen Zeitraum eine unendliche Anzahl von Handlungen zu vollbringen. In einer Newton'schen Welt, in der der Geschwindigkeit keine Grenzen gesetzt sind, ist dies eindeutig möglich, leider (oder vielleicht glücklicherweise) jedoch nicht, wenn wir Einsteins Relativitätstheorie berücksichtigen. Keine Information kann schneller übertragen werden als mit Lichtgeschwindigkeit, und außerdem können in Einsteins Theorie zur Relativität von Bewegung und Gravitation die Gravitationskräfte nicht beliebig anwachsen.

Ebenso wenig sind Massen in der Lage, sich einander beliebig anzunähern, um anschließend zurückzuprallen. Unterschreiten zwei Objekte mit der Masse M eine Entfernung von $4GM / c^2$, wobei G die Newton'sche Gravitationskonstante und c die Lichtgeschwindigkeit darstellen, bildet sich unwiderruflich eine Horizontoberfläche um die beiden Objekte, und es entsteht ein Schwarzes Loch, vor dem es kein Entrinnen gibt.

Sie können diesen *Slingshot*-Effekt der Schwerkraft mit einem einfachen Experiment in Ihrem Garten hinterm Haus nachstellen. Es zeigt, wie drei Objekte ihre Kräfte zu vereinen und einen gewaltigen Rückstoß zu erzeugen imstande sind bei dem Versuch, ihren Drehimpuls zu erhalten, wenn sie einander in geringem Abstand passieren (wie dies bei astronomischen Objekten der Fall ist) oder kollidieren (wie in unserem Experiment).

Die drei Objekte sind die Erde, ein großer Ball (z.B. ein Basketball oder ein Fußball mit glatter Oberfläche) und ein kleiner Ball (z.B. ein Tischtennis- oder Tennisball). Halten Sie nun den kleinen Ball auf Brusthöhe direkt über den großen und lassen beide Bälle gleichzeitig fallen, springt der große Ball zuerst auf, prallt vom Boden zurück nach oben und kollidiert mit dem kleinen Ball, während dieser sich noch in der Abwärtsbewegung befindet. Das Ergebnis ist recht drastisch. Der kleine Ball schnellt ungefähr *neun* Mal höher empor, als dies der Fall gewesen wäre, hätte man ihn aus der gleichen Höhe einfach auf den Boden fallen lassen.* In Ihrem Wohnzimmer sollten Sie derlei Experimente also tunlichst unterlassen!

* Der Basketball springt mit der Geschwindigkeit V vom Boden zurück und trifft auf den Tischtennisball, der sich – ebenfalls mit der Geschwindigkeit V – noch in der Abwärtsbewegung befindet. Im Verhältnis zum Basketball springt der Tischtennisball also mit einer Geschwindigkeit von 2V nach oben, nachdem seine Flugrichtung durch die Kollision umgekehrt wurde. Da sich der Basketball im Verhältnis zum Boden mit der Geschwindigkeit V bewegt, springt der Tischtennisball nach der Kollision im Verhältnis zum Boden mit 2V + V = 3V nach oben. Die Höhe, die er dabei erreicht, ist proportional zur Geschwindigkeit im Quadrat (V^2), weshalb er 3^2 = 9-mal höher springt als ohne die Kollision mit dem Basketball. In Wirklichkeit sorgt der durch die Aufpralle verursachte Energieverlust allerdings dafür, dass er diese Höhe nicht ganz erreicht.

10

Und die Welt ist doch klein!

Die Welt ist klein, aber wir drehen am großen Rad.
(Sasha Azevedo)

Wie viele Leute kennen Sie? Sagen wir 100, um eine runde Zahl zu nennen, die gesunden Durchschnitt darstellt. Kennt nun jeder Ihrer 100 Bekannten seinerseits 100 weitere Leute, stehen Sie mit einem Schritt mit 10 000 Menschen in Verbindung: Sie verfügen also über weit mehr Verbindungen, als Sie dachten. Wiederholt sich ein derartiger Schritt n Mal, stehen Sie mit $10^{2(n+1)}$ Menschen in Verbindung. Bedenkt man, dass die derzeitige Weltbevölkerung auf 6,65 Milliarden – oder $10^{9,8}$ – Menschen geschätzt wird, verfügen Sie über mehr Verbindungen, als Menschen auf der Erde leben, sofern $2(n + 1)$ größer ist als 9,8. Dies ist der Fall, wenn n größer als 3,9 ist, will heißen, 4 solcher Schritte reichten aus.

Dieses Ergebnis ist durchaus bemerkenswert. Es impliziert allerdings eine ganze Reihe von Annahmen, die nicht ganz zutreffend sind, wie etwa die, dass es sich bei allen Freunden Ihrer Freunde um verschiedene Personen handelt. Doch selbst wenn man bei einer etwas akkurateren Zählung etwaige Überschneidungen berücksichtigt, macht dies keinen großen Unterschied. Sechs Schritte reichen aus, um mit jedem Menschen auf der Erde in Verbindung zu stehen. Probieren Sie es aus – Sie werden sich wundern, wie oft weniger als sechs Schritte vonnöten sind, um eine Verbindung zu berühmten Persönlichkeiten herzustellen.

Dies sollte Sie jedoch nicht dazu verleiten, jetzt insgeheim über Ihre Verbindungen zum Premierminister, David Beckham oder dem Papst zu sinnieren. Sie werden diesen Prominenten überraschend nahe kommen, weil sie über viele Verbindungen zu anderen Leuten verfügen. Aber versuchen Sie einmal, eine Verbindung zu einem Amazonas-Indianer oder einem mongolischen Hirten herzustellen, und Sie werden sehen, dass die Verknüpfungskette wesentlich länger ist. Möglicherweise sind Sie nicht einmal in der Lage, sie zu Ende zu führen. Diese Personen leben in Sippen, die außerhalb ihrer unmittelbaren, eng verflochtenen Lebensgemeinschaft sehr einfache Verknüpfungsstrukturen aufweisen.

X------X------X------X------X

Stellt Ihr Verknüpfungsnetzwerk eine Kette oder einen Kreis dar, verfügen Sie in beide Richtungen nur über *eine* Verbindung zu *einer* Person, der Grad Ihrer Gesamtvernetzung fällt eher spärlich aus. Befinden Sie sich jedoch in einem in sich vielfältig vernetzten Ring solcher Verbindungen, können Sie von jedem beliebigen Punkt auf der Kreislinie sehr schnell zu einem anderen beliebigen Punkt auf der Kreislinie eine Verbindung herstellen.

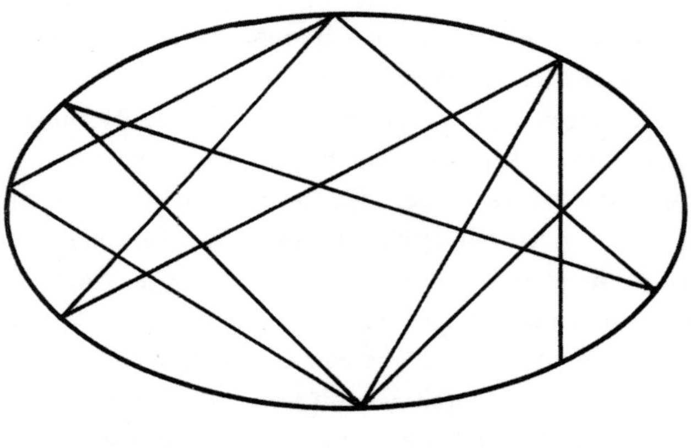

Wir haben angefangen zu begreifen, wie kolossal die Auswirkungen einiger weniger weit reichender Verbindungen für den Grad der Gesamtvernetzung sein können. Ein paar Knotenpunkte, die viele Verknüpfungen zu anderen, in der Nähe liegenden Punkten aufweisen, lassen sich äußerst wirkungsvoll vernetzen, indem man zwischen ihnen einige wenige weit reichende Verbindungen installiert.

Diese Erkenntnisse sind von Bedeutung, wenn es etwa um die Frage geht, welcher Vernetzungsgrad vonnöten ist, um Telefonverbindungen für alle Mobilfunknutzer zu gewährleisten, oder inwieweit ein paar infizierte Einzelpersonen in der Lage sind, ihre Krankheit durch Interaktionen mit Mitgliedern einer Bevölkerungsgruppe auszubreiten. Wenn Fluggesellschaften die Anordnung ihrer internationalen Drehkreuze und Flugrouten austüfteln, um die Flugzeiten zu minimieren oder die Anzahl von Städten zu maximieren, die sie mit einem einzigen Flugzeugwechsel miteinander verbinden können, oder die Kosten zu minimieren, müssen sie imstande sein, die mitunter überraschenden Eigenschaften derartiger Netzwerke «im Kleinen» zu verstehen.

Ein Blick auf den Vernetzungsgrad zeigt, dass die «Welt» auf vielen Ebenen existiert: Zwischen Transport-, Telefon- oder E-Mail-Verbindungen bilden sich Querverbindungen, Netzwerke entstehen, die uns auf ungewöhnliche Weise verbinden. Alles liegt allem wesentlich näher, als wir dachten.

11

Mach die Lücke dicht!

Like a bridge over troubled water.
(Paul Simon und Art Garfunkel)

Eine der größten Errungenschaften menschlicher Ingenieurskunst ist der Brückenbau, um Flüsse und Schluchten zu überspannen, die andernfalls ein unüberwindliches Hindernis darstellten. Diese gigantischen Bauprojekte sind oftmals von einer ästhetischen Qualität, die sie auf einen Spitzenplatz in der Reihe der modernen Weltwunder katapultiert. Die elegante Golden Gate Bridge in San Franzisko, Brunels bemerkenswerte Clifton Suspension Bridge in Bristol und die Hercilio-Luz-Brücke in Brasilien weisen allesamt eine spektakuläre Form auf, deren sanfte Linienführung uns vertraut erscheint. Was hat es mit diesen Brücken nun auf sich?

Es gibt zwei interessante Formen, die immer dann auftreten, wenn bei Brückenkonstruktionen Ketten und Gewicht frei hängend angebracht sind, und die oftmals verwechselt oder irrtümlich für ein und dieselbe Form gehalten werden. Ursprünglich bestand das Problem darin, die Form zu beschreiben, die eine Kette (oder ein Tragseil) hervorbringt, deren Enden an zwei Punkten auf gleicher Höhe befestigt sind. Sie können diese Form leicht selbst ausmachen. Der erste Mensch, der diese Form beschreiben zu können für sich in Anspruch nahm, war Galileo, der im Jahr 1638 die Behauptung aufstellte, dass eine in dieser Weise aufgehängte Kette, die dem Einfluss der Schwerkraft unterliegt, die Form einer Parabel annehmen würde (deren Funktionsgraph $y^2 = Ax$ lautet, wobei A jede positive Zahl darstellt). Aber 1669 wurde er von Joachim Jungius widerlegt, einem deutschen Mathematiker, der sich vor allem mit angewandter Mathematik im Zusammenhang mit physikalischen Problemen beschäftigte. Gottfried Leibniz, Christiaan Huygens, David Gregory und Johann Bernoulli gelang es schließlich im Jahr 1691, die bis heute gültige Gleichung für eine frei hängende Kette aufzustellen, nachdem das Problem ein Jahr zuvor von Johann Bernoulli öffentlich zur wissenschaftlichen Herausforderung deklariert worden war. Huygens bezeichnete die Kurve in Anlehnung an das lateinische Wort *catena* für «Kette» zunächst als *catenaria*, wie aus einem Brief an Leibniz hervorgeht. Die Einführung der angelsächsischen Entsprechung *catenary* – zu deutsch: *Katenoide* – ist allerdings wohl dem amerikanischen Präsidenten Thomas Jefferson zuzuschreiben, der sich in einem vom 15. September 1788 datierten Brief an Thomas Paine über die Gestaltung einer Brücke ausließ. Diese Form ist mitunter auch als *Ketten-* oder *Seilkurve* bekannt.

Die Form einer Katenoide spiegelt die Tatsache wider, dass die Spannung einer Kette deren gesamtes Gewicht trägt und infolgedessen das Gewicht, das an einem beliebigen Punkt der Kette entsteht, proportional zur Länge der Kette zwischen eben diesem und dem tiefsten Punkt der Kette ist. Die Gleichung für eine frei hängende Kette lautet $y = B\cosh(x / B)$, wobei B die konstante Spannung der Kette, dividiert durch ihr Gewicht pro Längeneinheit, darstellt.[1] Hält man zwei Enden eines Teilstücks einer frei hängenden Kette und bewegt diese aufeinander zu beziehungsweise voneinander weg, wird die Form des Kettenstrangs weiterhin durch diese Formel beschrieben, wobei B allerdings für jede Position einen anderen Wert annimmt. Diese Kurve kann auch anhand der Form abgeleitet werden, die den Schwerpunkt der frei hängenden Kette so tief wie möglich verlagert.

Ein weiteres eindrucksvolles Beispiel für eine von Menschenhand geschaffene Kettenlinie kann man in St. Louis, Missouri, bewundern, wo der Gateway Arch eine auf dem Kopf stehende Katenoide darstellt. Dies ist die ideale Form für einen sich selbst tragenden Bogen, was die Scherspannung auf ein Minimum reduziert, da die Spannung stets entlang der Bogenlinie zum Boden hin verläuft. Die genaue mathematische Formel birgt der Bogen in sich. Aus diesen Gründen bedienen sich Architekten oft katenoidförmiger Bögen, um die Festigkeit und Stabilität eines Bauwerks zu optimieren; ein Musterbeispiel hierfür liefert Antoni Gaudis unvollendete Sagrada Familia in Barcelona mit ihren hoch aufragenden Bögen.

Auch der von John Nash im Jahr 1819 als Artilleriemuseum konzipierte Rotunda-Bau am Rande von Woolwich Common in London fällt unter die Rubrik imposanter katenoidförmiger Strukturen. Sein markantes zeltähnliches Dach, das in seiner Formgebung einem Armee-Rundzelt nachempfunden ist, weist die Form einer halbierten Kettenlinie auf.

John Nashs Rotunda-Bau

Allerdings existiert ein gewaltiger Unterschied zwischen einer frei hängenden Kette und einer Kettenbrücke wie der Clifton oder der Golden Gate Bridge. Kettenbrücken müssen nicht nur das Gewicht ihrer eigenen Ketten oder Tragseile tragen. Die Brückenplatte macht den überwiegenden Großteil des vom Tragseil einer Brücke zu bewältigenden Gewichts aus. Ist diese horizontal und weist auf ganzer Länge eine konstante Dichte und Querschnittsfläche auf, ergibt sich für die Form des Tragseils die Gleichung einer Parabel mit $y = x^2 / 2B$, wobei B (wie im Fall einer frei hängenden Kette) eine Konstante darstellt, die sich aus der Spannung geteilt durch das Gewicht pro Längeneinheit der Brückenplatte ergibt.

Eine der außergewöhnlichsten Vertreterinnen ihrer Art ist die Clifton Suspension Bridge in Bristol, die im Jahr 1829 von Isambard Kingdom Brunel konzipiert, aber erst 1865 – drei Jahre nach seinem Tod – fertiggestellt wurde. Ihre wunderschöne parabelförmige Gestaltung setzt dem größten Ingenieur seit Archimedes ein würdiges Denkmal.

12

Die fehlende Sammelkarte

Warum sammeln unsere Kinder heutzutage nichts mehr? Wo sind nur diese akribisch geführten Briefmarkenalben geblieben ...?

(Woman's Hour, *BBC Radio 4)*

Vergangenes Wochenende stieß ich zufällig auf zwei Kartenspiele, die ich als kleiner Junge gesammelt hatte und die zwischen irgendwelchen Büchern in den hinteren Regionen meines Bücherschranks verstaubten. Jedes Spiel bestand aus fünfzig Karten mit qualitativ hochwertigen Farbfotos von Oldtimern, deren technische Daten auf der Rückseite der Karten detailliert aufgeführt waren. Karten zu sammeln war früher einmal der letzte Schrei. Es gab Quartette mit Militärflugzeugen, Tieren, Blumen, Schiffen und Sportlern – waren doch all diese Kartenspiele eher für Jungen gedacht –, und die Vervollständigung eines Quartetts ging mit dem Kauf von unzähligen Päckchen Kaugummis, Cornflakes oder Tee einher. Genau wie heute bei den Panini-Stickern stand der Fußball (in den USA war es Baseball) an erster Stelle in der Beliebtheitsskala der verschiedenen Sportarten, und ich hegte seit jeher gewisse Zweifel an der allgemeinen Annahme, jede Spieler-Karte sei in gleicher Anzahl vertreten. Irgendwie schien jeder hauptsächlich damit beschäftigt zu sein, in Besitz der Bobby-Charlton- oder Franz-Beckenbauer-Karte zu kommen, die als letzte Karte zur Vervollständigung des Spiels vonnöten war. Alle anderen Spieler konnte man sich besorgen, indem man mit Freunden doppelt vorhandene Karten tauschte, nur eben diese entscheidende letzte Karte fehlte jedem von uns.

Erleichtert stellte ich fest, dass selbst meine Kinder einer ähnlichen

Sammelleidenschaft frönen. Die Objekte der Begierde mögen heute andere sein, aber der Grundgedanke ist der gleiche geblieben. Was hat nun die Mathematik mit all dem zu tun? Es stellt sich die interessante Frage, wie viele Karten man voraussichtlich kaufen muss, um ein Spiel vollständig beisammen zu haben, wenn man von der Annahme ausgeht, jede Karte werde in gleicher Stückzahl produziert und befinde sich mit gleicher Wahrscheinlichkeit im nächsten Päckchen Kaugummi oder Cornflakes, das man erwartungsvoll aufreißt. Die beiden Auto-Quartette, auf die ich zufällig stieß, bestanden aus je 50 Karten. Die erste Karte, zu der man gelangt, ist in jedem Fall eine, die man noch nicht hat, aber wie sieht es mit der zweiten aus? Die Wahrscheinlichkeit, diese noch nicht zu besitzen, beträgt 49 / 50; bei der nächsten Karte verringert sich diese Wahrscheinlichkeit auf 48 / 50 und so weiter.

Sind Sie im Besitz von 40 verschiedenen Karten, beträgt die Wahrscheinlichkeit 10 / 50, dass die nächste Karte eine sein wird, die Sie noch nicht haben. Folglich müssen Sie im Mittel 50 / 10 – sprich: 5 – weitere Karten kaufen, um über überdurchschnittliche Chancen zu verfügen, eine weitere neue Karte zu erlangen, die Ihnen zur Vervollständigung Ihres Kartenspiels bislang noch fehlt. Um Ihr aus 50 Karten bestehendes Spiel zu vervollständigen, müssen Sie also im Mittel die Gesamtsumme aus den 50 Termen

$$50 / 50 + 50 / 49 + 50 / 48 \ldots + 50 / 3 + 50 / 2 + 50 / 1$$

an Karten kaufen. Dabei steht der erste Term für die erste Karte (die in jedem Fall neu ist) und jeder weitere für die Anzahl von Karten, die Sie jeweils hinzukaufen müssen, um in den Besitz der zweiten, dritten und aller folgenden noch fehlenden Spielkarten zu gelangen und Ihr aus 50 Karten bestehendes Spiel zu vervollständigen. Kartenspiele können die unterschiedlichste Anzahl von Karten umfassen. Lassen Sie uns also ein aus beliebig vielen Karten bestehendes Spiel betrachten, dessen Kartenanzahl wir als N bezeichnen. Legen wir die gleiche Logik wie oben zugrunde, bedeutet dies, wir müssen im Mittel insgesamt

$$(N / N) + (N / N\text{-}1) + (N / N\text{-}2) + \ldots + N / 2 + N / 1$$

Karten kaufen.

Kürzt man den gemeinsamen Faktor N aus dem Zähler jedes Terms, ergibt dies

$$N(1 + 1 / 2 + 1 / 3 + \ldots + 1 / N).$$

Die Summe aller Terme in Klammern stellt die berühmte «harmonische» Reihe dar. Nimmt N einen hohen Wert an, gilt der Näherungswert 0,58 + ln(N), wobei ln(N) der natürliche Logarithmus von N ist. Nimmt N also einen reellen hohen Wert an, stellen wir fest, dass die Anzahl von Karten, die wir zur Vervollständigung unseres Spiels kaufen müssen, im Mittel näherungsweise

$$N \times (0{,}58 + \ln(N))$$

beträgt.

Im Falle meiner aus 50 Karten bestehenden Autoquartett-Spiele ergibt dies einen Wert von 224,5; um in den Besitz aller 50 Karten zu gelangen, hätte ich seinerzeit also von 225 zu kaufenden Karten ausgehen müssen. Im Übrigen zeigt unsere Berechnung, dass die zweite Hälfte des Kartenspiels wesentlich schwieriger zu erlangen ist als die erste. Die Kartenanzahl, die es zu kaufen gilt, um in den Besitz der N / 2 Karten eines halben Kartenspiels zu gelangen, beträgt

$$(N / N) + (N / N\text{-}1) + (N / N\text{-}2) + \ldots + (N / \tfrac{1}{2}\, N\text{+}1),$$

was die Differenz zwischen der Summe aus N Termen plus N harmonischen Reihen sowie der Summe aus N / 2 Termen plus N harmonischen Reihen darstellt.

Die Anzahl von Karten, die es zu kaufen gilt, um ein halbes Kartenspiel sein eigen nennen zu können, beträgt folglich

$$N \times (\ln(N) + 0{,}58 - \ln(N / 2) - 0{,}58) = N\ln(2) = 0{,}7N.$$

Einfacher ausgedrückt ist also der Kauf von 35 Karten vonnöten, um in den Besitz der ersten Hälfte eines wie in unserem Fall aus 50 Karten bestehenden Spiels zu gelangen.

Ich frage mich, ob die Hersteller ursprünglich ebenfalls solche Überlegungen anstellten. Sie hätten gut daran getan, sind derartige Berechnungen doch in der Tat dazu angetan, langfristig den größtmöglichen zu erwartenden Gewinn zu ermitteln, der sich aus der Vermarktung eines Kartenspiels mit einer bestimmten Kartenanzahl ergibt. Dabei handelt es sich deshalb um den größt*möglichen* Gewinn, weil die Sammler untereinander Karten tauschen und auf diese Art und Weise in der Lage sind, an neue Karten zu kommen anstatt diese zu kaufen.

Wie wirken sich nun diese Tauschaktivitäten unter Freunden mit doppelt vorhandenen Karten aus? Nehmen wir einmal an, Sie haben F Freunde und alle werfen ihre Karten in die Mitte, um F+1 Kartenspiele zusammenzustellen, sodass jeder über ein Kartenspiel verfügt. Wie viele Karten wären dafür wohl vonnöten? Wenn N – sprich: die Anzahl von Karten, die das Spiel umfasst – groß ist und alle ihre Karten zusammenwerfen, lautet die Antwort auf diese Frage

$$N \times (\ln(N) + F \ln(\ln N) + 0{,}58).$$

Hätten Sie und Ihre Freunde dagegen jeweils ein Kartenspiel komplettiert, ohne untereinander Karten zu tauschen, betrüge die zur Vervollständigung von F+1 Kartenspielen benötigte Anzahl von Karten ungefähr $(F+1)N(\ln(N) + 0{,}58)$. Ist N gleich 50, bedeutete dies, Sie könnten sich den Kauf von 156F Karten sparen. Selbst wenn F nur 1 beträgt, stellt dies eine beträchtliche Ersparnis dar.

Sind Sie etwas bewandert in Statistik, können Sie nachweisen, dass die zu erwartende Abweichung von dem Ergebnis $N \times (0{,}58 + \ln(N))$ in etwa 1,3 N beträgt. Dies ist nicht unerheblich in der Praxis, bedeutet es doch, dass Sie mit 66%-iger Wahrscheinlichkeit entweder 1,3 N

Karten mehr oder 1,3 N Karten weniger als im Durchschnitt zu kaufen haben. Im Falle unseres aus 50 Karten bestehenden Spiels kann die zu erwartende Anzahl von Kartenkäufen mit 65 beziffert werden. Vor ein paar Jahren kursierte das Gerücht, dass eine Gruppe von Personen verschiedene staatliche Lotterien ins Visier genommen hatte, um sich den Hauptgewinn zu sichern. Zu diesem Zweck berechneten die Leute die durchschnittliche Anzahl von Losen, die es zu kaufen galt, um mit hoher Wahrscheinlichkeit in den Besitz sämtlicher Losnummern zu gelangen – einschließlich des Gewinnloses; sie versäumten es zwar, die wahrscheinliche Abweichung vom Durchschnittsergebnis in ihre Berechnungen einzubeziehen, hatten jedoch ausgesprochenes Glück, das Gewinnlos unter den Millionen von Losen vorzufinden, die sie gekauft hatten.

Wenn die Wahrscheinlichkeit, mit der jede Karte auftaucht, nicht die gleiche ist, wird das Problem komplexer, jedoch nicht unlösbar. In diesem Fall verhält es sich eher wie beim Sammeln von Münzen, wo der Sammler bestrebt ist, in den Besitz einer Münze möglichst vieler verschiedener Jahrgänge zu kommen. Da er nicht weiß, ob jedes Jahr die gleiche Anzahl von Münzen geprägt wurde (was mit an Sicherheit grenzender Wahrscheinlichkeit nicht der Fall ist) oder wie viele Münzen später aus dem Verkehr gezogen wurden, kann er nicht davon ausgehen, mit der gleichen Wahrscheinlichkeit zu einem Penny von 1840 zu gelangen wie zu einem des Jahrgangs 1890. Sollten Sie allerdings auf einen englischen Penny des Jahrgangs 1933 stoßen (eine Münze, die nur in einer Auflage von 7 Stück hergestellt wurde, wovon sich 6 Exemplare nachgewiesenermaßen in Sammlerhänden befinden), lassen Sie mich es bitte auf alle Fälle wissen.

13 Halali

Es ist ein hochgradig irriger Gemeinplatz ... dass wir uns die Gewohnheit stärker zu eigen machen sollten, unsere Handlungen zu überdenken. Das genaue Gegenteil ist der Fall. Die Zivilisation entwickelt sich dadurch weiter, dass sich die Zahl richtungweisender Handlungen erhöht, die wir ohne über sie nachzudenken zu vollziehen imstande sind.

(Alfred North Whitehead)

Der Gefangene ist in einem düsteren, abgelegenen Verlies eingekerkert, seine Lage schier aussichtslos. Die Tage, Monate und Jahre vergehen nur langsam. Und unzählige weitere stehen noch an. Aus Filmen ist uns dieses Szenario bestens bekannt. Jedoch ist dabei in der Regel ein interessanter mathematischer Aspekt zu beobachten. Der Gefangene versucht, zeitlich den Überblick zu behalten, indem er nach einem bestimmten System Zeichen an der Zellenwand verewigt. Die ältesten menschlichen Artefakte mit Aufzeichnungen von Abzählformen in Europa und Afrika entstanden vor mehr als 30000 Jahren und weisen ähnlich strukturierte Strichlisten auf, die die Tage des Monats und die flankierenden Mondphasen erfassen.

Die in Europa übliche Zählweise geht auf das Abzählen von Fingern zurück und wird durch eine Reihe von 4 (mehr oder weniger) senkrechten Strichen dargestellt, die durch einen Schrägstrich vervollständigt wird, um die Ziffer 5 anzuzeigen. Die vier senkrechten Striche mit Schrägstrich, die für fünf gezählte Objekte stehen, lassen Zählweisen erkennen, denen unsere offiziellen Zählsysteme nachempfunden sind und zur Einführung der römischen Ziffern I, II und III oder auch der simplen chinesischen Abakus-Systeme führten. Sie sind eng verwandt mit einfachen Fingerzähl-Systemen und bedienen sich Fünfer- oder Zehner-Gruppen als Grundbausteine zur Darstellung einer größeren Summe. In der Antike dienten in Knochen geschnittene oder in Holz geschnitzte Kerbzeichen als Zählsysteme. Die untersten Ziffern wurden durch einzelne Kerben dargestellt, ein V-förmiges Zeichen symbolisierte die Ziffer 5, ein Kreuz stand für die 10 – daher die römischen Ziffern V und X; die 4 konnte entweder durch Addition (IIII) oder Subtraktion (IV) gebildet werden. Strichlisten zu führen mittels eines Kerbholzes war bis zum Jahr 1826 ein ordentlicher Berufszweig in England; der Fiskus bediente sich großer Zählstäbe aus Holz, um über den Ein- und Ausgang hoher Summen Buch zu führen. Hatte jemand der Staatskasse gegenüber eine Geldschuld, wurde das Kerbholz mit all seinen Zeichen der Länge nach gespalten, eine Hälfte war für den Schuldner bestimmt, die andere blieb beim Fiskus. Nach Begleichen der Schuld wurden beide Hälften zusammengefügt, um sicherzustellen, dass sie auch zusammengehörten.

Diese Kerbzeichen zu zählen ist ausgesprochen mühsam, vor allem wenn es sich um hohe Gesamtsummen handelt. Die einzelnen Zeichen müssen gezählt und anschließend gruppenweise zu einer Gesamtsumme addiert werden – im Kopf, versteht sich. In Südamerika bediente man sich gelegentlich eines recht anschaulichen Zählsystems, das aufsteigende Zahlen durch die strichweise Bildung der Seiten eines Quadrats darstellte, das anschließend durch die beiden Diagonalen vervollständigt wurde. Beim Cricket kommt beispielsweise eine Variante dieser auf der Darstellung eines Quadrats beruhenden Zählweise zum Einsatz.

Die Vorstellung ist verlockend, die aus südamerikanischen Spielen gewonnenen Erkenntnisse mit den Innenansichten eines Scorers (Punkteaufschreiber im Cricket) zu kombinieren und zur perfekten Gedächtnisstütze für Leute zu machen, die lieber in Zehner-Gruppen zählen, anstatt bis zu zehn einzelne Striche zählen zu müssen, um die laufende Summe zu erfassen. Dabei wird von 1 bis 4 gezählt, indem man die vier

Ecken eines Quadrats mit einem Punkt markiert, anschließend von 5 bis 8, indem man die vier Seiten des Quadrats anfügt; die beiden Diagonalen stellen die Ziffern 9 und 10 dar und vervollständigen schließlich die 10er-Gruppe. So wird auf einen Blick deutlich, ob die Zehner-Gruppe vollständig ist.

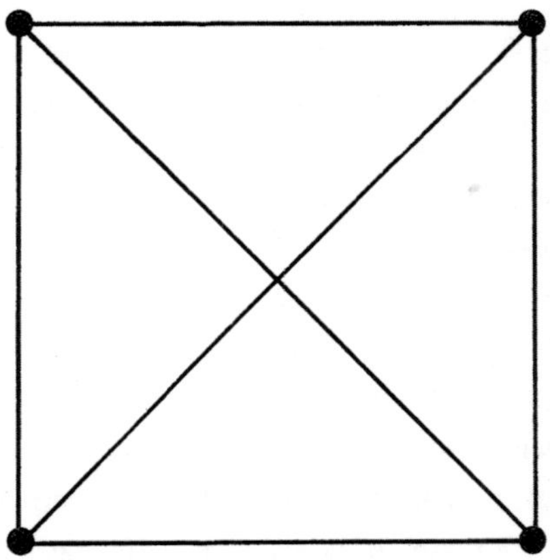

14

Beziehungen

> Beziehung: *Der gewandte Gesprächspartner verwendet dieses Wort in der Öffentlichkeit nur in Zusammenhang mit einem Schiff auf hoher See, dessen Besatzung sich aus Mitgliedern seiner eigenen Familie rekrutiert.*
>
> *(Cleveland Amory)*

In vielen Zeitschriften finden sich endlose Artikel und Kommentare über Beziehungen. Warum? Antwort: Beziehungen sind komplex, bisweilen interessant und in vielen Fällen vermeintlich unberechenbar – die idealen Voraussetzungen also, um die Mathematik zu Rate zu ziehen.

Die trivialsten Beziehungen zwischen Dingen weisen eine Eigenschaft auf, die als «Transitivität» bezeichnet wird und unser Leben vereinfacht. Der Komparativ «größer als» stellt eine dieser transitiven Beziehungen dar. Ist Ali größer als Bob und Bob größer als Carla, dann ist Ali zwangsläufig größer als Carla. Diese Beziehung beschreibt eine Eigenschaft des Parameters «Körpergröße». Aber nicht alle Beziehungen sind wie diese geartet. Wenn Ali Bob mag und Bob Carla, heißt das noch lange nicht, dass Ali auch Carla mag. Diese so genannten «intransitiven» Beziehungen können befremdliche Situationen heraufbeschwören, etwa bei der Entscheidung, was zu tun ist, wenn alle unterschiedliche Meinungen haben.

Nehmen wir einmal an, Ali, Bob und Carla wollen gemeinsam in einen Gebrauchtwagen investieren, wobei sie drei verschiedene Optionen in Betracht ziehen: einen Audi, einen BMW oder einen Ford. Da sie sich nicht auf ein Fabrikat einigen können, beschließen sie, auf demokratischem Weg zu einer Kaufentscheidung zu gelangen und darüber abzustimmen. Also bringt jeder seine Präferenzen in der entsprechenden Reihenfolge zu Papier:

	1. Wahl	2. Wahl	3. Wahl
Ali	Audi	BMW	Ford
Bob	BMW	Ford	Audi
Carla	Ford	Audi	BMW

Auf den ersten Blick scheint die Abstimmung recht vielversprechend: Audi schlägt BMW mit 2 zu 1 Präferenzen, und BMW schlägt den Ford mit dem gleichen Ergebnis. Merkwürdigerweise jedoch schlägt der Ford den Audi ebenfalls mit 2 zu 1 Stimmen. «Bevorzugen» stellt, wie etwa «bewundern», eine intransitive Beziehung dar, die vertrackte Paradoxa heraufzubeschwören imstande ist, wenn man nicht mit gebotener Sorgfalt zu Werke geht. Abstimmungen im kleinen Kreis, um den bevorzugten Kandidaten für eine Stelle zu küren, den Kapitän einer Mannschaft zu wählen oder sich beim Autokauf auf ein Fabrikat festzulegen, stecken voller Paradoxa, vor denen sich ein Entscheidungsträger in Acht nehmen sollte. Angesichts dieses Trilemmas beschlossen Ali, Bob und Carla, vom Kauf eines Autos abzusehen und stattdessen zusammenzulegen, um gemeinsam ein Haus anzumieten. Leider standen schon bald weitere Entscheidungen an. Sollte eine neue Wohnzimmereinrichtung gekauft werden? Oder der Garten in Ordnung gebracht werden? Sollte ein neuer Fernseher angeschafft werden? Da sie keine Einigkeit erzielen konnten, beschlossen sie, über jede der drei Fragen der Reihe nach mit «ja» oder «nein» abzustimmen. Hier das Ergebnis:

	Einrichtung?	Garten?	Fernseher?
Ali	ja	ja	nein
Bob	nein	ja	ja
Carla	ja	nein	ja
Mehrheit	JA	JA	JA

Somit schien alles klar. Mit einer Stimmenmehrheit von 2 zu 1 stand der Beschluss fest, die Projekte in die Tat umzusetzen. Alle drei. Doch dann drohte das Geld knapp zu werden, und unser Trio musste einsehen, dass es zwei weitere Mitbewohner brauchte, um die Miete bezahlen zu können. Schon nach wenigen Telefonaten waren mit Dieter und Susanne die beiden Neuen gefunden, die auch umgehend mit all ihren Sachen einzogen. Selbstverständlich waren sie der Ansicht, es sei nur gerecht, an der hausinternen Abstimmung über Einrichtung, Gartengestaltung und Kauf eines Fernsehers beteiligt zu werden. Beide stimmten in allen drei Fragen mit «nein», während Ali, Bob und Carla bei ihren ursprünglichen Entscheidungen blieben. So entstand eine äußerst merkwürdige Situation im Haus.

Im Folgenden das Abstimmungsergebnis unter Berücksichtigung von Dieters und Susannes Neinstimmen:

	Einrichtung?	Garten?	Fernseher?
Ali	ja	ja	nein
Bob	nein	ja	ja
Carla	ja	nein	ja
Bisherige Mehrheit	JA	JA	JA
Dieter	nein	nein	nein
Susanne	nein	nein	nein
Neue Mehrheit	NEIN	NEIN	NEIN

Wir sehen, ihre Neinstimmen waren bei allen drei Fragen ausschlaggebend für das neue Abstimmungsergebnis. Jetzt existiert eine Mehrheit von 3 zu 2 gegen eine neue Einrichtung, gegen Gartenbaumaßnahmen und gegen den Kauf eines Fernsehers. Noch bemerkenswerter ist allerdings die Tatsache, dass sich eine Mehrheit (aus Ali und/oder Bob und/oder Carla) bei zwei der drei zur Diskussion stehenden Fragen plötzlich auf der Verliererseite wiederfindet. Genauer gesagt, bei den Fragen, die diese Mehrheit nicht mit «nein» beantwortet hat. Ali sieht sich also bei Einrichtung und Garten überstimmt, Bob bei Garten und Fernseher, und Carla bei Einrichtung und Fernseher. Somit stehen drei von fünf Personen – sprich: die Mehrheit – bei zwei der drei Fragen – sprich: der Mehrzahl – auf der Verliererseite!

15 Pferdewetten

«Durch konstante Überwachung ist sicherzustellen, dass legale Glücksspielaktivitäten nicht von kriminellen Interessengruppen unterwandert werden, die hierfür äußerst qualifizierte, intelligente, hervorragend geschulte und hochprofessionelle Leute einsetzen und diese mit gewaltigen finanziellen Mitteln ausstatten, was sie in die Lage versetzt, die besten Anwälte, Steuerberater, Manager, Gastronomen und Show-Größen anzuwerben.» Was die beiden Letztgenannten angeht, bin ich mir nicht ganz so sicher, aber ansonsten hat sich daran bis heute nichts geändert.

(Viscount Falkland, zitiert aus dem
Report of Rothschild Commission on Gambling, 1979)

Unlängst sah ich einen Krimi im Fernsehen, in dem es unter anderem darum ging, den Favoriten eines Pferderennens zu bestechen, um die Buchmacher zu übervorteilen. Die eigentliche Handlung des Films kreiste um andere Dinge, wie z.B. Mord, und so blieb der Grund für den Wettbetrug bis zuletzt im Dunkeln. Was mag sich also abgespielt haben?

Nehmen wir einmal an, für die Pferde eines Rennens existieren offizielle Wettquoten von a_1 zu 1, a_2 zu 1, a_3 zu 1 usw., und zwar für eine beliebige Anzahl N von Rennpferden. Betragen die Gewinnchancen 5 zu 4, drückt sich dies in einer Quote von 5 / 4 zu 1 aus. Platzieren wir auf jedes der N Pferde eine seiner Quote entsprechende Wette, setzen also den Bruchteil $1 / (a_i + 1)$ unseres gesamten Wettkapitals auf das Pferd mit der Wettquote a_i zu 1, erzielen wir immer einen Gewinn, solange die Summe der Wahrscheinlichkeiten – nennen wir sie Q – die Ungleichung

$$Q = 1 / (a_1 + 1) + 1 / (a_2 + 1) + 1 / (a_3 + 1) + ... + 1 / (a_N + 1) < 1$$

erfüllt. Und ist Q tatsächlich kleiner als 1, beträgt unser

$$\text{Mindestgewinn} = (1 / Q - 1) \times (\text{unser gesamtes Wettkapital}).$$

Wenden wir uns einigen Beispielen zu. Angenommen vier Pferde weisen die Wettquoten 6 zu 1, 7 zu 2, 2 zu 1 sowie 8 zu 1 auf. Das heißt, $a_1 = 6$, $a_2 = 7 / 2$, $a_3 = 2$ und $a_4 = 8$, somit beträgt

$$Q = 1 / 7 + 2 / 9 + 1 / 3 + 1 / 9 = 51 / 63 < 1.$$

Wenn wir also unser Wettkapital zu 1 / 7 auf Pferd 1 setzen, zu 2 / 9 auf Pferd 2, zu

1 / 3 auf Pferd 3 und zu 1 / 9 auf Pferd 4, beträgt unser Gewinn mindestens 12 / 51 unseres Einsatzes (den wir natürlich ebenfalls zurückgewinnen).

Nehmen wir an, für das nächste Rennen lauten die Quoten der vier Pferde 3 zu 1, 7 zu 1, 3 zu 2 sowie 1 zu 1. Wir stellen fest, dass nun

$$Q = 1 / 4 + 1 / 8 + 2 / 5 + 1 / 2 = 51 / 40 > 1$$

ist und somit keinerlei Gewinngarantie besteht. Ein großes Teilnehmerfeld (die Zahl N ist also hoch) erhöht im Allgemeinen zwar die Wahrscheinlichkeit, dass Q größer ist als 1, garantiert dies jedoch nicht zwangsläufig. Erfassen wir jede Wettquote nach der Formel $a_i = i(i+2)$ zu 1, kann Q – die Summe der Wahrscheinlichkeiten – 3 / 4 ergeben und sich ein satter Gewinn von 30 Prozent einstellen, selbst wenn N unendlich ist!

Aber zurück zum Fernsehkrimi. Inwieweit verändert sich die Situation, wenn wir bereits vor dem Rennen wissen, dass der Favorit in unserem Beispiel mit $Q > 1$ kein Titelanwärter ist, weil er gedopt an den Start geht?

Machen wir uns dieses Insiderwissen über Doping zunutze, lassen wir den Favoriten fallen (mit einer Quote von 1 zu 1) und setzen von unserem Wettkapital keinen Cent auf ihn. So haben wir es de facto mit einem Feld von lediglich drei Pferden zu tun, dessen Q kleiner ist als 1:

$$Q = 1 / 4 + 1 / 8 + 2 / 5 = 31 / 40 < 1;$$

setzen wir 1 / 4 unseres Wettkapitals auf Pferd 1, 1 / 8 auf Pferd 2 und 2 / 5 auf Pferd 3, spielen wir nicht nur unser eingesetztes Kapital wieder ein, wir erzielen auch einen garantierten Mindestgewinn von (40 / 31) – 1 = 9 / 31 unseres Wettkapitals! Wir sind also im Plus.*

* Soweit mir bekannt ist, besteht ein probates Mittel zur kriminellen Geldwäsche darin, auf alle Rennpferde eine Wette mit ihrer jeweiligen Quote zu platzieren – selbst wenn $Q \to 1$ ist. Der anfallende Verlust ist in der Regel überschaubar und hat nur den Charakter einer «Abgabe» auf die getätigten Geldwäscheaktivitäten.

16 Hochsprung

Es gibt zwei Arten von Arbeit: erstens, die Lage von Dingen auf oder nahe der Erdoberfläche zu verändern; und zweitens, andere dazu anzuhalten. Die erste Arbeit ist unangenehm und schlecht bezahlt, die zweite angenehm und hoch bezahlt.

(Bertrand Russell)

Wenn Sie regelmäßig trainieren, um in einer Sportart gut zu sein, unterwerfen Sie sich einem Optimierungsprozess – Sie tun alles in Ihrer Macht Stehende, um (mit legalen Mitteln) Ihre Stärken auszubauen, um Ihre Leistungsfähigkeit zu steigern und alle Ihrer Leistung abträglichen Schwächen auf ein Minimum zu reduzieren. Dies ist einer der Bereiche der Sportwissenschaft, der sich auf Erkenntnisse stützt, die man durch den Einsatz von etwas Mathematik gewinnen kann. Es gibt zwei Leichtathletikdisziplinen, in denen der Athlet mit einem Satz die größtmögliche Höhe zu überqueren bestrebt ist: Hochsprung und Stabhochsprung. Sportarten wie diese nehmen sich nicht so einfach aus, wie dies den Anschein hat. Die Athleten müssen zunächst ihre ganze Kraft und Energie aufwenden, um das Gewicht ihres Körpers der Schwerkraft zum Trotz in die Luft zu katapultieren. Wenn wir uns einen Hochspringer als Projektil mit der Masse M vorstellen, das mit der Geschwindigkeit U senkrecht nach oben geschossen wird, ergibt sich die erreichbare Höhe H aus der Formel $U^2 = 2gH$, wobei g die Schwerkraftbeschleunigung darstellt. Die Bewegungsenergie (oder kinetische Energie) des Hochspringers beträgt beim Absprung $1 / 2\ MU^2$ und wird anschließend in Lageenergie (oder potenzielle Energie) umgewandelt, die auf der maximalen Höhe H den Wert MgH aufweist.

Setzt man beides gleich, so ergibt sich $U^2 = 2gH$.

Der Knackpunkt ist die Größe H – was verbirgt sich genau dahinter? Es handelt sich nicht um die Höhe, die der Athlet meistert, sondern vielmehr um die Höhe, die der Schwerpunkt seines Körpers erreicht. Dies ist eine ziemlich verzwickte Sache und ermöglicht es einem Hochspringer, die Latte zu überqueren, auch wenn sein Schwerpunkt die Latte unterquert.

Weist ein Objekt eine kurvenartige Form in der Art eines L auf, ist es durchaus möglich, dass sein Schwerpunkt außerhalb des eigentlichen Objektkörpers liegt.* Und genau dies eröffnet einem Hochspringer die Möglichkeit, die Lage seines Schwerpunkts zu beeinflussen und dessen Flugbahn während des Sprungs zu steuern. Das Ziel des Hochspringers besteht darin, mit seinem Körper die Latte eindeutig zu überqueren und seinen Schwerpunkt dabei so tief wie möglich unter der Latte passieren zu lassen. Auf diese Art kann er seine explosive Absprungenergie optimal nutzen, um die übersprungene Höhe weiter hochzuschrauben.

Der einfache Hochsprungstil, den wir in der Schule lernen – der so genannte «Schersprung» – ist alles andere als optimal. Um die anvisierte Höhe zu meistern, muss nicht nur unser Körper, sondern auch unser Schwerpunkt die Latte überqueren. Genau genommen passiert unser Schwerpunkt die Latte jedoch ungefähr 30 Zentimeter über der aufgelegten Höhe. Dies ist eine sehr ineffiziente Art und Weise, um eine Hochsprunglatte zu überqueren.

Die Hochsprungtechniken, deren sich die Top-Athleten bedienen,

* Eine Methode, den Schwerpunkt eines Objekts ausfindig zu machen, besteht darin, das fragliche Objekt an einem Punkt seiner Oberfläche aufzuhängen und von einer beliebigen Stelle eine beschwerte Schnur oder Kette auf das Objekt fallen zu lassen und deren Fallweg aufzuzeichnen. Anschließend wird das Objekt an einem anderen Punkt seiner Oberfläche aufgehängt und das Ganze wiederholt. So ergibt sich eine weitere Linie, die den Fallweg der frei hängenden Kette in diesem zweiten Fall beschreibt. Der Schwerpunkt des Objekts befindet sich an der Schnittstelle der beiden Linien. Handelt es sich bei dem Objekt um ein Viereck, liegt sein Schwerpunkt im geometrischen Zentrum, ist es jedoch L- oder U-förmig, muss der Schwerpunkt nicht in jedem Fall innerhalb des eigentlichen Objekts liegen.

sind da schon wesentlich ausgefeilter. Beim alten «Straddle»-Stil wälzte sich der Hochspringer bäuchlings über die Latte. Lange Zeit war der Straddle die unter den Weltklasse-Hochspringern dominierende Technik, bis der Amerikaner Dick Fosbury im Jahr 1968 die Welt mit der Einführung eines völlig neuen Stils – des «Fosbury-Flops» – verblüffte, bei dem der Athlet die Latte rücklings überquert. Dies brachte ihm die Goldmedaille bei den Olympischen Spielen 1968 in Mexiko-Stadt ein. Diese Flop-Technik wurde jedoch erst praktikabel, als aufblasbare Hochsprungmatten verfügbar waren, um eine sichere Landung zu gewährleisten. Für Hochspringer war Fosburys Technik viel einfacher zu erlernen als der Straddle, und heute springt jeder gute Hochspringer im Fosbury-Flop. Diese Technik ermöglicht es einem Hochspringer, seinen Schwerpunkt weit unter der Latte passieren zu lassen, auch wenn er mit seinem Körper die aufgelegte Höhe überquert. Je gelenkiger ein Athlet ist, desto besser kann er seinen Körper um die Latte schmiegen, und desto tiefer liegt sein Schwerpunkt. Der Schwede Stefan Holm, Olympiasieger 2004 im Hochsprung der Männer, ist mit 1,81 Meter Körpergröße für einen Hochspringer recht klein, besitzt jedoch die Fähigkeit, seinen Körper in extremem Maß zu krümmen. Am höchsten Punkt gleicht die Form seines Körpers einem U. Er ist in der Lage, über eine Latte zu segeln, die auf 2,37 Meter liegt, sein Schwerpunkt geht jedoch weit unter der Latte durch.

Nimmt ein Hochspringer Anlauf, um sich nach oben zu katapultieren, kann er nur einen kleinen Bruchteil seiner horizontalen Anlaufgeschwindigkeit – so hoch sie auch sein mag – in seinen nach oben gerichteten Absprung mitnehmen. Ihm steht nur ein kurzer Anlaufweg zur Verfügung, zudem muss er sich vor dem Absprung umdrehen, um mit dem Rücken zur Latte abzuheben. Stabhochspringer sind in dieser Hinsicht wesentlich besser gestellt. Sie verfügen über eine lange, gerade Anlaufbahn, und obwohl sie einen langen Stab mit sich herumschleppen, können die besten Stabhochspringer der Welt eine Absprunggeschwindigkeit von bis zu 10 Metern pro Sekunde erreichen. Der elastische Fiberglasstab versetzt sie in die Lage, die Energie ihrer

Horizontalbewegung – $1 / 2\ MU^2$ – wesentlich effizienter in eine Vertikalbewegung umzusetzen, als dies der Hochspringer zu bewerkstelligen imstande ist. Stabhochspringer katapultieren sich senkrecht nach oben und vollführen all die imposanten Verrenkungen, die nötig sind, um sich in Form eines umgekehrten U über die Latte zu schlängeln, während sie ihren Schwerpunkt so weit wie möglich unter der Latte passieren lassen. Machen wir den Versuch einer groben Schätzung, welche Höchstleistung voraussichtlich von ihnen zu erwarten ist. Nehmen wir an, ein Stabhochspringer ist in der Lage, die gesamte kinetische Energie seines Anlaufs von $1 / 2\ MU^2$ durch Biegen des Stabs zunächst in elastische Energie und anschließend in die vertikal gerichtete potenzielle Energie von MgH umzuwandeln, was ihn befähigt, seinen Masseschwerpunkt auf eine Höhe H von $U^2 / 2g$ anzuheben.

Wenn der Olympiasieger bei einer gegebenen Schwerkraftbeschleunigung g von 10 ms^{-2} eine Absprunggeschwindigkeit von 9 m / s erreicht, können wir davon ausgehen, dass er seinen Schwerpunkt um 4 Meter anheben kann. Befindet sich sein Schwerpunkt im Stand ungefähr 1,5 Meter über dem Boden und ist er in der Lage, ihn 0,5 Meter unter der Latte passieren zu lassen, dürfte er eine Lattenhöhe von ungefähr 1,5 + 4 + 0,5 = 6 Metern meistern. Tatsächlich gewann der amerikanische Meister Tim Mack bei den Olympischen Spielen in Athen die Goldmedaille im Stabhochsprung mit einer übersprungenen Höhe von 5,95 Metern und hatte überdies, als er bereits als Goldmedaillengewinner feststand, drei äußerst knapp gerissene Versuche über 6 Meter. Wir sehen also, unsere einfache Schätzung erweist sich als überraschend genau.

Der Weltrecord (Sergej Bubke) liegt übrigens seit 1994 bei 6,14 Meter.

17 Oberflächlichkeit

Grenzen weisen die Zukunft.
(J. G. Ballard)

Grenzen sind wichtig. Und nicht nur weil sie die Wölfe fern und die Schafe im Zaum halten. Hängt es doch von ihnen ab, welches Maß an Wechselwirkung zwischen zwei Sektoren bestehen kann und inwieweit sich lokale Geschehnisse global auswirken können.

Verknoten wir eine Schnur der Länge p zu einer Schleife und legen diese flach auf den Tisch. Wie viel Fläche kann sie umschließen? Ändern wir die Form der Schleife, stellen wir fest, dass die inliegende Fläche immer kleiner wird, je länger und schmaler wir die Schleife machen. Der Flächeninhalt ist am größten, wenn die Schnur einen Kreis beschreibt. In diesem Fall wissen wir, dass $p = 2\pi r$ den Kreisumfang und $A = \pi r^2$ die Kreisfläche darstellt, mit r als Radius der kreisförmig angeordneten Schnur. Lassen wir r außen vor, gilt für *jede* geschlossene Schleife mit einem Umfang p und einer inliegenden Fläche A, dass $p^2 \geq 4\pi A$ ist, wobei aus der Ungleichung nur im Fall eines Kreises eine Gleichung wird. Umgekehrt bedeutet dies, dass wir die Begrenzungslinie einer gegebenen inliegenden Fläche durch eine zunehmend gewellte Linienführung beliebig verlängern können.

Wenn wir uns der Dreidimensionalität zuwenden und Oberflächen betrachten, die Rauminhalte umschließen, stehen wir vor einem ähnlichen Problem. Welche Form einer gegebenen Oberfläche garantiert ein Höchstmaß an inliegendem Rauminhalt? Analog zum Kreis im zweidimensionalen Raum ist es hier die Kugel, die mit einem Volumen $V = 4\pi r^3 / 3$ innerhalb einer kugelförmigen Oberfläche $A = 4\pi r^2$ für sich in Anspruch nehmen kann, den größtmöglichen Rauminhalt zu beherbergen. Folglich gilt, dass der von einer bestimmten Oberfläche A umschlossene Rauminhalt der Formel $A^3 \geq 36\pi V^2$ gehorcht, wobei aus der Ungleichung nur im Fall einer Kugel eine Gleichung wird. Wiederum stellen wir fest, dass wir eine Oberfläche, die ein bestimmtes Volumen umschließt, nach Gutdünken vergrößern können, indem wir deren Struktur zinnen- oder höckerförmig gestalten. Im Laufe der Evolution haben sich lebende Systeme wie etwa Tierpopulationen diese Erfolgsstrategie immer wieder zunutze gemacht.

Es gibt viele Situationen, in denen einer großen Oberfläche eine entscheidende Bedeutung zukommt. Je größer die Oberfläche ist, desto besser lässt sich beispielsweise die Temperatur niedrig halten. Umgekehrt empfiehlt sich eine möglichst kleine Oberfläche, um sich warm zu halten. Aus diesem Grund schmiegen sich Vogelküken oder Würfe neugeborener Säugetiere knäuelartig aneinander, um ihre Wind und Wetter ausgesetzte Oberfläche so gering wie möglich zu halten. Ebenso versuchen Rinderherden oder Fischschwärme, sich vor Raubtieren zu schützen, indem sie sich kreis- oder kugelförmig anordnen, um ihren natürlichen Feinden die geringstmögliche Angriffsfläche zu bieten. Für einen Baum, der aus der Luft Feuchtigkeit und Nährstoffe zieht, ist es von Vorteil, über möglichst viel Oberfläche zu verfügen, die mit der Atmosphäre in Berührung kommt, also über möglichst viele dicht belaubte Äste mit großflächigen Blättern. Wie viel Sauerstoff ein Tier durch die Lunge aufnehmen kann, hängt davon ab, in welchem Maße es seine Lunge «aufzupumpen» und so deren innere Oberfläche, also die Anzahl der für die Sauerstoffaufnahme verantwortlichen Lungenbläschen, zu maximieren versteht. Auch wenn Sie sich nach dem Duschen schlicht abtrocknen wollen, empfiehlt sich ein Handtuch, das mit viel Oberfläche ausgestattet ist. Handtücher bestehen in der Regel nicht umsonst aus aufgerautem, vliesartigem Material: Sie verfügen so über wesentlich mehr Oberfläche pro Volumeneinheit, als dies bei einer glatten Oberflächenstruktur der Fall wäre. Dieses Bestreben, eine Oberfläche zu maximieren, die einen gegebenen Rauminhalt umschließt, ist in der Natur seit jeher zu beobachten. Und der Grund dafür, dass so genannte «Fraktale» in vielen Fällen die Antwort der Evolution auf die Probleme des Lebens zu sein scheinen. Weisen sie doch den einfachsten systematischen Weg, um mit mehr Oberfläche ausgestattet zu sein, als dies für den inliegenden Rauminhalt nötig wäre.

Ist es besser, in einer großen Gruppe zu verbleiben oder sich in zwei oder mehr kleinere Gruppen aufzuteilen? Mit dieser Frage sahen sich Marinekonvois im Zweiten Weltkrieg konfrontiert, als es galt, der Entdeckung durch feindliche U-Boote zu entgehen.

Es ist besser, in einem großen Konvoi zu verbleiben, als sich aufzuteilen. Angenommen ein großer Konvoi nimmt die Fläche A ein, und die Schiffe liegen so dicht wie möglich beieinander; teilen wir nun den großen in zwei kleine Konvois mit der Fläche $A / 2$ auf, bleibt der Abstand zwischen den einzelnen Schiffen gleich. Der große Konvoi weist den Umfang $p = 2\pi\sqrt{(A / \pi)}$ auf, der Gesamtumfang der beiden kleineren Konvois beträgt jedoch $p \times \sqrt{2}$, ist also größer. Folglich ist die von den Zerstörern auf ihrer Patrouillenfahrt zurückzulegende Strecke zum Schutz der zwei kleineren Konvois vor U-Boot-Angriffen größer als die zum Schutz eines großen Konvois zu bewältigende Distanz. Darüber hinaus ist die Wahrscheinlichkeit, dass ein U-Boot auf der Suche nach zu versenkenden Schiffen einen Konvoi aufspürt, proportional zu dessen Durchmesser, da genau dieser durch das Periskop sichtbar ist. Der Durchmesser des großen kreisförmig angeordneten Konvois mit der Fläche A beträgt lediglich $2\sqrt{(A / \pi)}$, wohingegen die Summe der Durchmesser der beiden Konvois mit der Fläche $A / 2$ um den Faktor $\sqrt{2}$ größer ist, vorausgesetzt, sie überlappen sich nicht im Blickfeld des Periskops. Hieraus ergibt sich, dass ein zweigeteilter Konvoi eine um 41 % höhere Wahrscheinlichkeit aufweist als ein einzelner, von einem angreifenden U-Boot entdeckt zu werden.

18

Mehrwertsteuer bis in alle Ewigkeit

In dieser Welt gibt es nichts Sichereres als den Tod und die Steuern.

(Benjamin Franklin)

Wenn Sie im Vereinigten Königreich leben, werden Sie wissen, dass die Mehrwertsteuer, die auf viele Produkte und Dienstleistungen erhoben wird, als «Value Added Tax» oder kurz VAT bezeichnet wird. Auf dem europäischen Kontinent ist sie vielerorts unter der Bezeichnung IVA bekannt. Im Vereinigten Königreich beträgt sie 17,5 % des Verkaufspreises und stellt die größte Einnahmenquelle für den Fiskus dar. Wenn wir davon ausgehen, der Mehrwertsteuersatz wurde auf 17,5 % festgelegt, um ihn durch einfaches Kopfrechnen ermitteln zu können, stellt sich die Frage, wie die nächste Mehrwertsteuererhöhung ausfällt. Und wie sich der Mehrwertsteuersatz in unendlicher Zeit entwickeln wird.

Der derzeitige Mehrwertsteuersatz hört sich schräg an – warum ausgerechnet 17,5 %? Wer allerdings als Selbständiger alle drei Monate eine Steuererklärung zu machen hat, wird schnell die Vorzüge dieser seltsamen Zahl zu schätzen wissen. Ist doch die Berechnung der Mehrwertsteuer durch einfaches Kopfrechnen zu bewerkstelligen, da 17,5 % = 10 % + 5 % + 2,5 %; wie viel 10 % sind, wird auf den ersten Blick deutlich (man muss lediglich das Komma um eine Stelle nach links verschieben), anschließend halbiert man die 10 % und die verbleibenden 5 % ebenso und addiert die drei Zahlen. So beträgt beispielsweise die Mehrwertsteuer für eine Anschaffung im Wert von 80 £: 8 £ + 4 £ + 2 £ = 14 £.

Soll diese praktische Halbier-Methode erhalten bleiben, die dem Kopfrechnen so entgegenkommt, dürfte die nächste Mehrwertsteuererhöhung die Hälfte von 2,5 % ausmachen, also 1,25 %, was einen neuen Steuersatz von 18,75 % ergäbe und für eine Anschaffung im Wert von 80 £ eine Mehrwertsteuer von 8 £ + 4 £ + 2 £ + 1 £ = 15 £ bedeutete.

Dann hätten wir einen Steuersatz, der sich als 10 % + 5 % + 2,5 % + 1,25 % präsentiert. Für den Mathematiker sieht dies aus wie der Beginn einer unendlichen Reihe, in der jeder neue Term immer die Hälfte seines Vorgängers beträgt. Der derzeitige Mehrwertsteuersatz beträgt gerade einmal

$$10\,\% \times (1 + {}^1/_2 + {}^1/_4).$$

Setzen wir diese Reihe unaufhörlich fort, können wir vorhersagen, dass der Mehrwertsteuersatz nach unendlicher Zeit

$$10\,\% \times (1 + {}^1/_2 + {}^1/_4 + {}^1/_8 + {}^1/_{16} + {}^1/_{32} + \ldots) = 10\,\% \times 2$$

betragen wird. Die Summe der in Klammern stehenden unendlichen Reihe beträgt 2. Weshalb nach unendlicher Zeit mit einem Mehrwertsteuersatz von 20 % zu rechnen ist.

19

Das Leben als Simulation

> *Nothing is real.*
> *(Die Beatles, «Strawberry Fields Forever»)*

Befindet sich die Kosmologie auf Abwegen und verkommt zur Science-Fiction? Jüngste Satellitenaufnahmen der kosmischen Hintergrundstrahlung, des Echos des Urknalls, stärken die unter Physikern gängigste Theorie zur Entstehung des Universums. Was nur bedingt eine gute Nachricht ist.

Die vorherrschende These weist zahlreiche offensichtliche «Koinzidenzen» auf, die es dem Universum ermöglichen, das Leben in seiner ganzen Komplexität zu protegieren. Betrachten wir das «Multiversum» aller potenziellen Universen, ist unser Universum in vielerlei Hinsicht außergewöhnlich. Die moderne Quantenphysik liefert sogar Erklärungen, in welcher Form diese potenziellen Universen, die das Multiversum der unbegrenzten Möglichkeiten ausmachen, tatsächlich existieren können.

Gehen wir einmal von der Richtigkeit der These aus, dass alle potenziellen Universen tatsächlich existieren oder existieren können, bringt dies eine weitere, äußerst merkwürdige Konsequenz mit sich. In diesem Aufgebot unendlich vieler Universen wird es intelligente Zivilisationen geben, die wesentlich weiter entwickelt sind als unsere und die Fähigkeit besitzen, Universen zu simulieren. Anstatt wie wir lediglich deren Klima oder die Entstehung von Galaxien zu untersuchen, könnten sie darüber hinaus die Entstehung von Sternen und Planetensystemen simulieren. Ließen sie anschließend noch die Gesetze der Biochemie in ihre astronomischen Simulationen einfließen, wären sie in der Lage, die Entwicklung von Leben und Zivilisationen per Computersimulation zu beobachten (wobei sie jedes Szenario in einem zeitlichen Rahmen ablaufen zu lassen imstande wären, der ihren Interessen diente). So wie wir die Lebenszyklen von Fruchtfliegen untersuchen, wären sie in der Lage, die Entstehung von Leben mitzuverfolgen, Zivilisationen heranwachsen und miteinander in Kontakt treten zu sehen, ja selbst deren kontroverse Diskussionen zu verfolgen, ob es dort oben im Himmel wohl den großen Chefprogrammierer gibt, der ihr Universum schuf und allen bekannten Naturgesetzen zum Trotz jederzeit nach Belieben ins Geschehen eingreifen kann.

Innerhalb dieser Universen können eigenständige Zivilisationen entstehen und miteinander kommunizieren. Ist diese Fähigkeit einmal gegeben, schießen simulierte Universen wie Pilze aus dem Boden und sind den echten schon bald zahlenmäßig weit überlegen. Die Programmierer bestimmen die Gesetze, denen diese künstlichen Welten unterliegen; sie können Feinabstimmungen vornehmen, die die Entwicklung der Lebensformen fördern, die ihnen genehm sind. Und so finden wir uns schließlich in einem Szenario wieder, in dem statistisch gesehen die Wahrscheinlichkeit größer ist, sich in einer simulierten Wirklichkeit zu befinden als in einer echten, da wesentlich mehr künstliche Welten existieren als reale.

Kürzlich merkte der Physiker Paul Davies an, dass die hohe Wahrscheinlichkeit, mit der wir in einer künstlichen Welt leben, für das Gesamtkonzept eines Multiversums der unbegrenzten Möglichkeiten eine *Reductio ad absurdum* darstellt. Aber besteht angesichts dieses Szenarios überhaupt die Möglichkeit, die Wahrheit zu ergründen? Vielleicht, wenn wir genau genug hinschauen.

Zunächst dürften die Programmierer versucht sein, ihre künstlichen Welten nicht allzu komplex werden zu lassen und in ihren Simulationsmodellen auf den Einsatz einheitlicher Naturgesetze zu verzichten, können sie doch bei Bedarf einfach «realitätsnahe» Effekte einflechten. Wenn in einem Disney-Film von der Wasseroberfläche eines Sees Licht reflektiert werden soll, hält sich niemand damit auf, die Gesetze der Quantenelektrodynamik und der Optik zu bemühen, um die Streuung des Lichts zu berechnen. Wäre dies doch mit einem gewaltigen Aufwand an Rechenleistung und Detailgenauigkeit verbunden. Stattdessen wird die Simulation der Lichtstreuung durch einleuchtende Faustregeln ersetzt, die bei weitem nicht an die Komplexität der Wirklichkeit heranreichen, aber dennoch ein Ergebnis hervorbringen, das ihr sehr nahe kommt – sofern man nicht zu genau hinschaut. Dienten diese künstlichen Welten lediglich Unterhaltungszwecken, wäre es aus ökonomischer wie praktischer Sicht geboten, sie in der bestehenden Form beizubehalten. Allerdings brächten derartige Einschränkungen der Komplexität eines Simulationsprogramms vermutlich hin und wieder verräterische Probleme mit sich – die unter Umständen sogar von innen heraus sichtbar wären.

Selbst wenn es die Herren Schöpfer mit den Gesetzen der Natur genau nähmen, wären ihren gestalterischen Möglichkeiten Grenzen gesetzt. Nehmen wir einmal an, die Programmierer – oder zumindest deren frühe Generationen – besäßen ein sehr ausgeprägtes Fachwissen über die Gesetze der Natur; dennoch wäre ihr Wissen aller Wahrscheinlichkeit nach unvollständig (so mancher Wissenschaftsphilosoph würde an dieser Stelle ins Feld führen, dies müsse zwangsläufig immer der Fall sein). Sie mögen zwar über eine Menge Physikkenntnisse verfügen und auch die programmiererischen Voraussetzungen mitbringen, um ein Universum zu simulieren, aber ihr Wissen über die Gesetze der Natur ist stets mit Lücken oder, schlimmer noch, Fehlern behaftet. Natürlich agierten sie geschickt und blieben uns verborgen, andernfalls wäre unsere «hoch entwickelte» Zivilisation nicht hoch entwickelt. Trotz dieser Wissensdefizite sind derartige Simulationen nicht nur realisierbar, sie laufen auch lange Zeit reibungslos ab, bis allmählich immer mehr Ungereimtheiten auftreten.

Deren Folgen führten schließlich zu einem Schneeballeffekt, der den weiteren Verlauf dieser künstlichen Welten unprogrammierbar machte. Der einzige Ausweg bestünde darin, dass ihre Schöpfer jedes Mal intervenierten, wenn ein Problem auftritt, und es ausbügelten. Diese Lösung dürfte jedem Benutzer eines Homecomputers vertraut sein, der seinen PC regelmäßig updatet, um gegen Virenangriffe geschützt zu sein oder Software-Lücken zu schließen, die der Hersteller nicht vorhergesehen hatte. Die Urheber einer Simulation könnten ebenfalls diese Art von «Virenschutz» gewährleisten, indem sie die bestehenden Naturgesetze regelmäßig updaten und neue Erkenntnisse einbringen, die sie seit Beginn der Simulation gewinnen konnten.

In Szenarien dieser Art treten zwangsläufig logische Widersprüche auf, und die der Simulation zugrunde liegenden Gesetze scheinen gelegentlich zu versagen. Die Bewohner dieser künstlichen Welten – allen voran die fiktiven Wissenschaftler – dürften mitunter verblüfft über ihre eigenen Beobachtungen sein. Die imaginären Astronomen könnten etwa Beobachtungen machen, die beweisen, dass sich ihre so genannten Naturkonstanten ganz langsam ändern.

Es kann sogar sein, dass plötzlich auftretende Fehler die Simulation und deren Gesetze durcheinanderbringen und so den Verlauf dieser fiktiven Wirklichkeiten maßgeblich beeinflussen. Aus diesem Grund würden die Programmierer mit an Sicherheit grenzender Wahrscheinlichkeit auf ein Instrument zurückgreifen, das sich bei allen Simulationen komplexer Systeme aufgrund seiner Effektivität bewährt hat: auf den Einsatz von Programmen zur Fehlerbehebung, die die Simulation wieder auf Kurs bringen.

Nehmen wir zum Beispiel unseren genetischen Code. Bliebe er sich selbst überlassen, würden wir nicht allzu lange überleben. Die auftretenden Fehler würden sich anhäufen, was schon bald Todesfälle und Mutationen zur Folge hätte. Davor sind wir jedoch geschützt, verfügen wir doch über einen Mechanismus zur Fehlerbehebung, der Defekte in unserem genetischen Code identifiziert und sie korrigiert. In ähnlicher Weise sind viele unserer komplexen Computersysteme mit einem internen Immunsystem ausgestattet, um einer Anhäufung von Fehlern vorzubeugen.

Setzten die Urheber einer Simulation nun Computerprogramme zur Fehlerbehebung ein, um den Unzulänglichkeiten ihrer Simulation als

Ganzes zu begegnen (ein Prozess, der in kleinerem Maßstab auch in unserem genetischen Code zu beobachten ist), käme es hin und wieder zu Korrekturen im Ablauf der Simulation und Modifizierungen der ihr zugrunde liegenden Gesetzmäßigkeiten. Es träten merkwürdige Veränderungen auf, die offensichtlich im Widerspruch zu genau den Naturgesetzen stünden, welche die fiktiven Wissenschaftler zu beobachten und prognostizieren gewohnt waren.

So liegt der Schluss nahe, dass wir – vorausgesetzt, wir leben tatsächlich in einer fiktiven Wirklichkeit – früher oder später auf Ungereimtheiten oder Versuchsergebnisse stoßen dürften, ja sogar auf ganz langsame Verschiebungen der vermeintlichen Naturkonstanten und -gesetze, die wir nicht zu erklären imstande sind.

20 Emergenz

Ein Politiker muss die Fähigkeit besitzen vorherzusagen, was morgen, nächste Woche, nächsten Monat und nächstes Jahr passiert. Und auch die, anschließend zu erklären, warum seine Prognose nicht eingetroffen ist.

(Winston Churchill)

In Wissenschaften, die sich mit komplexen Zusammenhängen beschäftigen, taucht immer wieder ein Schlagwort auf: «Emergenz». Entwickelt man Schritt für Schritt ein komplexes System, kann man in Grenzbereiche der Komplexität vorstoßen – Vorboten für das Auftreten neuer Strukturen und Verhaltensmuster, die nicht Bestandteil der einzelnen Bausteine dieses komplexen Systems waren. Das World Wide Web, die Börse oder das menschliche Bewusstsein scheinen Phänomene dieser Art sein. Sie stellen kollektives Verhalten dar, das komplexer ist als die Summe seiner einzelnen Bausteine. Reduziert man diese Systeme auf ihre ursprünglichen Komponenten, geht das Wesen des kollektiven Verhaltens verloren. Auch in der Physik sind derartige Phänomene zu beobachten. Eine so genannte «kollektive Eigenschaft» einer Flüssigkeit – wie etwa die Viskosität, die das Maß an Zähflüssigkeit beschreibt – ergibt sich erst aus der Verbindung einer Vielzahl von Molekülen. Die Viskosität ist Tatsache, dennoch werden Sie in den einzelnen Wasserstoff- und Sauerstoffatomen Ihrer Tasse Tee vergeblich danach suchen.

Die Emergenz ist per se ein komplexes, mitunter kontroverses Thema. Manche Philosophen und Wissenschaftler geben sich alle Mühe, verschiedene Arten von Emergenz zu definieren und gegeneinander abzugrenzen, während andere sich darüber streiten, ob das Phänomen überhaupt existiert. Ein großes Problem besteht darin, dass die interessantesten Beispiele aus der Wissenschaft – wie «Bewusstsein» oder «Leben» – zu wenig erforscht sind, was diesen stets als exemplarisch herangezogenen Fällen unglücklicherweise ein zusätzliches Maß an Unsicherheit anhaften lässt. Hier kann die Mathematik hilfreich sein. Sie bringt die Entstehung interessanter, klar definierter neuer Strukturen zum Vorschein und zeigt Möglichkeiten auf, wie ganze Klassen neuer Beispiele geschaffen werden können.

Betrachten wir eine endliche Reihe positiver Zahlen wie (1, 2, 3, 6, 7, 9). So lang sie auch sein mag, weist die Zahlenreihe nicht die Eigenschaften auf, die sich «herausbilden», wenn sie unendlich ist. Wie Georg Cantor im 19. Jahrhundert als Erster eindeutig bewiesen hat, besitzen unendliche Zahlenreihen Charakteristika, die keine ihrer endlichen Teilmengen aufweist, seien diese auch noch so lang. Die Unendlichkeit stellt *nicht* nur eine große Zahl dar. Addieren wir eins, bleibt sie gleich;

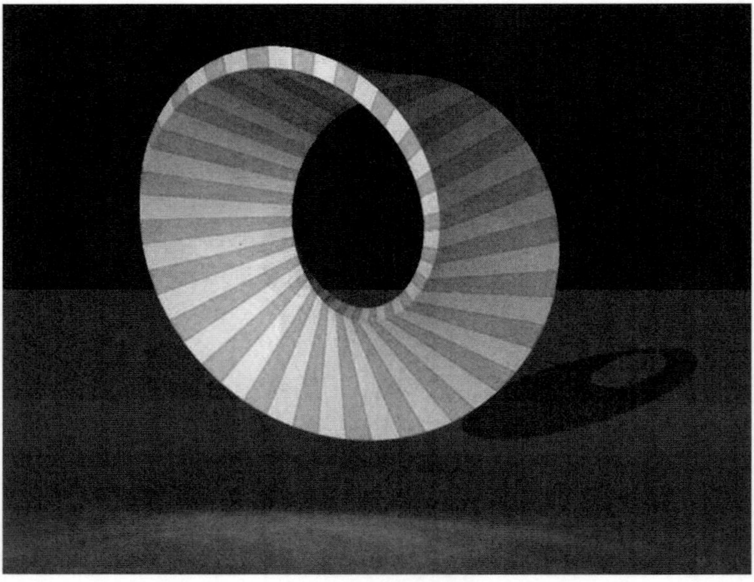

Ein Möbiusband

subtrahieren wir die Unendlichkeit, bleibt sie ebenfalls gleich. Das System als Ganzes ist nicht nur größer als die Summe seiner Bestandteile, es weist auch qualitativ andersartig «emergente» Charakteristika auf als seine einzelnen Komponenten.

In der Topologie finden sich zahlreiche weitere Beispiele, wo sich die Gesamtstruktur eines Objekts deutlich von dessen lokaler Struktur unterscheidet. Bekanntestes Beispiel dürfte das Möbiusband sein. Basteln wir uns eines, indem wir einen längeren Streifen Papier mit beiden Enden ringförmig zusammenkleben, ein Ende jedoch zuvor um 180 Grad verdrehen. Wir könnten diesen Papierstreifen auch anfertigen, indem wir kleine rechteckige Papierstücke in Patchwork-Manier zusammenschusterten. In diesem Fall gleicht die Gestaltung eines Möbiusbands einer Art sich neu herausbildender Struktur. Alle Rechtecke, aus denen der Papierstreifen zusammengesetzt ist, besitzen zwei Seiten. Wenn man jedoch die Enden verdreht und zusammenklebt, geht das entstehende Möbiusband derart in sich selbst über, dass es nur noch eine Seite hat. Auch hier ist also zu beobachten, dass das System als Ganzes eine Eigenschaft aufweist, über die seine einzelnen Komponenten nicht verfügen.

21

Wie man ein Auto anschiebt

In diesen Zeiten rücksichtslosen Autoverkehrs gibt es nur zwei Gruppen von Fußgängern: die flinken und die toten.

(Lord Dewar)

Ein alter Witz geht so: Frage: «Warum hat ein Lada eine Heizung an der Heckscheibe?» Antwort: «Damit man sich beim Anschieben die Finger nicht abfriert.»

Das Anschieben von Autos stellt in der Tat ein interessantes Problem dar. Nehmen wir einmal an, Sie müssten Ihr Auto in die Garage schieben und zum Stehen bringen, bevor es gegen die hintere Garagenwand rollt. Wie müssten Sie den Wagen anschieben, damit er in die Garage gelangt und dann schnellstmöglich zum Stehen kommt?

Antwort: Sie müssten den Wagen beschleunigen und ihn mit aller Kraft bis zur Mitte der zurückzulegenden Strecke anschieben, um anschließend seine Geschwindigkeit zu drosseln und auf der zweiten Streckenhälfte so fest wie möglich in die Gegenrichtung zu ziehen.

Der Wagen setzt sich aus dem Stand in Bewegung und kommt schließlich wieder zum Stillstand – und dies in der kürzestmöglichen Zeit?

Mit dieser Problematik befasst sich ein Teilgebiet der Mathematik, das als «Kontrolltheorie» bezeichnet wird. Normalerweise ist man bestrebt, jede Art von Bewegung zu kontrollieren oder zu steuern, indem man Kräfte wirken lässt. Die Lösung für unseren Garagen-Fall ist ein Beispiel für eine so genannte «Zweipunktregelung». Dabei stehen nur zwei Optionen zur Wahl: schieben oder ziehen. Heizungsthermostate arbeiten oft nach diesem Prinzip. Wird die Temperatur zu hoch, schalten sie auf Kühlen; wird die Temperatur zu niedrig, schalten sie auf

Heizen. So ergeben sich über einen langen Zeitraum hinweg zahlreiche Temperaturwechsel, die Temperatur springt innerhalb der beiden von Ihnen per Thermostat festgesetzten Grenzwerte zickzackartig auf und ab. Dies ist nicht unbedingt die Ideallösung, um Herr einer Situation zu sein. Angenommen Sie wollten Ihr Auto auf der Straße durch Betätigen des Lenkrads in der Spur halten. Programmierte man einen Fahrsimulator nach den Vorgaben einer Zweipunktregelung, ließe er den Wagen zunächst die linke Fahrbahnmarkierung passieren und korrigierte dann die Fahrtrichtung so lange nach rechts, bis der Wagen die rechte Fahrbahnmarkierung überschritten hätte, und in dieser Art und Weise ginge es munter hin und her. Verfolgten jedoch Sie beim Autofahren eine derartige Zweipunkt-Strategie, würde es nicht lange dauern, bis man Sie anhielte und in ein Plastikröhrchen pusten ließe, um Sie anschließend auf dem örtlichen Polizeirevier in Gewahrsam zu nehmen. Sinnvoller ist hier der Ansatz, Korrekturen anzubringen, die proportional zum Grad der Abweichung von der Mittelposition sind. Eine Schaukel funktioniert nach diesem Prinzip. Gibt man ihr nur einen leichten Schubs, sodass die Abweichung von der senkrechten Ausgangsposition gering ist, schwingt sie langsamer zurück als wenn man ihr einen kräftigen Stoß versetzt.

Ein weiteres interessantes Beispiel für angewandte Kontrolltheorie ist im Mittel- und Langstreckenlauf zu beobachten – und wäre vermutlich ebenso auf Pferderennen übertragbar. In Anbetracht der Tatsache, dass den Muskeln eines Athleten nur ein begrenztes Sauerstoffkontingent zur Verfügung steht, das sich durch Atmen nur bis zu einem bestimmten Punkt wieder auffrischen lässt, stellt sich die Frage nach der besten Lauftaktik, um die für eine gegebene Strecke benötigte Zeit zu minimieren. Einem Zweipunkt-Lösungsansatz aus der Kontrolltheorie zufolge empfiehlt es sich bei Rennen, die länger als 300 Meter sind (bekanntlich die Schwelle, ab der die anaerobe Phase einsetzt und der Sauerstoff knapper wird), auf den ersten Metern voll zu beschleunigen, anschließend die Geschwindigkeit konstant zu halten, um sie schließlich auf den letzten Metern zu verringern. Diese Taktik mag sich hervorragend für Rekordversuche – also den Kampf gegen die Uhr – eignen, um jedoch ein Rennen gegen direkte Konkurrenten zu gewinnen, stellt sie nicht zwangsläufig die beste Lösung dar. Wer über einen starken Endspurt verfügt oder im Training einstudiert hat, auf extreme Tempowechsel zu reagieren, besitzt gegenüber seinen Konkurrenten den Vorteil, auf verschiedene Taktiken zurückgreifen zu können. Bleibt ein Läufer seiner Taktik treu, obwohl seine Konkurrenten einen großen Vorsprung herauslaufen, beweist er Mut. Hält er sich hinter dem besten Strategen und profitiert von dessen Windschatten, um auf der letzten Geraden zum Sieg zu spurten, wird dieser Mut belohnt.

22 Positives Feedback

Accentuate the positive. Eliminate the negative. Latch on to the affirmative. Don't mess with Mr In-between.

(Johnny Mercer und Harold Arlen, «Ac-cent-tchu-ate the Positive»)

Kürzlich machte ich eine merkwürdige Erfahrung, als ich aufgrund unerwarteter Schneefälle gezwungen war, mich in einem Hotel in Liverpool einzuquartieren. Das neue Hotel war eines dieser im schicken Designerstil gehaltenen Etablissements und befand sich in altehrwürdigen umgebauten Gemäuern aus dem 19. Jahrhundert, als die Stadt ihre Blütezeit als Handelsmetropole erlebte. Am frühen Morgen hatte ich mich in Manchester in den Zug gesetzt und bei schwerem Schneetreiben eine strapaziöse Bahnfahrt hinter mich gebracht. Der Zug fuhr langsam und hielt irgendwann für längere Zeit an, nachdem der Lokführer durchgesagt hatte, auf dem kommenden Streckenabschnitt sei über Nacht die Verkabelung für die Signale gestohlen worden – ein weiteres untrügliches Indiz für den stetig steigenden Kupferpreis, dachte ich. Nach erfolgreichem Krisenmanagement per Handy passierte der Zug in langsamer Fahrt alle aufgrund der Betriebsstörung auf rot stehenden Signale und traf schließlich sicher und wohlbehalten am Bahnhof Lime Street ein.

In meinem Hotelzimmer war es kalt, und die Außentemperatur jenseits der schneebedeckten Oberlichte bewegte sich weit unter null. Das Zimmer war mit einer Fußbodenheizung ausgestattet, die Wärme würde also ohnehin etwas länger auf sich warten lassen, und es war schwer zu sagen, ob die Heizung überhaupt reagierte, wenn man am Thermostat die Einstellung änderte. Trotz der Beteuerungen des Personals, es würde gleich warm, schien es immer kälter zu werden, und schließlich wurde mir als Notnagel sogar ein Heizlüfter aufs Zimmer gebracht. Die Rezeption wies darauf hin, wie wichtig es sei, die Heizung nicht zu hoch zu stellen, sei sie doch gerade neu installiert worden.

Später am Nachmittag tauchte der Haustechniker auf und zeigte sich ausgesprochen beunruhigt über das Ammenmärchen von der neuen Heizung, die man nicht zu sehr aufdrehen dürfe, und wie ich war auch er von der Tatsache verblüfft, dass die Heizung draußen auf den Fluren ausgezeichnet funktionierte – so gut, dass ich meine Zimmertür offen ließ. Zufällig befand sich die Hauptschalttafel für die gesamte Heizung in den Zimmern genau gegenüber von meiner Tür, und so warfen wir gemeinsam einen Blick auf deren Anzeige, bevor der Techniker die Temperatur im Zimmer nebenan überprüfte, dessen Bewohner tagsüber außer Haus war. Im Zimmer nebenan war es sehr warm.

Plötzlich erkannte der Techniker, was der Grund für unser Problem war. Die Heizung im Zimmer nebenan war mit dem Thermostat in meinem Zimmer verbunden, und meine Heizung mit dem Thermostat nebenan. Das Ergebnis war ein wunderschönes Beispiel für ein Phänomen, das Fachleute als «thermale Instabilität» bezeichnen. Als es meinen Zimmernachbarn zu warm wurde, stellten sie die Temperatur auf ihrem Thermostat niedriger. Daraufhin wurde es in meinem Zimmer kälter, weshalb ich die Temperatur auf meinem Thermostat höher stellte. Dies hatte zur Folge, dass es meinen Zimmernachbarn noch wärmer wurde und sie ihre Heizung noch weiter drosselten, sodass es mir noch kälter wurde, ich also meine Heizung noch weiter aufdrehte ... Glücklicherweise haben sie irgendwann kapituliert und sind gegangen.

Eine derartige Instabilität bezieht ihre Dynamik aus der voneinander unabhängigen Wahrnehmung von Eigeninteressen zweier Protagonisten. Situationen dieser Art können jedoch wesentlich gravierendere Umweltprobleme nach sich ziehen. Wenn wir viele Lüfter oder Klimaanlagen einsetzen, um die Raumtemperatur angenehm kühl zu halten, erhöhen wir den Kohlendioxidgehalt in unserer Atmosphäre, wodurch diese mehr Sonnenwärme speichert, was wiederum unseren Bedarf an Kühlung noch erhöht.

Aber ein Problem wie dieses ist mit einer simplen Neuverlegung von ein paar Kabeln in der Tat nicht zu lösen.

23

Das Torkeln des Trunkenbolds

Zeig mir, wo's nach Hause geht.
Ich bin müde und will ins Bett.
Vorhin habe ich mir ein Gläschen gegönnt.
Das hat mir gleich den Kopf zugedröhnt.
(Irving King)

Ein Alkoholtest, der bei der Polizei auf der ganzen Welt gang und gäbe ist, besteht darin, die Fähigkeit unter Beweis zu stellen, geradeaus laufen zu können. Für einen nicht behinderten Menschen unter normalen Umständen ein Kinderspiel. Und wenn Ihnen Ihre Schrittlänge bekannt ist, wissen Sie nach jedem Schritt genau, welche Distanz Sie zurückgelegt haben. Beträgt Ihre Schrittlänge einen Meter, haben Sie sich nach S Schritten S Meter von Ihrem Ausgangspunkt entfernt. Aber stellen Sie sich vor, Sie wären – aus welchen Gründen auch immer – nicht imstande, geradeaus zu laufen. Genauer gesagt, Sie wüssten überhaupt nicht, was Sie tun. Bevor Sie den ersten Schritt machen, entscheiden Sie sich willkürlich für irgendeine Richtung und schreiten einen Meter in diese Richtung voran. Dann wählen Sie, wiederum aufs Geratewohl, eine neue Richtung aus und machen einen Schritt in diese neue Richtung. Verfahren Sie weiter nach diesem Zufallsprinzip bei der Auswahl der Richtung Ihrer Schritte, werden Sie feststellen, dass sich der zurückgelegte Weg in einer Art und Weise dahinschlängelt, die ziemlich unberechenbar ist und als «Das Torkeln des Trunkenbolds» betitelt wurde.

Im Zusammenhang mit diesem Torkeln stellt sich eine interessante Frage: Welche Distanz hätte der Trunkenbold von seinem Ausgangspunkt nach S Schritten wohl zurückgelegt, wenn er geradeaus gegangen wäre? Eine nüchterne Person braucht bekanntlich S Ein-Meter-Schritte, um eine gerade Strecke von S Metern zurückzulegen, ein Betrunkener benötigt jedoch in der Regel S^2 Schritte[3], um die gleiche Distanz zu meistern. Im nüchternen Zustand bewältigen Sie also mit 100 Schritten schnurgerade eine Strecke von 100 Metern, aber ein Betrunkener braucht gewöhnlich 10 000 Schritte für dieses Unterfangen.

Doch hinter dieser Zahlenakrobatik steckt wesentlich mehr, als das Beispiel des betrunkenen Fußgängers vermuten lässt. Die Visualisierung einer Abfolge von Schritten in zufällig gewählte Richtungen stellt geradezu modellhaft die Vorgänge dar, die sich abspielen, wenn sich Moleküle ausbreiten, weil sie eine höhere Temperatur als die Moleküle in ihrer Umgebung aufweisen und sich folglich schneller bewegen als diese. Sie sprengen wahllos benachbarte Moleküle und breiten sich in Manier unseres torkelnden Trunkenbolds aus. Dabei benötigen sie N^2 Streuungsvorgänge, um eine Strecke zu bewältigen, die dem N-fachen der Gesamtdistanz entspricht, die sie zwischen den einzelnen Streuungsvorgängen zurücklegen. Aus diesem Grund dauert es eine gewisse Zeit, bis sich in einem Raum das Einschalten der Heizung bemerkbar macht. Die energiereicheren («heißeren») Moleküle mäandern «betrunken» im Raum umher, während sich die Schallwellen, die durch das Rumpeln in den Heizungsrohren ausgelöst werden, schnurstracks mit Schallgeschwindigkeit ausbreiten.

24

Gut getürkt ist halb gewonnen!

Blackadder: *Es ist der gleiche Plan wie letztes Mal und die siebzehn Mal davor.*
Melchet: *Ge-Ge-Genau! Das ist ja das Geniale! Wir werden die Wachen völlig überraschen. Dass wir dieses Mal genau das machen, was wir schon achtzehn Mal gemacht haben, ist mit Sicherheit das Letzte, was die Hunnen erwarten.*
(Richard Curtis und Ben Elton)

Zu den interessantesten Missverständnissen in der Statistik gehört die allgemeine Vorstellung von einer Zufallsverteilung. Nehmen wir einmal an, Sie müssten sagen, ob eine bestimmte Abfolge von Vorgängen zufällig vonstatten ging oder nicht. Vielleicht entdecken Sie ein Muster oder eine Gesetzmäßigkeit, woraus sich schließen lässt, dass kein Zufall im Spiel war. Denken wir uns also die Ergebnisse einer vermeintlichen Abfolge von Münzwürfen aus, die auf den Betrachter täuschend echt wirken. Die getürkten Ergebnisse dreier Serien von je 32 Münzwürfen könnten folgendermaßen aussehen, wobei K für «Kopf» und Z für «Zahl» steht:

ZKKZKZKZKZKZKZKZZZKZKZKZKZKK
ZKKZKZKZKKZKZKKKZZKKZKZZZZZKKZZZ
KZKKZKZZZKZKZKZKKZKZZZKKZKZKZKZZ

Was meinen Sie? Würden Sie sagen, diese Buchstabenfolgen sind echt oder doch eher billige Fälschungen? Zum Vergleich hier noch drei weitere «Kopf»-oder-«Zahl»-Folgen:

ZKKKZZZZKZZKKKKZZKZKKZZKZZKZKKK
KZZZZKKKZKZZKKKKZZZKZZZZKKZZZZZK
ZZKZZKKZKZZZZZKZZKKZZKZZZZZZZKK

Befragte man Ottonormalbürger, ob es sich bei diesen letzten drei Sequenzen um echte Zufallsfolgen handelt, würden sie dies mehrheitlich aller Wahrscheinlichkeit nach verneinen. Die ersten drei Folgen entsprächen da schon eher ihrer Vorstellung von einer Zufallsverteilung. Wechseln sich doch Kopf und Zahl wesentlich häufiger ab, und außerdem weisen sie nicht die langen Serien von Kopf oder Zahl auf, wie dies bei den Sequenzen der zweiten Dreiergruppe der Fall ist. Wenn Sie auf Ihrer Computertastatur eine «zufällige» Abfolge der Buchstaben K und Z eingeben, werden Sie stets geneigt sein, keine allzu langen Serien von Kopf oder Zahl entstehen zu lassen und die Buchstaben oft durchzuwechseln. Andernfalls beschliche Sie das Gefühl, Sie folgten einem bestimmten Muster.

Erstaunlicherweise sind die Buchstabenfolgen der zweiten Dreiergruppe das Ergebnis eines echten Zufallsprozesses. Die ersten drei, die sich durch ihr stakkatoartiges Muster und das Fehlen langer Serien von Kopf oder Zahl auszeichnen, sind die getürkten. Wir können uns einfach nicht vorstellen, dass Zufallsfolgen all diese langen Serien von Kopf oder Zahl aufweisen, aber ihr Vorhandensein ist ein untrügliches Zeichen für die Authentizität einer Zufallsfolge. Die einzelnen Würfe einer Münze sind voneinander unabhängig. Die Wahrscheinlichkeit für Kopf oder Zahl beträgt bei jedem Wurf je $^1/_2$, unabhängig vom Ausgang des letzten Wurfs. Jeder Wurf stellt also einen unabhängigen Vorgang dar. Aus diesem Grund lässt sich die Wahrscheinlichkeit für das Auftreten einer Serie von r Kopf- oder r Zahl-Würfen nacheinander anhand der r-fachen Multiplikation $^1/_2 \times {}^1/_2 \times {}^1/_2 \times {}^1/_2 \times \ldots \times {}^1/_2$ bestimmen. Und dies ergibt $^1/_{2^r}$. Werfen wir unsere Münze allerdings N Mal, sodass N potenzielle Ausgangspunkte für den Beginn einer Serie gegeben sind, erhöht sich die Wahrscheinlichkeit auf $N \times {}^1/_{2^r}$, dass eine Serie der Länge r auftritt. Eine derartige Serie wird wahrscheinlich, wenn $N \times {}^1/_{2^r}$ annähernd gleich 1 ist – also $N = 2^r$. Und dies bedeutet ganz einfach, betrachten Sie die Auflistung einer Zufallsfolge von N Münzwürfen, wobei $N = 2^r$, können Sie davon ausgehen, dass Sie auf eine Serie der Länge r stoßen.

Unsere sechs Sequenzen weisen alle die Länge $N = 32 = 2^5$ auf; sind sie also zufällig zustande gekommen, dürften sie wahrscheinlich eine Serie von 5 und so gut wie sicher eine Serie von 4 Mal Kopf oder Zahl enthalten. Bei 32 Münzwürfen existieren beispielsweise 28 potenzielle Ausgangspunkte, die eine 5er-Serie zulassen, und so sind im Schnitt jeweils zwei Kopf- und Zahl-Serien recht wahrscheinlich. Bei einer hohen Anzahl von Münzwürfen können wir die Differenz zwischen der Anzahl der Würfe und der Anzahl der Ausgangspunkte vernachlässigen und uns an die einfache Faustregel $N = 2^r$ halten.* Bei den ersten drei Sequenzen müsste Sie eigentlich das Fehlen dieser Kopf- oder Zahl-Serien stutzig machen, wohingegen deren Vorhandensein bei den zweiten drei Sequenzen als Indiz zu werten ist, dass mit großer Wahrscheinlichkeit eine echte Zufallsverteilung vorliegt. Was lernen wir daraus? Unterschwellig neigen wir dazu, Zufallsverteilungen für wesentlich strukturierter zu halten, als dies tatsächlich der Fall ist. Diese Voreingenommenheit äußert sich in unserer Erwartungshaltung, Extreme wie etwa lange Serien mit dem gleichen Ergebnis sollten möglichst nicht auftreten – gehorchen diese Serien doch irgendwie einem Muster, weil sie jedes Mal das gleiche Ergebnis hervorbringen.

Diese Erkenntnisse können auch sehr aufschlussreich sein, wenn wir lange Ergebnisserien zweier Mannschaften betrachten, die regelmäßig gegeneinander antreten, also beispielsweise Oxford gegen Cambridge, Arsenal gegen Tottenham oder AC gegen Inter Mailand. Jahrelang anhaltende Siegesserien einer Mannschaft sind keine Seltenheit, aller-

* Diese Faustregel kann auch auf Zufallsfolgen mit mehr als zwei möglichen Ergebnissen gleicher Wahrscheinlichkeit (in unserem Fall K oder Z) übertragen werden. Beim Würfeln mit einem gewöhnlichen sechsseitigen Würfel beträgt die Wahrscheinlichkeit für jedes mögliche Ergebnis 1/6, was 6^r Würfe voraussetzt, um eine Serie von r gleichen Ergebnissen nacheinander zu erzielen. Und dies stellt eine ziemlich große Zahl dar, selbst wenn r klein ist.

dings ist dieses Phänomen in der Regel keinem Zufallsprozess geschuldet: Die gleichen Spieler bilden über mehrere Jahre hinweg den Stamm einer Mannschaft, bis sie schließlich ihre Karriere beenden oder den Verein verlassen und eine neue Mannschaft aufgebaut wird.

25

Das Kreuz mit Durchschnittswerten

Mit Statistiken lässt sich alles beweisen – sogar die Wahrheit.
(Noël Moynihan)

Durchschnittswerte sind eine heikle Sache. Fragen Sie den Statistiker, der in einem See mit einer durchschnittlichen Tiefe von 3 Zentimetern ertrunken ist. Sie sind uns so vertraut und scheinbar so transparent, dass wir ihnen blind vertrauen. Zu Recht? Stellen wir uns zwei Kricketspieler vor. Nennen wir sie – rein hypothetisch – Flintoff und Warne. Sie bestreiten das für den Ausgang der Gesamtserie entscheidende Match. Die Sponsoren haben dicke Geldprämien für den besten *Bowler* (Werfer) und den besten *Batsman* (Schlagmann) des Spiels ausgelobt. Flintoff und Warne interessiert nicht, wie sie als Batsmen abschneiden. Sie sind einzig und allein darauf bedacht, erfolgreiche Schlagserien des Gegners zu verhindern – und alles zu geben, um die dicke Prämie für den besten Bowler zu gewinnen.

Im ersten Inning erzielt Flintoff ein paar frühe Wickets, scheidet aber nach einer langen Serie taktisch klugen Bowlens mit einem Ergebnis von 3 Wickets für 17 Runs aus, was einem Durchschnitt von 5,67 entspricht. Anschließend ist Flintoffs Mannschaft mit Batten an der Reihe, und Warne präsentiert sich in Topform und erzielt eine ganze Reihe von Wickets; schließlich stehen für ihn 7 Wickets für 70 Runs zu Buche, also ein Durchschnitt von 5,71 pro erzieltes Wicket. Flintoff jedoch hat im ersten Inning den besseren (weil niedrigeren) Schnitt beim Bowlen – 5,67 zu 5,71.

Im zweiten Inning verkauft Flintoff seine Haut so teuer wie möglich und erzielt 7 Wickets für 110 Runs und damit einen Schnitt von 15,71. Im letzten Inning der Partie bowlt Warne dann gegen Flintoffs Mannschaft. Er ist nicht so erfolgreich wie im ersten Inning, schafft aber immerhin 3 Wickets für 48 Runs, was einem Schnitt von 16,0 entspricht. Flintoff weist also auch im zweiten Inning beim Bowlen einen besseren Schnitt als Warne auf, dieses Mal lautet der direkte Vergleich 15,71 zu 16,0.

Bowler	1. Inning Ergebnis	1. Inning ∅	2. Inning Ergebnis	2. Inning ∅	∑ Ergebnis	∑ ∅
Flintoff	3 für 17	5,67	7 für 110	15,71	10 für 127	12,7
Warne	7 für 40	5,71	3 für 48	16,0	10 für 88	8,8

Wer soll angesichts dieser Ergebnisse nun mit dem Preis für den besten Bowler des Spiels ausgezeichnet werden? Flintoff hat sowohl im ersten als auch im zweiten Inning den besseren Schnitt aufzuweisen. Sollte es tatsächlich nur einen Gewinner geben? Der Sponsor freilich sieht dies anders und zieht die Ergebnisse über die gesamte Spieldauer als Entscheidungsgrundlage heran. Flintoff erzielte in beiden Innings insgesamt 10 Wickets für 127 Runs, was einen Durchschnitt von 12,7 Runs pro Wicket bedeutet. Dagegen erzielte Warne 10 Wickets für 88 Runs und damit einen Schnitt von 8,8. Warne hat eindeutig den besseren Schnitt und gewinnt den Preis für den besten Bowler, obwohl Flintoff sowohl im ersten als auch im zweiten Inning einen besseren Schnitt aufweist.

An dieser Stelle drängen sich alle möglichen Beispiele ähnlicher Natur auf. Stellen wir uns zwei Schulen vor, die anhand des Notenschnitts pro Schüler in der Abschlussprüfung zur mittleren Reife miteinander verglichen werden. Es ist durchaus möglich, dass eine Schule in jedem einzelnen Fach eine bessere Durchschnittsnote aufweist als die andere Schule und dennoch insgesamt einen schlechteren Schnitt hat, wenn man den Durchschnitt aus allen Einzelfächern bildet. Die erste Schule könnte den Eltern zu Recht sagen, dass ihre Schüler in jedem einzelnen Fach besser abgeschnitten haben als die in der zweiten Schule, während die zweite Schule (ebenso mit Fug und Recht) behaupten könnte, ihre Schüler seien im Schnitt besser als die der ersten Schule.

Durchschnittswerte können in der Tat seltsame Blüten treiben. *Caveat emptor* – oder: Der Käufer möge sich hüten ...

26

Das Origami des Universums

Ein Universum, das so einfach ist, dass man es versteht, ist zu einfach, Köpfe hervorzubringen, die imstande sind, es zu verstehen.

(Die barrowsche Unschärferelation)

Wollen Sie eine Wette gegen allzu überhebliche Teenager gewinnen, fordern Sie sie einfach auf, ein DIN-A4-Blatt mehr als sieben Mal auf die Hälfte zu falten. Es wird ihnen nie gelingen. Verdoppeln oder Halbieren sind Vorgänge, die unendlich viel schneller vonstatten gehen, als wir uns dies vorstellen. Nehmen wir an, wir teilen unser DIN-A4-Blatt wieder und wieder in zwei Hälften, wobei wir uns eines Laserstrahls zum Schneiden bedienen, um die beim Falten in der Regel auftretenden Probleme auszuschließen. Nach nur 30 Schnitten haben wir das Blatt Papier auf 10^{-8} Zentimeter gestutzt – eine Größe, die der eines einzelnen Wasserstoffatoms nahe kommt. Halbieren wir das Papier weiter, sind wir nach 47 Schnitten bei 10^{-13} Zentimetern angelangt, was dem Durchmesser eines einzelnen Protons im Kern eines Wasserstoffatoms entspricht. Nach 114 Schnitten erreichen wir das bemerkenswerte Maß von 10^{-33} Zentimetern, einer Größe, die sich in unserem anthropozentrischen metrischen System jeglicher Vorstellungskraft entzieht, jedoch etwas leichter vorstellbar ist, wenn wir die Sache von der Warte aus betrachten, dass wir das Blatt Papier schließlich nur 114 Mal halbiert haben – sicherlich oft, aber keineswegs unvorstellbar oft. Diese Größenordnung ist deshalb so bemerkenswert, weil sie für Physiker den Bereich markiert, in dem sich die Konzepte von Raum und Zeit zu verflüchtigen beginnen. Es gibt keine physikalischen Theorien, keine

Darstellungen von Raum, Zeit und Materie, die uns eine Erklärung zu liefern imstande sind, was mit diesem Stück Papier passiert, nachdem wir es 114 Mal halbiert haben. Wahrscheinlich besteht der Raum in der Form, wie wir ihn kennen, nicht weiter fort und wird von einer Art chaotischem «Quantenschaum» ersetzt, wo der Gravitation eine neue Funktion bei der Schaffung der Energieformen zukommt, die existieren können.[4] Er stellt die kleinste derzeit physikalisch sinnvolle Länge dar. Diese winzige Größenordnung ist der Grenzwert, auf den alle Theorien hinauslaufen, die im Augenblick Ansprüche geltend machen, die neue «Weltformel» zu sein. Stringtheorie, M-Theorie, nichtkommutative Geometrie, Loop-Theorie, Twistor-Theorie ... sie alle versuchen sich an einem neuen Erklärungsansatz, was mit unserem Stück Papier passiert, wenn es 114 Mal halbiert wird.

Was geschieht nun umgekehrt, wenn wir die Größe unseres DIN-A4-Blatts auf die Formate A3, A2 usw. immer weiter verdoppeln? Nach nur 90 Verdoppelungen haben wir alle Sterne und sichtbaren Galaxien hinter uns gelassen und in einer Entfernung von 14 Milliarden Lichtjahren den Rand des gesamten sichtbaren Universums erreicht. Zweifellos existieren jenseits dieser Entfernung zahllose weitere Universen, jedoch ist dies die äußerste Distanz, aus der dem Licht genügend Zeit zur Verfügung stand, um uns zu erreichen, seitdem vor 14 Milliarden Jahren die Expansion des Universums begann. Dies ist unser kosmischer Horizont.

Wir sehen also, dass zusammen genommen schon 204 Halbierungen und Verdoppelungen eines Blatt Papiers ausreichen, um uns von der kleinsten bis zur größten Dimension physikalischer Realität zu führen, vom Quanten-Ursprung des Raums bis zum Rand des sichtbaren Universums.

27

Einfache und schwierige Probleme

> *Ein gutes Beispiel für dieses berühmte schwierige Problem zu finden kann sich als schwieriges Problem erweisen.*
> *(Brian Hayes)*

Man braucht viel Zeit, um ein großes Puzzle zusammenzusetzen, aber nur einen kurzen Augenblick, um zu überprüfen, ob das Puzzle gelöst ist. Ihr Computer benötigt nur einen Sekundenbruchteil, um zwei große Zahlen miteinander zu multiplizieren, aber Sie (und Ihr Computer) bräuchten eine ganze Weile, um die beiden Faktoren zu ermitteln, deren Multiplikation eine große Zahl ergab. Die Vermutung liegt schon lange nahe, dass in der Mathematik de facto eine Unterteilung in «schwierige» und «einfache» Probleme besteht, die sich in der Rechenzeit niederschlägt, die zur Lösung eines Problems benötigt wird. Allerdings war bislang noch niemand in der Lage, dies – oder das Gegenteil – zu beweisen (für diesen Fall wurde eine Prämie von einer Million Dollar ausgelobt).

Die meisten Berechnungen oder Tätigkeiten wie das Ausfüllen unserer Steuererklärung, die wir von Hand machen müssen, weisen die Eigenheit auf, dass der entstehende Rechen- bzw. Zeitaufwand proportional zur Anzahl der zu bearbeitenden Punkte steigt. Haben wir drei Einkommensquellen, fällt das Dreifache an Arbeit an. In gleicher Weise dauert es auf unserem Computer zehn Mal länger, eine Datei zehnfacher Größe herunter zu laden. Zehn Bücher zu lesen wird in der Regel zehn Mal so lange dauern wie die Lektüre eines Buchs. Dieses Strickmuster ist charakteristisch für «einfache» Probleme. Sie mögen nicht einfach im herkömmlichen Sinne sein, aber wenn sie in großer Zahl auftreten, steigt der anfallende Arbeitsaufwand nicht allzu schnell. Computer meistern Probleme dieser Art spielend.

Leider treffen wir häufig auf eine andere Art von Problemen, die wesentlich schwieriger zu meistern sind. Jedes Mal, wenn wir unserer Berechnung einen weiteren Punkt hinzufügen, stellen wir fest, dass sich die Rechenzeit *verdoppelt*. Schon bald nimmt die gesamte erforderliche Rechenzeit enorme Ausmaße an, und selbst die schnellsten Computer der Welt können ohne Weiteres an ihre Grenzen stoßen. Diese Art von Problemen bezeichnen wir als «schwierige» Probleme.[5]

Erstaunlicherweise sind «schwierige» Probleme nicht zwangsläufig furchtbar kompliziert oder irrsinnig komplex. Sie umfassen lediglich eine Vielzahl von Möglichkeiten. Zwei große Primzahlen miteinander zu multiplizieren ist rein rechnerisch ein «einfaches» Unterfangen. Sie können dies im Kopf bewerkstelligen, mit Papier und Bleistift oder einem Taschenrechner, ganz nach Belieben. Aber wenn Sie jemandem das Ergebnis sagen und ihn auffordern, die beiden Primzahlen zu ermitteln, die miteinander multipliziert wurden, könnte dieser Mensch unter Umständen den Rest seines Lebens damit verbringen, mit Hilfe der leistungsstärksten Computer der Welt nach diesen beiden Primzahlen zu suchen.

Wenn Sie sich an einem dieser «schwierigen» Probleme einmal selbst versuchen wollen, an einem, das trügerisch einfach klingt, dann ermitteln Sie die zwei Primzahlen, deren Addition 389965026819938 ergibt.*

Diese so genannten «Falltür-Algorithmen» – einfache Verschlüsselungsverfahren, deren Umkehrfunktion jedoch sehr schwer zu berechnen ist – haben durchaus ihre Vorteile. Sie machen nicht nur uns das Leben schwer, sondern auch den Leuten, denen wir aus gutem Grund das Leben schwer machen wollen. Weltweit basieren die wichtigsten Sicherheitscodes auf Falltür-Algorithmen. Jedes Mal, wenn Sie im Internet etwas kaufen oder Bargeld am Geldautomaten abheben, machen auch Sie von diesen Codes Gebrauch. Ihre Pin-Nummer ist mit großen

* Die Antwort lautet 5569 + 389965026814369.

Primzahlen kombiniert, sodass Hacker oder Computerkriminelle, die es auf Ihre Kontodaten abgesehen haben, eine sehr große Zahl in die zwei großen Primzahlen zerlegen müssten, deren Multiplikation diese Zahl ergab. Grundsätzlich ist dies nicht unmöglich, in der Praxis jedoch in einem opportunen Zeitraum nicht machbar. Ein Krimineller, dem der schnellste Computer der Welt zur Verfügung steht, ist vielleicht in der Lage, die Verschlüsselung innerhalb weniger Jahre zu knacken, allerdings wären die Sicherheitscodes und Kontodaten bis dahin längst geändert worden.

Aus diesem Grund können sehr große Primzahlen äußerst wertvoll sein, und manche sind in bestimmten Schreibweisen bereits patentiert worden. Der Anzahl von Primzahlen sind keine Grenzen gesetzt, sie setzen sich unendlich fort; aber es gibt eine größte Primzahl, die wir als solche identifizieren konnten, indem wir den Nachweis geführt haben, dass sie über keinen Teiler verfügen. Vermutlich existiert überhaupt keine Formel, die alle Primzahlen generieren kann, und schon gar keine Zauberformel. Gäbe es eine derartige Formel und man entdeckte sie, würde dies eine größere Weltkrise auslösen. Eine Regierungsbehörde, die in den Besitz der Formel käme, hielte sie ohne Zweifel strengstens unter Verschluss. Und ein Wissenschaftler, der die Formel entdeckte und sie ohne Vorwarnung publik machte, brächte die Weltordnung zum Einstürzen. Alle militärischen, diplomatischen und banktechnischen Sicherheitscodes wären mit leistungsstarken Computern über Nacht zu knacken. Die Welt des Online-Handels sähe ihre weitere Existenz ernsthaft bedroht. Wir müssten auf Erkennungssysteme umstellen, die sich auf unverkennbare individuelle Merkmale unserer Biochemie – Iris, Fingerabdruck, DNA – stützen und nicht auf Zahlen, die wir in unserem Gedächtnis abgespeichert haben. Allerdings müssten auch diese neuen Indikatoren sicher abgespeichert werden.

Die Faktorzerlegung von Primzahlen stellt ein «schwieriges» Problem dar. Selbst wenn es geknackt ist und mit Hilfe einer Zauberformel bewiesen wurde, dass es sich um ein «einfaches» Problem handelt, könnte man glauben, wir müssten uns einfach eines anderen «schwierigen» Problems bedienen, um sensible Daten zu verschlüsseln, sodass es immer noch eine Ewigkeit dauert, die Operation umzukehren und die Primfaktoren zu ermitteln. Wenn sich allerdings eines der Probleme, das wir als «schwierig» einstufen, aufgrund einer neuen Entdeckung nachgewiesenermaßen als «einfach» herausstellt, können wir sicher sein, dass sich mit Hilfe dieser Entdeckung alle rechnerisch «schwierigen» Probleme in «einfache» umwandeln ließen. Und dies wäre in der Tat eine Wunderwaffe.

28

Neuer Rekord?

Ich dachte immer, dieser Rekord hält ewig, bevor er gebrochen wurde.

(Yogi Berra)

Auch Mathematiker interessieren sich für Rekorde: schneller, höher, weiter. Sind Rekorde in irgendeiner Form vorhersagbar?

Auf den ersten Blick scheinbar nicht. Natürlich gehorchen sie alle dem Muster, die alte Bestmarke zu übertreffen – dies liegt in der Natur der Sache –, aber wie kann man vorhersagen, ob ein Supertalent auf den Plan tritt und einen Rekord nach dem anderen aufstellt? Interessanterweise wurde der Weltrekord im Stabhochsprung der Frauen innerhalb eines einzigen Jahres von Jelena Isinbajewa sage und schreibe acht Mal gebrochen. Eine Rekordflut wie diese ist kein Zufallsprodukt, und dies aus gutem Grund. Jeder neue Rekord ist das Ergebnis einer sportlichen Leistung, die nicht unabhängig von allen vorangegangenen Versuchen in Training oder Wettkampf zustande kommt, diese Leistung zu erbringen. Stabhochspringer entwickeln sich in technischer Hinsicht weiter und arbeiten im Training ständig daran, ihre Schwächen zu minimieren und ihre Technik zu optimieren. Alles, was man über Rekorde wie diesen vorhersagen kann, ist die Binsenweisheit, dass sie irgendwann aufgestellt werden, auch wenn der nächste lange auf sich warten lassen mag.

Jedoch gibt es verschiedene Arten von Rekorden, die im Rahmen einer Abfolge von Ereignissen zustande kommen, die vermutlich unabhängig voneinander sind. Die höchste Niederschlagsmenge in einem Monat, die höchsten bzw. tiefsten Temperaturen an einem Ort in Hunderten von Jahren oder die Rekordhöhe eines Hochwassers sind gute Beispiele hierfür. Die Annahme, jedes Ereignis sei unabhängig von dem vorangegangenen, stellt eine wichtige Voraussetzung dar, die es uns erlaubt, eine genaue Prognose erstellen zu können, mit welcher Wahrscheinlichkeit ein Rekord aufgestellt wird. Dabei ist es unerheblich, in welchem Bereich der Rekord angesiedelt ist – Regen, Schnee, Laubfall, Wasserpegel, Windgeschwindigkeiten oder Temperaturen.

Nehmen wir als Beispiel die jährlichen Niederschläge im Vereinigten Königreich. Die Niederschlagsmenge des ersten Jahres, in dem wir Buch führen, stellt zwangsläufig einen Rekord dar. Ist der Niederschlag des zweiten Jahres unabhängig von dem des ersten, beträgt die Wahrscheinlichkeit jeweils $^{1}/_{2}$ (sprich: 1 zu 2), dass die Niederschlagsmenge des Vorjahres entweder übertroffen und ein neuer Rekord aufgestellt wird oder aber unter der Vorjahresmenge bleibt. Die in den ersten beiden Jahren zu erwartende Anzahl von Rekordjahren beträgt also $1 + {}^{1}/_{2}$. Von den sechs möglichen Rangfolgen der Niederschlagsmenge in den Jahren 1, 2 und 3 können maximal zwei einen neuen Rekord für das dritte Jahr verzeichnen (das heißt, die Wahrscheinlichkeit für einen neuen Rekord im dritten Jahr beträgt 1 zu 3). Nach dem dritten Jahr unserer Datenerfassung beträgt die zu erwartende Anzahl von Rekordjahren also $1 + {}^{1}/_{2} + {}^{1}/_{3}$. Übertragen wir diese Logik auf jedes weitere Jahr, werden wir feststellen, dass sich nach n voneinander unabhängigen Jahren die zu erwartende Anzahl von Rekordjahren aus der Summe einer Reihe von n Quotienten ergibt:

$$1 + {}^{1}/_{2} + {}^{1}/_{3} + {}^{1}/_{4} + \ldots + 1/n.$$

Dies ist eine ganz spezielle Reihe, die von Mathematikern als «harmonische Reihe» bezeichnet wird. Nennen wir deren aus n aufaddierten Termen bestehende Summe H(n). Wir sehen, dass H(1) = 1, H(2) = 1,5, H(3) = 1,833, H(4) = 2,083 ist usw. Am interessantesten an der Summe dieser Reihe ist die Tatsache, dass sie mit steigender Anzahl von Termen nur sehr langsam zunimmt; so beträgt H(256) = 6,12, aber H(1000) gerade einmal 7,49 und H(1 000 000) = 14,39.* Und was sagt uns dies alles? Angenommen wir würden unsere Formel auf die jährlichen Niederschlagswerte anwenden, die an einem bestimmten Ort von 1748 bis 2004 – also in einem Zeitraum von 256 Jahren – erfasst wurden. Wir kämen zu dem Ergebnis, dass H(256) = 6,12 ist und wir somit lediglich auf insgesamt 6 Jahre stoßen dürften, in denen ein Rekordhoch bzw. -tief zu verzeichnen war. Betrachten wir die von einer Wetterstation in diesem Zeitraum gesammelten Daten, stellen wir fest, dass dies exakt der tatsächlichen Anzahl der Jahre mit Rekordniederschlägen entspricht. Wir müssten uns sogar mehr als tausend Jahre gedulden, um ganze 8 Rekordjahre ausmachen zu können. Rekorde sind sehr selten, wenn Ereignisse zufällig eintreten.

In jüngster Vergangenheit wächst die weltweite Sorge über die Anzeichen für einen systematischen Klimawandel – man spricht von der «globalen Erwärmung» –, und wir registrierten eine beunruhigend große Anzahl von klimatischen Rekordmarken in verschiedenen Regionen. Wären wesentlich mehr neue Rekorde zu verzeichnen, als die harmonische Reihe vermuten lässt, wäre dies ein untrügliches Indiz, dass jährlich wiederkehrende Klimaereignisse nicht mehr unabhängig voneinander vonstatten gehen, sondern langsam Bestandteil eines systematischen, nichtzufälligen Trends werden.

* Wird n sehr groß, wächst H(n) nur so schnell wie der Logarithmus von n und beträgt ziemlich genau 0,58 + ln(n).

29

Selbstbedienungs-Lotto

> Das starke Gesetz der kleinen Zahlen: *Es gibt nicht genügend kleine Zahlen, um alle in sie gesetzten Erwartungen erfüllen zu können.*
>
> *(Richard Guy)*

Wenn Sie ein einfaches Gesellschaftsspiel suchen, das zum Nachdenken anregt, um Ihre Gäste zwischendurch bei Laune zu halten, sollten Sie vielleicht einmal ein Spiel ausprobieren, das ich als «Selbstbedienungs-Lotto» bezeichne. Jeder Mitspieler denkt sich eine positive ganze Zahl aus und schreibt diese zusammen mit seinem Namen auf ein Kärtchen. Das Ziel besteht darin, sich die kleinste Zahl auszusuchen, *die sich kein anderer Mitspieler ausgesucht hat.* Gibt es hier eine Gewinnstrategie? Man möchte meinen, dass man sich am besten wohl für die kleinsten Zahlen wie 1 oder 2 entscheidet. Aber denken die anderen nicht das Gleiche, und so findet man sich letztlich nicht mit einer Zahl wieder, für die sich niemand anders entschieden hat? Entscheidet man sich für eine große Zahl – und es stehen unzählige davon zur Auswahl –, verliert man mit Sicherheit. In diesem Fall kann sich jemand anders einfach zu leicht eine kleinere Zahl aussuchen. Dies lässt vermuten, dass die besten Zahlen irgendwo dazwischen zu finden sind. Aber wo? Was ist mit 7 oder 11? Bestimmt denkt niemand daran, die 7 zu nehmen.

Ich weiß nicht, ob es eine Gewinnstrategie gibt, aber das Spiel zielt darauf ab, dass es uns widerstrebt, uns selbst als «typisch» zu betrachten. Wir sind versucht zu glauben, wir könnten aus irgendeinem Grund eine kleine Zahl aussuchen, an die niemand anders denkt. Der Grund, warum Meinungsforscher vorhersagen können, wie wir wählen, was wir kaufen, wohin wir in Urlaub fahren und wie wir auf eine Zinserhöhung reagieren, liegt natürlich genau darin, dass wir alle einander so ähnlich sind.

Außerdem habe ich bei diesem Spiel noch einen weiteren Verdacht. Obwohl eine Unmenge von Zahlen zur Auswahl steht, ziehen wir die meisten überhaupt nicht in Betracht. Wir setzen uns eine Grenze irgendwo bei 20 oder der doppelten Anzahl von Mitspielern, sofern diese größer ist, weil wir uns nicht vorstellen können, dass sich jemand eine größere Zahl aussucht. Dann schließen wir die ersten paar Zahlen bis ungefähr 5 aus, mit der Begründung, es läge auf der Hand, dass sich die übrigen Mitspieler ebenso wenig eine dieser Zahlen aussuchten, und entscheiden uns schließlich alle mit ungefähr gleicher Wahrscheinlichkeit für eine der Zahlen, die dann noch übrig sind.

Wollte man die Präferenzen systematisch untersuchen, müsste man das Spiel viele Male mit einer großen Teilnehmerzahl (sagen wir 100 Mitspieler pro Spiel) durchspielen; auf diese Art könnte man ein Muster erkennen, wie die Zahlen ausgewählt werden und welche sich als Gewinnzahlen entpuppen. Es wäre ebenfalls interessant zu beobachten, wie Spieler ihre Strategie änderten, wenn sie das Spiel immer wieder spielten. Eine Computersimulation des Spiels muss nicht zwangsläufig von Nutzen sein, da sie erst einmal einer Strategie bedarf, nach der sie abläuft. Offensichtlich werden die Zahlen nicht zufällig ausgewählt (in diesem Fall würden alle Zahlen mit der gleichen Wahrscheinlichkeit ausgewählt). Psychologie spielt bei der Auswahl der Zahlen eine wichtige Rolle. Man versucht sich vorzustellen, auf welche Zahlen die Wahl der anderen fällt. Aber die Versuchung zu glauben, man denke nicht so wie alle anderen, ist derart groß, dass ihr fast jeder von uns auf den Leim geht. Gäbe es tatsächlich eine sichere Strategie, die niedrigste Zahl auszuwählen, würde natürlich jeder Mitspieler darauf zurückgreifen, was es ihm unmöglich machte, eine Zahl auszuwählen, die niemand anders hat. So wäre mit dieser Strategie kein Blumentopf zu gewinnen.

30
Glaube ich nicht!

Dieses Problem dürfte mich wohl drei Pfeifenlängen kosten, weshalb ich Sie bitten muss, mich fünfzig Minuten lang nicht anzusprechen.

(Sherlock Holmes)

Stellen Sie sich vor, Sie treten live in einer Spielshow im Fernsehen auf. Der überdrehte Moderator präsentiert Ihnen drei Kisten, die mit A, B und C beschriftet sind. In einer dieser Kisten liegt ein Scheck über 1 Million Euro für Sie bereit. Die anderen beiden Kisten enthalten ein Foto des Moderators. Er weiß, in welcher Kiste sich der Scheck befindet, und dieser Scheck gehört Ihnen, wenn Sie die richtige Kiste auswählen. Sie entscheiden sich für Kiste A. Der Moderator nimmt Kiste C und zeigt allen, dass sie ein Foto von ihm enthält. Der Scheck muss also in Kiste A oder Kiste B sein. Sie haben A ausgewählt. Anschließend fragt Sie der Moderator, ob Sie bei Ihrem Entschluss bleiben oder sich doch lieber für Kiste B entscheiden wollen. Wie verhalten Sie sich? Vielleicht verspüren Sie den Drang, Ihre Entscheidung zu revidieren und auf Kiste B umzusatteln, während Ihnen eine innere Stimme sagt «Bleib bei Kiste A, er will dich nur dazu bringen, die Option auszuwählen, die seinem Arbeitgeber billiger kommt.» Oder vielleicht gehen Sie die Frage etwas rationaler an und sagen sich, dass es womöglich gar keinen Unterschied macht, da sich der Scheck nach wie vor dort befindet, wo er von Anfang an war, und Sie entweder beim ersten Mal richtig lagen und oder eben nicht.

Die Lösung ist verblüffend. Sie sollten Ihre Auswahl revidieren und sich für Kiste B entscheiden! In diesem Fall *verdoppeln* Sie Ihre Chancen, die Kiste auszuwählen, die den Scheck enthält. Bleiben Sie bei Kiste A, beträgt die Wahrscheinlichkeit 1 zu 3, den Scheck zu gewinnen; satteln Sie um auf Kiste B, erhöht sich diese Wahrscheinlichkeit auf 2 zu 3.

Wie ist dies zu erklären? Anfangs beträgt die Wahrscheinlichkeit jeweils 1 zu 3, dass sich der Scheck in einer der Kisten befindet. Das heißt, er befindet sich mit einer Wahrscheinlichkeit von 1 zu 3 in Kiste A und mit einer Wahrscheinlichkeit von 2 zu 3 in Kiste B oder C. Interveniert der Moderator und greift eine Kiste heraus, ändert dies nichts an den Wahrscheinlichkeiten, da er in jedem Fall eine Kiste auswählt, die den Scheck nicht enthält. Nachdem er Kiste C aufgemacht hat, befindet sich der Scheck also immer noch mit einer Wahrscheinlichkeit 1 zu 3 in Kiste A, aber die Wahrscheinlichkeit, dass er in Kiste B liegt, beträgt jetzt 2 zu 3, weil er sich nachgewiesenermaßen nicht in Kiste C befindet. Satteln Sie um!

Überzeugt Sie das noch nicht so recht? Betrachten wir die Sache einmal von einer anderen Seite. Nachdem der Moderator Kiste C aufgemacht hat, bleiben Ihnen zwei Optionen. Sie können bei Ihrer Entscheidung – sprich: Kiste A – bleiben, was zur Folge hat, dass Ihnen der Scheck sicher ist, wenn Sie mit Ihrer ursprünglichen Wahl richtig lagen. Oder Sie können sich für Kiste B entscheiden, was wiederum bedeutet, dass Sie nur dann als Gewinner nach Hause gehen, wenn Sie mit Ihrer ursprünglichen Wahl falsch lagen. Ihre ursprüngliche Wahl ist in 1/3 aller Fälle richtig und in 2/3 aller Fälle falsch. Wenn Sie also Ihre Entscheidung ändern, gewinnen Sie in 2/3 der Fälle den Scheck, während sich die Strategie, an Ihrer ursprünglichen Entscheidung festzuhalten, nur in 1/3 der Fälle als gewinnbringend herausstellt.

Spätestens diese Sicht der Dinge müsste Sie eigentlich überzeugt haben.

31 Feuersbrunst

Ich zeige dir die Angst in einer Handvoll Staub.
(T. S. Eliot, Das wüste Land*)*

Staub ist tödlich. So lautet eine Lektion, die wir aus einer Reihe von Brandkatastrophen gelernt haben. Ein kleines Feuer in einer alten Lagerhalle kann zu einem flammenden Inferno werden, wenn bei den Löscharbeiten große Mengen Staub in die Luft geblasen werden. Staub geht sofort in Flammen auf, wodurch sich das Feuer blitzartig in der Luft ausbreitet. Überall an dunklen, verwaisten Orten – unter Treppen oder Sitzreihen etwa oder in verlassenen Lagerhallen –, dort also, wo sich unbemerkt Staub in beträchtlichen Mengen bilden kann, besteht eine ungeheure Feuergefahr.

Warum? Denken wir an Staub, kommt uns nicht unbedingt dessen Eigenschaft in den Sinn, besonders leicht entzündlich zu sein. Was also lässt Staub zu dieser tödlichen Gefahr werden? Die Antwort ist eine Frage der Geometrie. Nehmen wir ein quadratisches Stück Papier und machen daraus 16 einzelne kleinere Quadrate. Wenn das ursprüngliche Quadrat eine Größe von 4 cm × 4 cm hatte, weist jedes der 16 kleineren Quadrate eine Größe von 1 cm × 1 cm auf. Die Gesamtoberfläche des Papiers ist gleich geblieben – 16 Quadratzentimeter. Nichts ging verloren. Aber der große Unterschied besteht in der Kantenlänge. Das ursprüngliche Quadrat hatte einen Umfang von 16 cm, die einzelnen kleineren Quadrate weisen jeweils einen Umfang von 4 cm auf. Da insgesamt 16 kleinere Quadrate vorhanden sind, wurde der Gesamtumfang vier Mal größer und wuchs auf 4 × 16 cm = 64 cm.

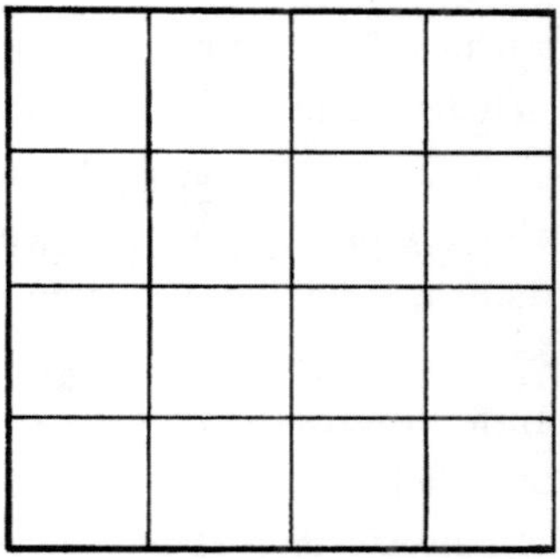

Betrachten wir analog zu unserem Blatt Papier nun einen Würfel. Dieser besteht aus 6 Seiten, die jeweils 4 cm $\times$ 4 cm groß sind; jede Seite weist also eine Fläche von 16 cm^2 auf, die Gesamtoberfläche des großen Würfels beträgt somit $6 \times 16\ cm^2 = 96\ cm^2$. Machen wir aus dem großen Würfel 64 kleine, deren 6 Seitenflächen jeweils 1 cm $\times$ 1 cm groß sind, bleibt das Gesamtvolumen gleich, aber die Gesamtoberfläche aller kleinen Würfel wächst auf $64 \times 6 \times 1\ cm^2 = 384\ cm^2$.

Eines zeigen diese einfachen Beispiele deutlich: Bricht ein Objekt auseinander, nimmt die Gesamtoberfläche, die die kleineren Bruchstücke aufweisen, gewaltig zu. Und Feuer sind auf Oberfläche angewiesen, wollen sie nicht erlöschen, da brennbare Stoffe nur an dieser Stelle mit dem Luftsauerstoff in Berührung kommen können. Aus diesem Grund zerreißen wir Zeitungspapier, wenn wir ein Lagerfeuer machen, und benutzen die Schnipsel zum Anfeuern. Ein großer Holzklotz brennt ziemlich langsam ab, weil er nur an seiner Oberfläche – also nur zu einem kleinen Teil – mit den umliegenden Luftmassen in Berührung kommt; und der Verbrennungsvorgang geht schließlich nur an der Oberfläche eines Objekts vonstatten. Zerhacken wir den Klotz in mehrere kleine Scheite für unser Feuer, kommt aufgrund der weitaus größeren Gesamtoberfläche wesentlich mehr brennbares Material mit der Luft in Berührung, sodass das Feuer schnell von einem Scheit auf den nächsten übergreift und sich in Windeseile ausbreitet. Und gelangen gar große Mengen Staubpartikel ins Feuer, potenziert sich dieser Effekt, was sich in einer riesigen Stichflamme oder einem verheerenden Feuersturm äußern kann, wenn die Dichte der Staubmassen so hoch ist, dass sich die ganze Luft in ein höllisches Flammenmeer verwandelt.

Generell stellen viele kleine Objekte eine größere Feuergefahr dar als ein großes Objekt gleichen Volumens und gleicher Materialbeschaffenheit. Bestes Beispiel – und angesichts der alljährlichen Waldbrände – ist die sorglose Abholzung von Wäldern, bei der die größten Bäume entfernt werden und viele Hektar Waldboden zurückbleiben, die mit Stückholz und Sägespänen übersät sind.

Pulverförmige Materialien sind in großen Mengen gefährlich. In den 1980er-Jahren kam es in den englischen Midlands zu einer Katastrophe, als die Fabrikhalle eines großen Puddingpulver-Herstellers Feuer fing. Schon kleinste Mengen Milchpulver, Staub oder Sägemehl reichen aus, um eine kleine Flamme in eine gewaltige meterhohe Stichflamme zu verwandeln (*Bitte versuchen Sie dies nicht in Ihrem Wohnzimmer!* Schauen Sie sich besser das Video an*).

* Unter dem Link http://observer.guardian.co.uk/flash/page/0,,1927850,00.html finden Sie eine Diashow mit eindrucksvollen Bildern eines Versuchs aus Neil Dixons Chemieunterricht.

32

Das Sekretärinnenproblem

Die Hauptursache von Problemen sind Lösungen.
(Sevareids Gesetz)

Wenn es gilt, aus einem großen Bewerberkreis einen Kandidaten zu küren, tritt ein klassisches Problem auf. Vielleicht sieht sich ein Personalchef einem Berg von 500 Bewerbungen gegenüber, um den Posten einer Sekretärin im Unternehmen zu besetzen, oder ein König muss unter allen jungen Frauen in seinem Königreich eine Ehefrau auswählen, oder eine Universität muss sich bei der Studienplatzvergabe für den Besten einer langen Bewerberliste entscheiden. Ist die Anzahl von Stellenbewerbern überschaubar, können Sie mit allen ein Vorstellungsgespräch führen und den direkten Vergleich anstellen, mit manchen ein zweites Mal sprechen, um weitere Fragen zu klären, und sich schließlich für den besten Kandidaten entscheiden. Ist die Anzahl von Bewerbern jedoch riesig, mag diese Vorgehensweise nicht praktikabel sein. Sie können einen Kandidaten nach dem Zufallsprinzip auswählen, aber bei N Bewerbern beträgt die Chance lediglich 1 / N, sich für den besten Kandidaten zu entscheiden, und bei einer großen Anzahl N bedeutet dies eine äußerst geringe Wahrscheinlichkeit – weniger als 1 % bei mehr als 100 Bewerbern! Bei Ihrer Kandidatenkür Vorstellungsgespräche mit jedem Bewerber zu führen, ist eine sehr zeitintensive, aber verlässliche Methode, während die alternative Vorgehensweise, auf das Zufallsprinzip zu setzen, zeitsparend, aber wenig verlässlich ist. Gibt es die «optimale» Methode, die irgendwo zwischen diesen beiden Extremen angesiedelt ist und mit hoher Wahrscheinlichkeit den besten Kandidaten zu ermitteln gewährleistet, ohne dafür übermäßig viel Zeit aufzuwenden?

Es gibt sie tatsächlich, diese Methode, und ihre Einfachheit und relativ hohe Effizienz sind gleichermaßen verblüffend. Werfen wir also einen Blick auf die Grundregeln dieser Methode. Wir haben N Stellenbewerber und nehmen diese in zufälliger Reihenfolge unter die Lupe. Nach jedem Bewerbungsgespräch beurteilen wir den betreffenden Kandidaten im Vergleich zu seinen Mitbewerbern, von denen wir uns bereits ein Bild machen konnten, wobei uns nur interessiert, den besten der bisherigen Kandidaten zu ermitteln. Mit jedem Kandidaten gibt es nicht mehr als ein persönliches Gespräch. Wir ernten nur dann Lob und Anerkennung, wenn wir imstande sind, die richtige Wahl zu treffen und den besten Bewerber zu ermitteln. Jede andere Entscheidung wäre ein Fehlschlag. Nachdem wir also mit allen Bewerbern gesprochen haben, müssen wir uns lediglich festlegen, welchen der Kandidaten, die wir bislang in Augenschein genommen haben, wir für den besten halten. Mit wie vielen der N Kandidaten müssen wir wohl sprechen, um in der Lage zu sein, den Bewerber auszumachen, der sich am besten eignet, und nach welcher Strategie sollten wir dabei vorgehen?

Unsere Strategie besteht darin, mit den ersten C der N Bewerber auf unserer Liste ein Gespräch zu führen und anschließend aus den verbleibenden Kandidaten denjenigen auszuwählen, der alle bisherigen Bewerber übertrumpft. Aber wie sollen wir die Anzahl C festlegen? Das ist hier die Frage.

Nehmen wir an, wir haben es mit den drei Bewerbern 1, 2 und 3 zu tun, wobei 3 besser ist als 2, der seinerseits wiederum besser abschneidet als Bewerber 1. In diesem Fall ergeben sich 6 Möglichkeiten, in welcher Reihenfolge wir die drei Kandidaten im Rahmen eines Bewerbungsgesprächs in Augenschein nehmen können:

123 132 213 231 312 321

Entscheiden wir uns grundsätzlich immer für den ersten Bewerber, bedeutet diese Strategie, dass wir nur in zwei von sechs Fällen auch den besten (Nummer 3) auswählen, wir also mit einer Wahrscheinlichkeit von 2/6 bzw. 1/3 die richtige Wahl treffen. Berücksichtigen wir den ersten Bewerber nicht und entscheiden uns für den nächsten auf der Liste, der besser ist, liegen wir im zweiten (132), dritten (213) sowie im vierten Fall (231) richtig, die Wahrscheinlichkeit, den besten Kandidaten zu küren, beträgt jetzt also $^{3}/_{6}$ bzw. $^{1}/_{2}$. Lassen wir zwei Bewerber außen vor und entscheiden uns für den dritten, sofern dieser bessere Referenzen aufweist, liegen wir nur im ersten (123) und dritten Fall (213) richtig, weshalb die Wahrscheinlichkeit, den besten Kandidaten auszuwählen, abermals nur $^{1}/_{3}$ beträgt. Wenn also drei Bewerber zur Wahl stehen, empfiehlt sich die Strategie, einen Kandidaten unberücksichtigt zu lassen und sich für den nächsten zu entscheiden, der besser ist, will man die bestmögliche Wahl treffen.

Diese Strategie lässt sich auch auf Szenarien mit mehr als drei Bewerbern ausweiten, wenn N also größer als drei ist. Bei 4 Bewerbern existieren 24 verschiedene Möglichkeiten, in welcher Reihenfolge wir mit den Kandidaten sprechen können. Auch hier verspricht die Strategie, den ersten Kandidaten zu übergehen und sich für den nächsten zu entscheiden, der besser ist, die größte Erfolgschance, und so liegt die Wahrscheinlichkeit, den besten Kandidaten zu küren, bei $^{11}/_{24}$.* Nach diesem Strickmuster – den ersten oder die ersten 2, 3, 4 oder mehr Bewerber nicht zu berücksichtigen und sich für den nächsten Kandidaten zu entscheiden, der besser ist – lässt sich für jede beliebige Anzahl von Bewerbern verfahren, um die Chance auszuloten, den besten Kandidaten zu küren.

Mit steigender Bewerberzahl nähern sich Strategie und Ergebnis immer mehr einem Optimum an. Nehmen wir einmal an, wir haben es mit 100 Bewerbern zu tun. Die optimale Strategie[6] besteht darin, uns von 37 dieser Bewerber einen Eindruck zu verschaffen und uns für den

* Entscheiden wir uns für den ersten oder den letzten Kandidaten, liegt unsere Chance, den besten Bewerber auszuwählen, bei 1/4; berücksichtigen wir die ersten zwei Bewerber nicht, liegen wir mit einer Wahrscheinlichkeit von 5/12 richtig. Und lassen wir den ersten Bewerber außen vor, betragen unsere Erfolgsaussichten optimale 11/24.

nächsten Kandidaten zu entscheiden, der besser als alle bisherigen Bewerber ist, um anschließend mit keinem weiteren Bewerber mehr zu sprechen. Aus dieser Vorgehensweise ergibt sich eine Wahrscheinlichkeit von 37,1 %, den besten Bewerber für die Stelle auszuwählen – nicht schlecht im Vergleich zu der 1%-igen Wahrscheinlichkeit, die sich bei einer zufälligen Auswahl ergibt.[7]

Wie ist es nun mit dem praktischen Nutzen einer derartigen Strategie bestellt? Es sagt sich so leicht, man müsse mit allen Kandidaten sprechen, wenn man Bewerbungsgespräche führt. Was aber, wenn Sie nach dieser Strategie vorgehen, um die Stelle eines leitenden Angestellten zu besetzen, eine Frau fürs Leben oder den besten Ort zum Leben zu suchen? Sie können nicht Ihr ganzes Leben lang suchen. Wann sollten Sie also die Reißleine ziehen und eine Entscheidung treffen? Wie viele Optionen sollten Ihnen zur Auswahl stehen, bevor Sie eine Entscheidung treffen, wenn Sie nach einem Hotel oder einem Restaurant, dem besten Urlaubsangebot im Internet oder der billigsten Tankstelle suchen? All dies sind sequentielle Auswahlprobleme, wie wir sie bei unserer Suche nach der besten Strategie erlebten. Erfahrungsgemäß suchen wir nicht lange genug, bevor wir uns endgültig festlegen. Psychischer Druck oder einfach nur Ungeduld (unsere eigene oder die anderer) lassen uns eine vorschnelle Wahl treffen, lange bevor wir die entscheidenden 37 % aller Optionen in Augenschein genommen haben.

33

Faire Scheidungsvereinbarungen: die Win-Win-Lösung

Conrad Hilton zeigte sich in unserer Scheidungsvereinbarung sehr großzügig mir gegenüber. Er schenkte mir 5000 Gideon-Bibeln.

(Zsa Zsa Gabor)

«Aber Papa, man muss doch mit anderen teilen», merkte unser dreijähriger Sohn mit Blick auf mein Eis einmal an, nachdem er seines aufgegessen hatte. Aber Teilen ist gar nicht so einfach. Worauf sollten Sie achten, wenn Sie etwas zwischen zwei oder mehr Personen aufteilen müssen? Man möchte annehmen, dass Sie nichts weiter tun müssen, als eine Aufteilung vorzunehmen, die nach *Ihrem* Dafürhalten fair ist, und bei zwei Personen bedeutet dies, die aufzuteilende Sache zu halbieren. Dies mag ein probates Mittel sein, wenn es etwas zu teilen gilt, das sehr leicht teilbar ist – wie beispielsweise eine Geldsumme –, stellt jedoch leider keine verlässliche Strategie dar, wenn die zu teilende Sache für verschiedene Leute einen unterschiedlichen Stellenwert hat. Ist zwischen zwei Staaten eine Landfläche aufzuteilen, dürfte jeder Staat z.B. etwaigen Wasservorkommen für die Landwirtschaft oder dem Vorhandensein von Bergen für den Tourismus des Landes unterschiedliche Bedeutung beimessen. Oder aber es gilt Dinge aufzuteilen, die sich nicht allzu großer Beliebtheit erfreuen, wie Hausarbeit oder Schlangestehen.

Bei einer Scheidungsvereinbarung gibt es vieles, was Gegenstand einer Teilungsregelung sein kann, aber oft legen die Ehegatten unterschiedlichen Wert auf die verschiedenen Vermögenswerte. Dem einen geht das Haus über alles, dem anderen die Gemäldesammlung oder der Hund. Obwohl Sie als möglicher Schlichter den Wert der verschiedenen Posten objektiv beurteilen, schreiben die beiden Parteien Teilen ihres Eigentums einen unterschiedlichen Wert zu. Ziel eines Schlichters muss es sein, zu einer Teilungsregelung zu gelangen, mit der beide Seiten glücklich sind. Dies muss nicht bedeuten, dass die beiden Hälften quantitativ «gleich» sind.

Üblicherweise geht ein Schlichter nach der einfachen Methode vor, zunächst eine der beiden Parteien einen Teilbereich des gemeinsamen Eigentums in zwei Teile aufteilen zu lassen; anschließend kommt die andere Partei zum Zug und kann auswählen, welchen Teil sie für sich beansprucht. Der Ehegatte, der die Aufteilung vornimmt, ist gut beraten, peinlichst korrekt vorzugehen, könnte er sich doch im Falle einer unfairen Aufteilung seinerseits plötzlich auf der Verliererseite wieder finden, wenn sich sein Ex-Partner nämlich das «bessere» Stück schnappt. Diese Methode dürfte also verhindern, dass Neidgefühle aufkommen (es sei denn, die Partei, welche die Teilung vornimmt, weiß etwas, das die andere nicht weiß – zum Beispiel, dass die zur Teilung anstehende Landfläche in einem bestimmten Bereich über Erdölvorkommen verfügt). Dennoch bleibt ein potenzielles Problem. Möglicherweise gewichten beide Parteien die zwei «Hälften» unterschiedlich in ihrer Bedeutung, und so muss der Teil, der dem einen besser erscheint, aus Sicht des anderen nicht zwangsläufig auch die bessere Partie darstellen.

Steven Brams, Michael Jones und Christian Klamler entwickelten eine bessere Methode, um zu einer Teilungsvereinbarung zu gelangen, die beiden Seiten fair erscheint. Auf Geheiß des Schlichters macht jede Partei einen Vorschlag, wie sie den Kuchen paritätisch aufteilen würde. Stimmen beide Vorschläge überein, gibt es keinerlei Probleme, und beide Seiten sind sich schnell einig. Erzielen sie jedoch keine Einigung, muss der Schlichter eingreifen.

__________A_____B__________________

Nehmen wir an, alle Vermögenswerte einer Scheidungsmasse seien auf einer Linie aufgeführt. Punkt A markiert eine gerechte Aufteilung aus Sicht des Mannes, Punkt B aus Sicht der Frau. Im Sinne einer gerechten Aufteilung erhält der Mann den Bereich links von Punkt A, die Frau den Bereich rechts von Punkt B. Der dazwischen liegende Bereich, über den keine Einigung erzielt werden konnte, wird vom Schlichter beiden Seiten jeweils zur Hälfte zugesprochen. Nach diesem Verfahren erhalten also beide Parteien mehr als die von ihnen erhoffte «Hälfte». Eine Entscheidung, mit der beide gut leben können.

Dieses Verfahren von Brams & Co. ließe sich noch optimieren, wenn der Schlichter den Bereich, über den keine Einigung erzielt wurde, nicht nur einmalig in zwei Hälften, sondern so lange nach dem bewährten Muster aufteilte, bis nur noch ein verschwindend geringer, praktisch zu vernachlässigender Teil der Scheidungsmasse übrig ist oder aber die beiden Parteien eine Einigung über die Aufteilung der Restmasse erzielen.

Streben drei oder mehr Parteien die gerechte Aufteilung eines Nachlasses an, wird im Wesentlichen nach dem gleichen Muster verfahren, der Aufteilungsprozess wird jedoch bedeutend komplexer. Die New York University ließ sich verschiedene Verfahren zur Lösung derartiger Probleme patentieren, sodass diese gewerblich genutzt werden können, wenn es gilt, Konflikte zu lösen und zu einer fairen Aufteilung zu gelangen. Verfahren dieser Art kommen in den unterschiedlichsten Bereichen zum Einsatz, vor amerikanischen Scheidungsgerichten ebenso wie im Rahmen des Friedensprozesses im Nahen Osten.

34

Auf die nächsten fünfzig!

Du bist noch so jung, dass du glaubst, ein Monat sei eine lange Zeit.

(Henning Mankell)

Laden Sie viele Leute auf Ihre Geburtstagsparty ein, könnte Sie die Frage beschäftigen, *wie* viele Sie einladen müssen, damit die Wahrscheinlichkeit höher als 50 Prozent ist, dass sich unter Ihren Gästen jemand befindet, der am gleichen Tag Geburtstag hat wie Sie. Wenn wir einmal annehmen, Sie kennen die Geburtstage Ihrer Gäste im Vorfeld nicht, und ferner Schaltjahre außer Acht lassen und folglich von 365 Tagen im Jahr ausgehen, bedeutet dies, dass Sie mindestens 253 Leute einladen müssen, damit einer Ihrer Gäste mit mehr als 50%-iger Wahrscheinlichkeit am gleichen Tag Geburtstag hat wie Sie. Eine Zahl, die wesentlich größer ist als 365 geteilt durch zwei, sind doch unter den Anwesenden wahrscheinlich etliche Gäste zu finden, die am gleichen Tag Geburtstag haben wie andere Gäste – Sie ausgenommen. Das sieht nach einer teuren Geburtstagsüberraschung aus.

Als wesentlich preiswerter dürfte sich da schon das Gesellschaftsspiel erweisen, einfach nach Leuten zu suchen, die am gleichen Tag Geburtstag haben – unabhängig von Ihrem Geburtsdatum. Wie viele Gäste müssten Sie also einladen, damit zwei von ihnen mit einer Wahrscheinlichkeit von mehr als 50 Prozent am gleichen Tag Geburtstag haben?

Konfrontieren Sie Leute mit dieser Frage, die sich noch nie näher mit dieser Problematik befasst haben, überschätzen die Befragten die Anzahl der einzuladenden Gäste in der Regel deutlich. Die Antwort ist verblüffend. Bei gerade einmal 23 Leuten* haben mit 50,7%-iger Wahrscheinlichkeit zwei Gäste am gleichen Tag Geburtstag, bei 22 Gästen beträgt diese Wahrscheinlichkeit 47,6 Prozent, und bei 24 Gästen 53,8 Prozent.[9] Stehen also zwei Fußballmannschaften samt Schiedsrichter auf dem Feld, haben zwei der Protagonisten mit großer Wahrscheinlichkeit am gleichen Tag Geburtstag. Hier ist eine einfache Verbindung zu unserem ersten Fall zu beobachten, als wir nach Leuten suchten, die am gleichen Tag wie *Sie* Geburtstag haben, und feststellten, dass 253 Gäste vonnöten sind, um mit mehr als 50%-iger Wahrscheinlichkeit fündig zu werden. Dass nur 23 anwesende Gäste erforderlich sind, um alle Paarungen abzudecken, liegt schlicht darin begründet, dass mit 23 Leuten derart viele Paarungen möglich sind – genauer gesagt $(23 \times 22) / 2 = 253$ Paarungen.**

Der amerikanische Mathematiker Paul Halmos entwickelte auf seine Weise eine praktische Näherung für dieses Problem. Er wies nach, dass wir bei einer Ansammlung einer großen Zahl von Leuten – nennen wir diese Anzahl wieder N – eine Zufallsauswahl von mindestens $1{,}18 \times N^{1/2}$ dieser Leute treffen müssen, damit die Wahrscheinlichkeit mehr als 50 Prozent beträgt, dass zwei von ihnen am gleichen Tag Geburtstag haben. Für N = 365 ergibt die Formel 22,544, wir benötigen also 23 Leute.

Dieser Ansatz geht unter anderem von der Annahme aus, dass Geburtstage mit gleicher Wahrscheinlichkeit auf jeden beliebigen Tag eines Jahres fallen. In der Praxis ist dies wohl nicht ganz zutreffend. In der Ferienzeit wird wahrscheinlich mehr verhütet, und auch den Termin für die Entbindung eines Wunschkindes per Kaiserschnitt dürfte wohl kaum jemand auf Weihnachten oder Silvester legen. Erfolgreiche Sportlerinnen und Sportler stellen einen weiteren interessanten Fall dar. Untersucht man die Geburtstage von Fußballern einer Premier-League-Be-

* Berücksichtigen wir Schaltjahre, hat dies minimale Veränderungen zur Folge, an der Anzahl der Leute ändert dies jedoch nichts.

** 23 Leute haben jeweils 22 verschiedene Pärchenoptionen, es gibt also 23 × 22 Paarungen; da uns die Reihenfolge egal ist, in der eine Paarung zustande kommt («du und ich» ist gleich «ich und du»), ist diese Anzahl von Paarungen durch 2 zu teilen.

gegnung oder Mitgliedern des britischen Leichtathletik-Teams, stellt man vermutlich tendenziell fest, dass viele dieser Sportler im Herbst Geburtstag haben. Der Grund hierfür hat durchaus nichts mit astrologischen Tierkreiszeichen zu tun. In Großbritannien beginnt das neue Schuljahr Anfang September, und so haben die Kinder, deren Geburtstag im September, Oktober und November liegt, ihren in den Monaten Juni, Juli und August geborenen Mitschülern gegenüber einen beträchtlichen Altersvorsprung, und in diesem Alter fallen 6 bis 9 Monate Altersunterschied gerade im Hinblick auf Kraft und Schnelligkeit immens ins Gewicht. Aus diesem Grund schaffen die Kinder, die im Herbst Geburtstag haben, eher den Sprung in die Auswahlmannschaften ihres Jahrgangs, was für sie eine gehörige Motivation bedeutet und ihnen die Chance eröffnet, in den Genuss zusätzlicher Förderungsmaßnahmen zu kommen und schließlich den Weg einer Profikarriere einzuschlagen. Das Gleiche gilt auch für andere Betätigungsfelder, deren erfolgreiche Gestaltung ganz entscheidend von einem gewissen Reifegrad abhängt.

Es gibt eine ganze Reihe von Unternehmungen, wo wir im Rahmen einer Sicherheitsüberprüfung unseren Geburtstag preisgeben müssen. So sind wir gezwungen, beim Kauf eines Flugtickets auf der Website der Fluggesellschaft unser Geburtsdatum anzugeben, um den geltenden Sicherheitsstandards Genüge zu tun, Gleiches gilt für Bankkunden oder beim Online-Shopping. Wir haben gesehen, dass es keine besonders gute Idee ist, einzig den Geburtstag als Kriterium für eine Sicherheitsüberprüfung heranzuziehen, besteht doch eine enorm hohe Wahrscheinlichkeit, dass zwei Kunden am gleichen Tag Geburtstag haben. Diese Wahrscheinlichkeit lässt sich verringern, indem wir auch das Geburtsjahr und ein zusätzliches Passwort erfragen. Die Problematik als solche bleibt im Grunde genommen gleich, aber etwa auf Ihrer Geburtstagsparty suchten Sie fortan nicht mehr nur nach zwei Leuten, die an ein und demselben der 365 zur Auswahl stehenden Tage Geburtstag haben, sondern sich überdies für das gleiche, aus zehn Buchstaben bestehende Passwort entschieden. Dies schränkt die Wahrscheinlichkeit für einen Zufallstreffer drastisch ein. Besteht ein Passwort aus acht alphabetischen Zeichen, gibt es 26^{10} verschiedene Schreibweisen, und so benötigten wir nach Halmos' Formel $1{,}28 \times 26^5$ oder 15 208 161 Kunden, um mit 50%-iger Wahrscheinlichkeit zwei Leute ausfindig zu machen, die in beiden Kriterien eine Übereinstimmung aufweisen. Die Zahl der Weltbevölkerung wurde im Juli 2007 auf 6 602 224 175 geschätzt. Besteht ein Passwort nun aus einer Abfolge von gerade einmal 14 Zeichen, müssten uns, um mit 50%-iger Wahrscheinlichkeit einen Zufallstreffer zu landen, mehr Menschen zur Auswahl stehen, als derzeit auf der ganzen Welt leben.

35

Gegen Windmühlen kämpfen

The answer, my friend, is blowin' in the wind.
(Bob Dylan)

Wenn Sie reisen, stoßen Sie zunehmend auf moderne Windräder, die wie Raumschiffe Außerirdischer in der Landschaft herumstehen. Ihre Existenz ist ein Widerspruch in sich. Sie wurden gebaut, um als saubere Energiequelle der Luftverschmutzung entgegen zu wirken, allerdings stellen sie eine bis dato unbekannte Form visueller Verschmutzung dar, wenn sie nämlich an der falschen Stelle errichtet wurden – etwa in unberührter (aber zweifellos mit Wind gesegneter) Natur oder an malerischen Stränden.

Diese Windräder – oder «Windgeneratoren», wie wir heute sagen – werfen einige interessante Fragen auf. Klassische Windmühlen bestehen aus vier in Form eines X angeordneten Flügeln. Die modernen Windräder hingegen sehen aus wie Flugzeugpropeller und weisen in der Regel drei Flügel auf. Mehrere Faktoren waren ausschlaggebend dafür, dass dreiflügelige Windräder (das so genannte «dänische Konzept») so gebräuchlich wurden. Drei Flügel sind billiger als vier. Warum also nicht zwei Flügel? Vierflügelige Windräder haben eine heikle Eigenschaft, die sie instabiler als Windräder mit drei Flügeln macht. Windräder mit einer geraden Anzahl von Flügeln haben die Eigenart, dass, wenn einer der Flügel seinen höchsten vertikalen Punkt erreicht hat und die maximale Menge an Windenergie erzeugt, das andere Ende des Flügels vertikal nach unten gerichtet und durch die Windradkonstruktion selbst vor Wind geschützt ist. Dies erzeugt Spannung innerhalb des Flügels und kann das Windrad ins Schwanken bringen, was bei starkem Wind eine potenzielle Gefahr darstellt. Windräder mit einer ungeraden Anzahl von Flügeln haben nicht mit diesem Problem zu kämpfen. Die Flügel eines dreiflügeligen Windrads etwa stehen im Winkel von 120 Grad zueinander, wenn also einer der Flügel eine vertikale Position einnimmt, kann sich keiner der beiden anderen ebenfalls in vertikaler Position befinden. Natürlich erfassen drei Flügel weniger Wind als vier und müssen daher schneller rotieren, um die gleiche Energiemenge zu erzeugen.

Die Effizienz von Windmühlen ist ein interessantes Thema, mit dem sich der deutsche Ingenieur Albert Betz im Jahr 1919 als Erster befasste. Die Flügel einer Windmühle gleichen einem Rotor, der die Luftmenge A erfasst. Die Luft trifft mit der Geschwindigkeit U auf die Flügel und wird auf die Geschwindigkeit V abgebremst. Diese Verringerung der Luftgeschwindigkeit durch den Einsatz der Flügel ermöglicht es der Windmühle oder dem Windrad, der strömenden Luft Energie zu entziehen. Aus der im Wind enthaltenen Bewegungsenergie wird so nutzbare Energie. Die Durchschnittsgeschwindigkeit der Luft im Bereich der Flügel beträgt $^1/_2\,(U + V)$. Die Luftmenge, die pro Zeiteinheit die rotierenden Flügel passiert, lässt sich mit $F = DA \times {}^1/_2\,(U + V)$ beziffern, wobei D die Dichte der Luft darstellt. Die von dem Windrad erzeugte Energie ist nichts weiter als die Differenz der Änderungsgeschwindigkeiten der Luft vor und nach Passieren der Flügel, also $P = {}^1/_2\,FU^2 - {}^1/_2\,FV^2$. Setzen wir in diese Gleichung die Formel für F ein, ergibt sich für die erzeugte Energie

$$P = 1/4\,DA(U^2 - V^2)(U + V).$$

Auf freier Fläche – ohne das «Hindernis» eines Windrads also – hätte die gesamte Energie des ungebremsten Windes auch nur $P_0 = {}^1/_2\,DAU^3$ betragen. Die Effizienz, mit der das Windrad der strömenden Luft Energie entzieht, beträgt P / P_0. Wenn $P = P_0$ ist, ergibt dies einen Wert von 1 und bedeutet somit, dass das Windrad eine Energieeffizienz von 100 % aufweist. Teilen wir die letzten beiden Formeln, ergibt sich

$$P / P_0 = \frac{1}{2} \{1 - (V / U)^2\} \times \{1 + (V / U)\}.$$

Eine interessante Formel. Wenn V / U klein ist, nähert sich P / P_0 dem Wert $\frac{1}{2}$; nähert sich der Quotient V / U seinem Höchstwert 1, tendiert P / P_0 gegen null, da dem Wind keine Bewegungsenergie entzogen wurde. Irgendwo dazwischen – wenn V / U = 1/3 beträgt – nimmt P / P_0 seinen Höchstwert an. In diesem Fall erreicht die Energieeffizienz mit 16 / 27 ihren Höchstwert, was 59,26 % entspricht. Man spricht auch vom Betzschen Gesetz, das besagt, dass eine Windkraftanlage maximal eben diese 16 / 27 der im Wind enthaltenen kinetischen Energie in nutzbare Energie umwandeln kann. Der Grund, warum diese Effizienz unter 100 % liegt, ist einleuchtend. Um eine Effizienz von 100 % zu erzielen, müsste der strömenden Luft von den Windradflügeln die gesamte Bewegungsenergie entzogen werden, beispielsweise dadurch, dass man das Windrad als massive Scheibe konzipiert, um so die Strömung der Luft gänzlich zum Erliegen zu bringen – allerdings würden sich dann die Flügel nicht drehen. Die Windgeschwindigkeit nach Passieren der Flügel (in unserem Fall also V) wäre gleich null, da keine weitere Luft mehr durch die Flügel strömte.

In der Praxis bringen es gute Windkraftanlagen auf eine Effizienz von ungefähr 40 %. Während des Umwandlungsprozesses von Windenergie in Strom geht sowohl durch die Weiterleitung als auch durch mechanische Reibung weitere Energie verloren, sodass letztlich nur etwa 20 % der verfügbaren Windenergie in nutzbare Energie umgewandelt werden. Windmühlenflügel, Rotoren oder Turbinen können dem Wind am meisten Energie entziehen, wenn V / U = 1/3 und somit $P_{max} = (8 / 27) \times D \times A \times U^3$ beträgt. Bei einem Rotordurchmesser d ergibt sich eine Fläche von $A = \pi d^2 / 4$ und – wenn das Windrad mit einer Effizienz von 50 % arbeitet – eine Ausgangsleistung von $1{,}0 \times (d / 2m)^2 \times (U / 1ms^{-1})^3$ Watt.

36 Zauberei mit Worten

Posh und Becks kamen partout nicht aus ihrem Hotelzimmer, sie waren irritiert von dem Schild mit der Aufschrift «Bitte nicht stören», das innen an der Tür hing.

(Angus Deayton)

Raffinierte Zaubertricks können in Nahaufnahme sehr verwirrend sein, umso größer ist die anschließende Überraschung, wenn der Zauberer seinen Trick preisgibt. Wie leicht er Sie doch in die Irre geführt hat! Sie müssen blind gewesen sein, nicht zu bemerken, was sich vor Ihren Augen abspielte – einfacher geht's nun wirklich nicht! Schnell sehen Sie ein, dass Sie wohl nicht als Richter taugten, um wegen Löffelbiegens oder Levitation ein Urteil zu fällen. Am einfachsten zu narren sind Wissenschaftler, ist Ihnen der Gedanke doch gänzlich fremd, die Natur könnte sie in verschwörerischer Absicht täuschen. Wissenschaftler glauben fast alles, was sie sehen. Zauberer dagegen glauben nichts.

In diesem Sinne möchte ich Ihnen eine kleine Geschichte aus der Welt der Mathematik erzählen, die – frei nach einer Fassung von Frank Morgan – ein Beispiel für Zauberei mit Worten ist. Folgen Sie aufmerksam der Handlung, und Sie werden feststellen, dass in der Erzählung scheinbar etwas verloren ging – eine Geldsumme nämlich – und Sie aufgerufen sind, dem Verbleib des Geldes auf die Spur zu kommen. Oder gar herauszufinden, ob es dieses Geld überhaupt jemals gab.

Drei Reisende kommen spätabends in ein billiges Hotel. Jeder hat nur 10€ in der Tasche, weshalb sie beschließen, sich ein großes Zimmer zu teilen. Das Hotelzimmer kostet 30€ pro Übernachtung, und so gibt jeder 10€. Nachdem sie in Begleitung eines Pagen, der die Koffer schleppte, auf ihr Zimmer gegangen waren, erhielt die Dame an der Rezeption eine E-Mail von der Hauptverwaltung der Hotelkette mit der Anweisung, dass für Gäste, die heute einchecken, ein Sonderangebot gelte und der Zimmerpreis auf 25 € herunterzusetzen sei. Die Rezeptionistin – in solchen Dingen peinlich genau – schickt ihren Pagen unverzüglich mit einem 5 €-Schein zurück zum Zimmer der drei neuen Gäste, um diesen ihren Rabatt auszuhändigen. Der Page zeigt sich allerdings weniger skrupulös. Er hatte für das Koffertragen kein Trinkgeld bekommen und konnte ohnehin nicht ersehen, wie die drei Gäste 5 € unter sich aufteilen wollten, sodass er kurzerhand beschloss, 2 € «Trinkgeld» für sich zu behalten und den drei Gästen jeweils 1 € als Rabatt zurückzugeben. So hat jeder der drei Reisenden 9 € für das Hotelzimmer bezahlt, und der Page hat 2 € eingesteckt. Macht insgesamt 29 €. Ausgegeben hatten die drei jedoch 30 € – wo ist der Restbetrag von 1 € abgeblieben?*

* Wenn Sie die Geschehnisse genau verfolgen, werden Sie feststellen, dass kein einziger Euro fehlt. Schlussendlich haben die Gäste insgesamt 3 €, der Page 2 € und das Hotel 25 €.

37 Geldanlage mit Zeitreisefaktor

Nein, ich bin kein Seher! Ich bin ein Hochstapler, das ist alles! Ich kann keine echten Vorhersagen machen. Hätte *ich vorhersehen können, wie dies alles hier endet, wäre ich zu Hause geblieben.*

(René Goscinny und Albert Uderzo, Der Seher)

Stellen wir uns einmal vor, im Universum existierten hoch entwickelte Zivilisationen, die die Kunst (und die Fertigkeit) perfektioniert haben, Zeitreisen zu unternehmen. An dieser Stelle ist es wichtig anzumerken, dass Reisen in die Zukunft durchaus möglich sind – soviel ist unstrittig. Schon Einstein sagt in seiner Relativitätstheorie, die die Welt um uns herum so genau beschreibt, dieses Phänomen voraus, außerdem ist es bei physikalischen Experimenten regelmäßig zu beobachten. Werden zwei eineiige Zwillinge voneinander getrennt, und der eine bleibt hier auf der Erde zurück, während der andere einen Ausflug ins All unternimmt, stellt sich nach dessen Rückkehr heraus, dass er langsamer gealtert ist als sein auf der Erde zurückgebliebener Zwillingsbruder. Der Rückkehrer aus dem All hat eine Zeitreise in die Zukunft seines Zwillingsbruders unternommen.

Zeitreisen in die Zukunft sind also lediglich eine Frage der Machbarkeit: Sind wir in der Lage, Transportmittel zu konstruieren, die den Belastungen standhalten und annähernd Lichtgeschwindigkeit erreichen, um diese Vision Realität werden zu lassen? Zeitreisen in die Vergangenheit sind dagegen eine ganz andere Sache. Sie sind dem Reich der so genannten Zeit-Paradoxa zuzuordnen, auch wenn die meisten von diesen auf einer Fehlannahme basieren.

Hier ein empirischer Beweis, dass Zeitreisende in kein ökonomisches System in unserer Welt eingebunden sind. Dabei kommt der Tatsache entscheidende Bedeutung zu, dass Zinssätze nicht gleich null sind. Sind sie positiv (in der Zukunft also höher als in der Vergangenheit), könnten sich Zeitreisende in die Vergangenheit ihr in der Zukunft gewonnenes Wissen über die Entwicklung von Aktienkursen zunutze machen und in die Wertpapiere investieren, von denen sie wissen, dass sie den größten Wertzuwachs verzeichnen werden. Sie würden überall auf dem Kapital- und Terminmarkt riesige Gewinne einfahren, was dazu führte, dass das Zinsniveau auf null gedrückt würde. Sind die Zinsen dagegen negativ (sodass Kapitalanlagen in Zukunft an Wert verlieren) könnten Zeitreisende ihre Anlage zum aktuellen hohen Kurs verkaufen und in der Zukunft zu einem niedrigeren Kurs zurückkaufen, um anschließend eine Zeitreise in die Vergangenheit zu unternehmen und sie abermals zu einem hohen Kurs zu verkaufen. Um diese Endlos-Geldmaschine zu stoppen, bliebe den Märkten wieder nichts anderes übrig, als die Zinsen auf null zu drücken. Die Beobachtung, dass es Zinsen gibt, die nicht gleich null sind, bedeutet folglich, dass Zeitreisende diese Art von Aktiengeschäften nicht aus der Zukunft tätigen.*

Für Spielcasinos und andere Glücksspieleinrichtungen gilt das Gleiche. Das Glücksspiel mag in der Tat ein lukrativeres Ziel für Zeitreisende sein, sind die Gewinne doch steuerfrei! Kennen Sie den künftigen Derby-Sieger oder die nächste Zahl, auf der die Roulette-Kugel liegen bleibt, käme eine kurze Reise in die Vergangenheit einer Gewinngarantie gleich. Die Tatsache, dass Spielcasinos und andere Glücksspieleinrichtungen nach wie vor existieren – und üppige Gewinne machen –, ist erneut ein schlagendes Argument, dass es zeitreisende Zocker nicht gibt.

* Der kalifornische Ökonom Marc Reinganum wartete als Erster mit dieser Argumentation auf. Für konservativere Anleger sei angemerkt, dass die Investition von 1£ im Jahr 2007 in eine Sparanlage mit 4 % Verzinsung bis zum Jahr 3007 einen Ertrag von $1£ \times (1 + 0{,}04)^{1000}$ = 108 Millionen Milliarden Pfund abwerfen würde. Wahrscheinlich immer noch genauso viel, wie Ihre Sonntagszeitung dann kostet.

Diese Beispiele mögen ziemlich abstrus erscheinen, aber ist es bei genauerer Betrachtung nicht so, dass man für viele Arten von übersinnlicher Wahrnehmung oder parapsychologischem Wissen nicht die gleichen Argumente anführen könnte? Jeder, der die Zukunft vorhersehen könnte, hätte einen so gewaltigen Vorteil, dass er innerhalb kürzester Zeit mit Leichtigkeit imstande wäre, ein riesiges Vermögen zu scheffeln. Wenn er wollte, könnte er jede Woche im Lotto gewinnen. Wäre ein menschliches (oder vormenschliches) Gehirn in der Lage, ein verlässliches Gespür für die Zukunft zu entwickeln, verschaffte dies seinem Träger in evolutionärer Hinsicht einen unschätzbaren Vorteil. Er könnte Risiken vorhersehen und mit absoluter Planungssicherheit seine Zukunft gestalten. Schon bald würden die Menschen und deren Nachkommen die Herrschaft im Volk übernehmen, die das Glück haben, mit diesen Genen ausgestattet zu sein und somit über eine wahre Vollkaskoversicherung zu verfügen. Die Tatsache, dass übersinnliche Fähigkeiten offensichtlich so selten sind, ist allerdings ein sehr gewichtiges Argument, das gegen ihre Existenz spricht.

38

Rund ums Wechselgeld

Eines der Grundübel von Geld besteht darin, dass es uns verleitet, nur aufs Geld zu achten anstatt auf die Dinge, die man dafür kaufen kann.

(E. M. Foster)

Münzgeld ist oftmals Grund für Verzögerungen. Wenn Sie etwas für 79 Cent kaufen, wühlen Sie in den Tiefen Ihres Geldbeutels nach einer bestimmten Stückelung, um den Betrag auf den Cent genau zusammenzubekommen. Reicht Ihr Kleingeld nicht aus und Sie zahlen stattdessen mit 1 Euro, erhalten Sie noch mehr Hartgeld, sodass Sie das nächste Mal noch länger brauchen, um die gewünschte Stückelung zu finden. Die Frage ist: Mit welcher Wechselgeld-Stückelung in Ihrem Portemonnaie wären Sie wohl am besten für Eventualitäten dieser Art gewappnet?

Wir verfügen wir über 1-, 2-, 5-, 10-, 20- und 50-Cent-Münzen, um 1 Euro zu wechseln, während in den USA das Wechselgeld für 1 Dollar aus 1-, 5-, 10- und 25-Cent-Münzen besteht. Diese Stückelungen sind insofern praktisch, als dass die geringstmögliche Anzahl von Münzen zur Bildung jedweden Betrages unter 100 Cent durch ein simples Verfahren ermittelt werden kann, das Informatiker als «Greedy-Algorithmus» bezeichnen. Dieses Verfahren zur Lösung eines Optimierungsproblems beruht darauf, zunächst so viele Münzen wie möglich mit dem höchsten Nennwert zu akquirieren, anschließend so viele wie möglich mit dem zweithöchsten Nennwert und so weiter. Benötigten wir 76 amerikanische Cent, ließe sich dieser Betrag mit nur drei Münzen abdecken, einer 50-, einer 25- und einer 1-Cent-Münze. In Euroland bräuchten wir für 76 Cent eine 50-, eine 20-, eine 5- sowie eine 1-Cent-Münze, also mindestens vier Münzen – eine mehr als die Amerikaner –, was bemerkenswert ist, da uns schließlich mehr Münzkategorien mit unterschiedlichen Nennwerten zur Auswahl stehen.

Mein letztes Jahr in der Schule ist vor allem aufgrund der Tatsache denkwürdig, dass der 15. Februar 1971 – Stichtag für die Umstellung auf ein dezimales Münzsystem im Vereinigten Königreich – in dieses Schuljahr fiel. Das alte, aus Pfund, Schilling und Pence bestehende System («£sd») wies eine große Zahl von Münzen mit ungewöhnlichem Nennwert auf (was historisch bedingt ist). 1 Pfund entsprach 240 alten Pence (deren englische Bezeichnung d von dem lateinischen Begriff *denarii* abgeleitet wurde), und ich kann mich erinnern, dass es in meiner Kindheit Münzen mit dem Nennwert von $^1/_2$d, 1d, 3d, 6d, 12d, 24d und 30d gab, die im Volksmund Halfpenny, Penny, Threepenny Bit, Sixpence, Shilling, Florin und Half Crown hießen. Dieses Münzsystem erwies sich als weniger praktisch, hat es doch den Nachteil, dass sich die Auswahl eines Wechselgeldbetrages durch Anwendung des Greedy-Verfahrens nicht optimieren lässt. Für einen Betrag von 48 Pence (4 Schilling) würden wir nach dem Algorithmus auf eine 30-, eine 12- sowie eine 6-Pence-Münze zurückgreifen – insgesamt drei Münzen also. Dabei wären zwei 24-Pence-Münzen die effizientere Lösung. In früheren Jahrhunderten existierte eine 4-Pence-Münze – der so genannte «Groschen» –, der den gleichen Effekt auf die Optimierung des Wechselgelds hatte. Dem Algorithmus zufolge würde sich ein Betrag von 8 Pence aus drei Münzen rekrutieren (aus einer 6- sowie zwei 1-Pence-Münzen), effizienter wäre jedoch die Auswahl zweier Groschen. Diese Situation entsteht, wenn wir eine unserer Münzen im Wert verdoppeln, deren Nennwert größer als 2 Pence ist, da keine andere Münze mit diesem Nennwert existiert. Dies kann mit den Stückelungen, wie wir sie heute in den USA und in der Eurozone vorfinden, nicht passieren.

Alle modernen Münzsysteme, die derzeit in Gebrauch sind, schöpfen bei der Gestaltung der Nennwerte ihrer Münzen aus dem gleichen Fundus ganzer Zahlen: 1, 2, 5, 10, 20, 25 und 50. Aber ist dieser Fundus auch dazu angetan, eine optimale Stückelung zu garantieren? Die Zahlen sind relativ leicht zu addieren oder subtrahieren, aber stellen sie auch die beste Option dar, wenn es gilt, einen Geldschein mit möglichst wenig Münzen kleinzumachen?

Jeffrey Shallit aus Waterloo in Ontario führte vor wenigen Jahren eine Erhebung zum amerikanischen Münzsystem durch und ging der Frage nach, wie viele Münzen im Schnitt jeweils vonnöten sind, um jedweden Betrag zwischen 1 und 100 Cent zu erhalten, wenn verschiedene Stückelungen zur Auswahl stehen. Für die derzeitige Stückelung mit Nennwerten von 1, 5, 10 und 25 Cent ergab sich eine durchschnittliche Anzahl von Münzen von 4,7. Gäbe es nur 1-Cent-Münzen, benötigte man für einen Betrag von 99 Cent 99 Münzen, und die durchschnittliche Anzahl von Münzen, um jedweden Betrag zwischen 1 und 100 Cent zu erhalten, betrüge 49,5 – Negativrekord. Gäbe es nur 1- und 10-Cent-Münzen, fiele dieser Durchschnitt auf 9. An dieser Stelle stellt sich die interessante Frage, ob wir diesen Schnitt zu senken imstande sind, wenn wir die derzeitige Stückelung mit 1-, 5-, 10- und 25-Cent-Münzen durch eine Stückelung ersetzen, die auf vier anderen Nennwerten basiert. Die Antwort lautet «ja», es gibt tatsächlich zwei andere Stückelungen, die eine bessere Option darstellen. Gäbe es nur 1-, 5-, 18- und 29-Cent-Münzen oder 1-, 5-, 18- und 25-Cent-Münzen, betrüge die durchschnittliche Anzahl von Münzen, die zur Bildung jedweden Betrages zwischen 1 und 100 Cent vonnöten sind, lediglich 3,89. Als beste Lösung entpuppte sich die Option mit Nennwerten von 1, 5, 18 und 25 Cent, da diese Stückelung nur eine kleine Änderung im Vergleich zum derzeitigen amerikanischen Münzsystem erforderlich machte – man müsste lediglich das 10-Cent-Stück durch ein neues 18-Cent-Stück ersetzen!

Was ergibt sich nun, wenn wir die derzeitigen Münzsysteme im Vereinigten Königreich und in der Eurozone einer ähnlichen Untersuchung unterziehen und die Frage stellen, welches neue Geldstück wir unserer Währung hinzufügen müssten, um sie so effizient wie möglich zu gestalten? Beide Systeme verfügen derzeit über Münzen mit Nennwerten von 1, 2, 5, 10, 20, 50, 100 und 200 Pence bzw. Cent (z.B. gibt es im Vereinigten Königreich inzwischen 1- und 2-£-Münzen, dafür keine

1-£-Scheine). Nehmen wir also einmal an, wir ermittelten die durchschnittliche Anzahl von Münzen, die zur Bildung jedweden Betrages zwischen 1 und 500 Pence bzw. Cent vonnöten sind. Ergebnis: 4,6. Und fügten wir diesen Systemen eine neue Münze mit einem Nennwert von 133 oder 137 Pence oder Cent hinzu, könnten wir den Schnitt sogar auf 3,92 senken.

39

Das Gesetz des Durchschnitts brechen

Es gibt drei Arten von Lügen – Lügen, verdammte Lügen und Statistiken.

(Benjamin Disraeli)

Wie Sie sich erinnern, haben wir uns in Kapitel 35 mit der Erzeugung von Windenergie beschäftigt, ohne näher auf eine interessante Feinheit statistischer Art einzugehen, der wir uns besser bewusst sein sollten. Wir alle wissen, dass es drei verschiedene Arten von Lügen gibt – Lügen, verdammte Lügen und Statistiken, wie Disreali mahnte –, aber zu wissen, dass man sich vor etwas in Acht nehmen muss, ist eine Sache, und zu wissen, wo die Gefahr denn lauert, eine ganz andere. Demonstrieren wir also am Beispiel der Windenergie, wie irreführend Statistiken sein können, macht man von diesen nur raffiniert genug Gebrauch. Bekanntlich ist die im Wind enthaltene Energie proportional zum Kubik der Windgeschwindigkeit, V^3. Lassen wir an dieser Stelle alle weiteren beteiligten Größen unberücksichtigt (wie etwa die Luftdichte, die unverändert bleibt) und sagen einfach, dass dies der Energie entspricht, die pro Zeiteinheit erzeugt wird, sodass gilt: $P = V^3$. Der Einfachheit halber sind wir von der Annahme ausgegangen, dass die durchschnittliche Windgeschwindigkeit eines Jahres 5 Meter pro Sekunde beträgt, und so ergäbe sich eine in diesem Jahr erzeugte Energiemenge von

$5^3 \times 1$ Jahr = 125 Einheiten.

In der Praxis ist die durchschnittliche Windgeschwindigkeit mit Vorsicht zu genießen. Nehmen wir bei unserer Betrachtung eine kleine

Modifikation vor und unterstellen, dass die Windgeschwindigkeit insgesamt ein halbes Jahr lang gleich null ist und in der anderen Jahreshälfte 10 Meter pro Sekunde erreicht. Die jährliche Durchschnittsgeschwindigkeit beträgt nach wie vor $^1/_2 \times 10 = 5$ Meter pro Sekunde. Aber wie viel Energie wird jetzt erzeugt? Ein halbes Jahr lang muss die erzeugte Energiemenge gleich null sein, beträgt doch die Windgeschwindigkeit null, wohingegen sich für das andere halbe Jahr eine Energiemenge von $^1/_2 \times 10^3 = 500$ Einheiten ergibt. Die innerhalb dieses Jahres erzeugte Energiemenge beträgt insgesamt also 500 Einheiten, wesentlich mehr, als legten wir die Durchschnittsgeschwindigkeit zugrunde. Die Tage mit höheren Windgeschwindigkeiten machen die Tage, an denen Windstille herrscht, bei weitem mehr als nur wett. In Wirklichkeit ist die jährliche Verteilung der Windgeschwindigkeiten viel komplexer als in unserem einfachen Beispiel dargestellt. Dennoch zeigt auch unser Fall deutlich, dass der zusätzliche Energiegewinn an Tagen mit überdurchschnittlicher Windgeschwindigkeit wesentlich größer ausfällt als der Rückgang, der an erzeugter Energie zu verzeichnen ist, wenn die Windgeschwindigkeit unter dem Durchschnitt liegt. Dies steht jedoch im Widerspruch zu einem Phänomen, das landläufig als das *Gesetz des Durchschnitts* bekannt ist. Freilich handelt es sich dabei in keiner Weise um ein Gesetz im wissenschaftlichen Sinne, sondern ist lediglich Ausdruck der irrigen Vorstellung vieler Leute, Schwankungen glichen sich letztlich immer aus. Will sagen, langfristig halten sich auf einer einheitlichen Skala – ausgehend vom Durchschnittsniveau – die Ausreißer nach oben und unten (also etwa Zugewinne und Rückgänge, wie in unserem Fall) die Waage. Dies gilt so nur für zufällige Ausreißer, die einem ganz spezifischen statistischen Muster unterliegen. In unserem Beispiel mit der Erzeugung von Windenergie ist dies nicht der Fall, weshalb die Ausreißer nach oben einen wesentlich größeren Effekt auf den Durchschnittswert haben als die Ausreißer nach unten. Hüten Sie sich also vor Mittelwerten!

40

Welche Zeit können Dinge überdauern?

Statistiken sind wie ein Bikini. Was sie preisgeben, ist vielversprechend, aber das Wesentliche bleibt doch verborgen.
(Aaron Levenstein)

Statistiken haben Gewicht. Sie liefern uns scheinbar mühelos Erklärungen für alles. Oft sagen sie schon früh am Abend den Ausgang von Wahlen voraus, und dies auf der Basis einiger weniger Stichproben der in ein oder zwei Wahlkreisen ausgezählten Wählerstimmen. Für einen Außenstehenden mag es scheinen, als seien Statistiken in der Lage, Schlüsse zu ziehen, ohne dass handfeste Beweise vorlägen. Das Vorhersagen der Zukunft ist eines meiner Lieblingsbeispiele für diese offensichtliche Hexerei. Stellen wir uns eine Institution oder auch eine Tradition vor, die bereits seit geraumer Zeit existiert. Mit wie vielen Jahren sollen wir nun deren zukünftig verbleibende Lebenserwartung beziffern? Der zugrunde liegende Gedanke ist recht simpel. Betrachten wir etwas von einem zufällig ausgewählten Zeitpunkt, besteht eine 95%-ige Wahrscheinlichkeit, dass unser Betrachtungszeitpunkt innerhalb der mittleren 95% der gesamten Lebensdauer liegt. Erweitern wir diesen Zeitstrahl in der Weise, dass 1 Zeiteinheit die gesamte Lebensdauer darstellt, und nehmen anschließend das Mittelstück heraus, das 0,95 Einheiten ausmacht, bleiben am Anfang sowie am Ende des Zeitstrahls zwei Stücke mit einer Länge von je 0,025 Einheiten übrig:

$$0 \leftarrow 0{,}025 \rightarrow A \leftarrow 0{,}95 \rightarrow B \leftarrow 0{,}025 \rightarrow 1$$

Wählen wir nun A als unseren Betrachtungszeitpunkt, macht die Zukunft 0,95 + 0,025 = 0,975 Zeiteinheiten aus, die Vergangenheit lediglich 0,025. Die Zukunft ist also 975 / 25 = 39 Mal länger als die Vergangenheit. In gleicher Weise machte die Zukunft nur einen Bruchteil der Vergangenheit – nämlich 1 / 39 – aus, wählten wir B als Betrachtungszeitpunkt.

Wenn wir uns der Geschichte zuwenden und etwa das Bestehen der Chinesischen Mauer oder der Universität von Cambridge betrachten, sind wir in der Lage, mit einer statistischen Sicherheit von 95 %* deren zukünftig verbleibende Lebenserwartung zu prognostizieren – vorausgesetzt, unser Betrachtungszeitpunkt stellt insofern kein herausragendes geschichtliches Datum dar, als dass nichts dafür spricht, er könnte besonders nah am Anfang bzw. am Ende der gesamten Lebensdauer liegen. Unser Diagramm liefert uns dabei die gewünschten Zahlen. Besteht eine Institution seit Y Jahren und unser Betrachtungszeitpunkt befindet sich an einer beliebigen Stelle ihrer Geschichte, können wir zu 95 % sicher sein, dass sie mindestens Y / 39 Jahre weiter bestehen wird, jedoch nicht länger als 39 × Y Jahre.[10] Im Jahr 2008 konnte die Universität von Cambridge auf ihr 800-jähriges Bestehen zurückblicken. Laut unserer Formel bedeutet dies, dass ihre zukünftig verbleibende Lebenserwartung mit 95%-iger Wahrscheinlichkeit mindestens 800 / 39 = 20,5 Jahre, höchstens jedoch 800 × 39 = 31200 Jahre beträgt. Im Jahr 1776 proklamierten die Vereinigten Staaten ihre Unabhängigkeit.

* Die Versuchung ist groß, diese Formel nun unaufhörlich auf alles und jeden anzuwenden, jedoch scheint an dieser Stelle ein mahnendes Wort angebracht. Es gibt Bereiche (wie etwa die Biochemie), deren Lebenserwartung von etwas mehr als nur von Wahrscheinlichkeiten bestimmt wird. Kommt diese Wahrscheinlichkeitsformel in Situationen zur Anwendung, deren zeitlicher Rahmen von einem nicht zufälligen Prozess vorgegeben wird, führt dies zu einem falschen Schluss im Hinblick auf die längste (oder kürzeste) zukünftig verbleibende Lebenserwartung. Die Formel besagt, dass ein 78-jähriger Mensch mit 95%-iger Wahrscheinlichkeit weitere 2 bis 3042 Jahre leben wird, wobei die Wahrscheinlichkeit ziemlich genau gleich null sein dürfte, dass er mehr als 50 weitere Jahre überlebt. Das Alter von 78 ist im Leben dieses Menschen kein beliebiger Zeitpunkt, er liegt wesentlich näher an seinem biologischen Ende als an seinem Geburtstag.

Und so werden die USA mit einer Wahrscheinlichkeit von 95% mindestens weitere 5,7 Jahre existieren, höchstens jedoch 8736 Jahre. Die Menschheit existiert seit ungefähr 250000 Jahren, folglich wird sie mit 95%-iger Sicherheit mindestens 6410 und höchstens 9750000 Jahre weiterexistieren. Das Universum breitet sich seit 13,7 Milliarden Jahren aus; entspricht dieser Zeitraum seinem Bestehen, wird es mit einer Wahrscheinlichkeit von 95% mindestens weitere 351 Millionen Jahre existieren, jedoch nicht länger als 534,3 Milliarden Jahre.

Wenden wir unsere Formel einmal auf Dinge an, die erst seit relativ kurzer Zeit existieren. Mein Haus wurde vor 39 Jahren gebaut, weshalb ich mir zu 95% sicher sein kann, dass es in den kommenden zwölf Monaten keiner Naturkatastrophe zum Opfer fallen wird; allerdings wäre ich in gleichem Maße überrascht, wenn es tatsächlich weitere 1521 Jahre überdauerte. Diese Formel lässt sich auf Fußballmanager ebenso anwenden wie auf Unternehmungen, auf Länder ebenso wie auf politische Parteien oder Modeerscheinungen. Und überdies ist es interessant, Vorhersagen zu machen. Während ich diese Zeilen schreibe, ist Gordon Brown fast auf den Tag genau drei Monate als britischer Premierminister im Amt (seit dem 27. Juni 2007). Gestern redete er zum ersten Mal als Premierminister auf einem Labour-Parteitag, wir jedoch können ihm versichern, dass er mit 95%-iger Sicherheit mindestens zwei oder drei weitere Tage im Amt bleiben wird, aber nicht länger als 9¾ Jahre. Wenn dieses Buch einmal veröffentlicht wird, können Sie diese Prognose möglicherweise verifizieren!

41

Ein Präsident, der Pythagoras dem Pentagon vorzog

Das Spielen eines Triangels scheint keine besonderen Fähigkeiten zu erfordern.
(Der Triangel, Wikipedia)

James Garfield war der 20. Präsident der Vereinigten Staaten. Wahrscheinlich wissen Sie nichts über ihn, außer vielleicht, dass er nach nur viermonatiger Amtszeit am 2. Juli 1881 von einem verärgerten Bürger niedergeschossen wurde, dessen Aufnahme in den Staatsdienst gescheitert war, und zehn Wochen später starb. Merkwürdigerweise wurde die tödliche Kugel in seinem Körper nie gefunden, obwohl Alexander Graham Bell beauftragt wurde, eigens zu diesem Zweck einen Metalldetektor zu erfinden. Dieser konstruierte ein solches Gerät, das sich jedoch als nicht besonders effizient erwies – in erster Linie, so wird vermutet, weil Garfields Bett im Weißen Haus einen für die damalige Zeit seltenen Metallrahmen hatte und niemand den Verdacht hegte, dass dies der Grund für das technische Versagen des Geräts sein könnte. Im Nachhinein lässt sich sagen, dass eine nachlässige ärztliche Versorgung, die Garfields Leber zerstörte, die wahre Todesursache war. So wurde er der zweite amerikanische Präsident, der ermordet wurde, und zudem der Präsident mit der zweitkürzesten Amtszeit. Trotz dieses traurigen Endes lebt sein Name in bescheidenem Umfang weiter, leistete Garfield doch einen ungewöhnlichen Beitrag zur Mathematik.

Ursprünglich wollte Garfield Mathematiklehrer werden, nachdem er im Jahr 1856 das Williams College abgeschlossen hatte. Er unterrichtete eine Zeitlang klassische Literatur und versuchte sich vergebens als Schulleiter, aber sein Patriotismus und seine festen Überzeugungen ließen ihn schließlich für ein öffentliches Amt kandidieren; so wurde er nur drei Jahre später in den Senat von Ohio gewählt, und im Jahr 1860 avancierte er zum Rechtsanwalt. 1861 verließ er den Senat wieder und trat in die Armee ein, wo er schnell Karriere machte und es bis zum Rang eines Generalmajors brachte, um zwei Jahre später als Quereinsteiger ins Repräsentantenhaus zu wechseln. Dort blieb er 17 Jahre lang, bis er im Jahr 1880 republikanischer Präsidentschaftskandidat wurde. Er gewann die Wahl knapp gegen Winfield Hancock, den Kandidaten der Demokratischen Partei, mit dem Versprechen, die Bildung für alle Amerikaner zu verbessern. Bis heute ist Garfield der einzige Präsident, der direkt aus dem Repräsentantenhaus ins Weiße Haus gewählt wurde.

Garfields interessantestes Vermächtnis hat nicht das Geringste mit Politik zu tun. Im Jahr 1876, als Abgeordneter des Repräsentantenhauses, traf er sich oft mit anderen Mitgliedern des Repräsentantenhauses zum Gedankenaustausch, um seinen Horizont zu erweitern. Zur Unterhaltung seiner Kollegen präsentierte Garfield einen neuen Beweis zum Satz des Pythagoras für rechtwinklige Dreiecke. Später veröffentlichte er diesen im *New England Journal of Education*, wo er anmerkte, dass «wir dieses Theorem als etwas betrachten, worauf sich die Mitglieder beider Häuser unabhängig von ihrer Parteizugehörigkeit verständigen können.»

Mehr als 2000 Jahre lang bringen Mathematiklehrer ihren Schülern nun den Satz des Pythagoras bei, wobei sie sich in der Regel eng an die Beweisführung anlehnen, die Euklid in seinem berühmten Werk *Die Elemente* lieferte, das er in Alexandria etwa 300 v. Chr. schrieb. Dieser Beweis war jedoch beileibe nicht der erste. Sowohl die Babylonier als auch die Chinesen verfügten bereits über Beweise, und auch die alten Ägypter waren mit dem Theorem bestens vertraut und damit in der Lage, sich den Satz des Pythagoras für ihre ehrgeizigen Bauprojekte zunutze zu machen. Von allen Beweisen für den Satz des Pythagoras, die im Lauf der Jahrhunderte entstanden, ist Garfields Beweis am einfachsten nachzuvollziehen und zu verstehen.

Stellen wir uns ein rechtwinkliges Dreieck vor und bezeichnen dessen Seiten mit a, b und c. Anschließend setzen wir ein identisches Dreieck so darunter, dass die Seiten a und b auf einer Geraden liegen, und verbinden die freien Punkte durch eine Strecke, sodass ein Trapez entsteht – eine geometrische Figur mit vier Seiten, von denen, wie die folgende Darstellung zeigt, zwei parallel zueinander liegen.

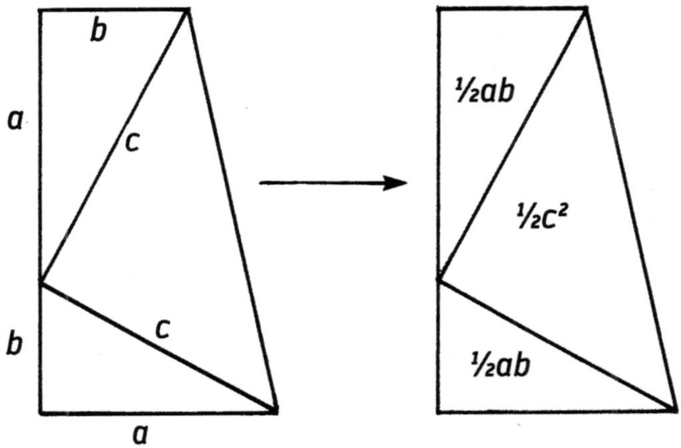

Garfields Beweis stützt sich also auf ein Trapez, dessen Teilflächen aus drei Dreiecken bestehen – aus zwei kongruenten rechtwinkligen Dreiecken sowie einem gleichschenklig rechtwinkligen Dreieck. Zur Beweisführung berechnen wir die gesamte Trapezfläche auf zwei verschiedene Arten. Zum einen resultiert diese aus der Höhe – also (a + b) – mal der durchschnittlichen Breite – also $^1/_2$ (a + b) –, woraus sich eine Trapezfläche von $^1/_2 (a + b)^2$ ergibt. Um uns zu vergewissern, dass unsere Rechnung stimmt, können wir die Form des Trapezes verändern und es in ein Rechteck verwandeln. Die neue Breite betrüge in diesem Fall $^1/_2$ (a + b).

Berechnen wir nun die Fläche auf eine andere Art und ermitteln einfach die Summe der Flächen der drei rechtwinkligen Dreiecke, aus denen das Trapez besteht. Die Fläche eines rechtwinkligen Dreiecks beträgt genau die Hälfte der Fläche des Vierecks, das man erhielte, würde man zwei rechtwinklige Dreiecke an ihrer Diagonale zusammenlegen, also die Hälfte der sich aus Länge mal Höhe ergebenden Vierecksfläche. Folglich beträgt die Gesamtfläche der drei Dreiecke

$$^1/_2\, ba + {}^1/_2\, c^2 + {}^1/_2\, ba = ba + {}^1/_2\, c^2.$$

Da die Berechnung der Gesamtfläche in beiden Fällen zum gleichen Ergebnis führen muss, gilt:

$$^1/_2\, (a + b)^2 = ba + {}^1/_2\, c^2.$$

Das heißt:

$$^1/_2\, (a^2 + b^2 + 2ab) = ba + {}^1/_2\, c^2.$$

Multiplizieren wir diesen Term mit zwei, ergibt sich:

$$a^2 + b^2 = c^2.$$

Und genau dies hatte Pythagoras einst postuliert.

Es sollte für alle zukünftigen amerikanischen Präsidentschaftskandidaten zur Pflichtübung gemacht werden, in den landesweit im Fernsehen übertragenen Rededuellen diesen Satz herzuleiten.

42 Geheimcodes in der Jackentasche

Niemand kann kaufen oder verkaufen, der nicht das Malzeichen hat.

(Offenbarung des Johannes)

Fällt der Begriff «Code», denken wir unweigerlich an Spione, Geheimformeln und Krieg führende Staaten – nicht wahr? Und liegen damit gehörig daneben: Codes sind allgegenwärtig – auf Kreditkarten, Schecks, Geldscheinen und selbst auf dem Einband dieses Buchs. Manchmal dienen Codes zum Verschlüsseln von Nachrichten – ihrem ursprünglichen Zweck –, damit diese nicht von Schnüfflern gelesen werden können oder um zu verhindern, dass Dritte Ihr Bankkonto plündern. Aber sie kommen auch auf andere Weise zum Einsatz. Datenbanken müssen Sicherheitsstandards haben, um gegen unfreiwillige Manipulationen wie kriminelle Zugriffe gefeit zu sein. Wenn jemand Ihre Kreditkartennummer in sein Kartenlesegerät eingibt und sich bei einer Ziffer vertippt (etwa aufgrund eines typischen Zahlendrehers), kann dies dazu führen, dass jemand anders für Ihren Kauf zur Kasse gebeten wird. Geben Sie Ihre Steuernummer, die Buchungsnummer Ihres Flugtickets oder Ihre Passnummer falsch ein, kann sich dieser Irrtum rasch in der Welt des elektronischen Datentransfers ausbreiten und für zunehmende Verwirrung sorgen.

Die Geschäftswelt hat diesem Problem mit der Implementierung von Software zu begegnen versucht, durch die diese wichtigen Nummern in die Lage versetzt werden, sich selbst zu verifizieren und dem Computer mitzuteilen, ob die eingegebene Zahlenkombination – etwa die Buchungsnummer eines Flugtickets oder die Seriennummer eines

Geldscheins – gültig ist. Um die Gültigkeit von Kreditkartennummern zu überprüfen, ist eine ganze Reihe ähnlicher Systeme in Gebrauch. Die meisten Unternehmen setzen auf ein Verfahren, das von IBM für Kreditkartennummern mit 12 bzw. 16 Stellen entwickelt wurde. Diese Rechenoperation von Hand durchzuführen, wäre mit einem immensen Aufwand verbunden, eine Maschine jedoch ist dies in Sekundenbruchteilen zu bewerkstelligen imstande. Stellt sich die eingegebene Zahlenkombination – etwa aufgrund eines Eingabefehlers oder weil die Nummer schlicht getürkt ist – als falsch heraus, wird der Code nicht angenommen. Betrachten wir die imaginäre Kreditkartennummer

4000 1234 5678 9314.

Verdoppeln wir zunächst, ausgehend von der ersten Stelle der Kartennummer, von links nach rechts jede zweite Ziffer (also alle ungeraden Stellen, sprich: die erste, dritte, fünfte Ziffer usw.), und wir erhalten die Zahlenfolge 8, 0, 2, 6, 10, 14, 18, 2. Von den drei zweistelligen Zahlen dieser Folge (10, 14, 18) bilden wir die Quersumme (1, 5, 9), was den gleichen Effekt hat, als subtrahierten wir jeweils 9. Die sich daraus ergebende Zahlenfolge liest sich jetzt folgendermaßen: 8, 0, 2, 6, 1, 5, 9, 2. Anschließend addieren wir diese Zahlen, wobei wir auch die dazwischen liegenden, an den geraden Stellen beheimateten Ziffern der ursprünglichen Kartennummer mit einbeziehen (also von links nach rechts die zweite, vierte, sechste Zahl usw.), die bislang keine Berücksichtigung fanden (0, 0, 2, 4, 6, 8, 3, 4). Dies ergibt die Summe:

$$8 + 0 + 0 + 0 + 0 + 2 + 2 + 6 + 4 + 1 + 6 + 5 + 8 + 9 + 3 + 2 + 4 = 60.$$

Um die Kartennummer zu verifizieren, muss diese Zahl glatt durch 10 teilbar sein, was in unserem Beispiel der Fall ist. Lautete die Kartennummer dagegen 4000 1234 5678 9010, hätte die gleiche Rechenoperation 53 ergeben – eine Zahl, die nicht glatt durch 10 teilbar ist. Anhand dieses Verfahrens lassen sich die meisten Kreditkarten verifizieren.

Dieses Prüfverfahren macht einfache Eingabe- und Lesefehler aus, es entdeckt alle einstelligen Fehler sowie die meisten Zahlendreher (allerdings bliebe unbemerkt, wenn aus 90 durch einen Zahlendreher 09 würde).

Ein weiterer Prüfziffern-Barcode, dem wir ständig begegnen (und den jeder von uns ignoriert, es sei denn, er arbeitet in einem Supermarkt und zeichnet die Ware aus), ist der UPC-Strichcode*, mit dem im Jahr 1973 zuerst Lebensmittelprodukte gekennzeichnet wurden, der inzwischen jedoch zur Kennzeichnung der meisten Produkte in unseren Geschäften dient. Er besteht aus einer zwölfstelligen Zahl, die in Form einer Aneinanderreihung senkrechter Striche bzw. Balken dargestellt wird und von einem Laser-Scanner leicht eingelesen werden kann. Dieser UPC-Strichcode hat vier Bestandteile: unter den Strichen des Nummerncodes finden sich, eingebettet in zwei einstellige Ziffern, zwei separate, fünfstellige Zahlen. So steht zum Beispiel auf der Originalverpackung meiner Digitalkamera, die gerade vor mir auf dem Schreibtisch liegt, zu lesen:

0 74101 40140 0.

Die erste Stelle gibt Auskunft über die Art des gekennzeichneten Produkts. Die Ziffern 0, 1, 6, 7, 9 werden für Produkte aller Art verwendet; die Ziffer 2 ist Produkten wie Käse, Obst und Gemüse vorbehalten, die nach Gewicht verkauft werden, die Ziffer 3 Medikamenten und Arzneimitteln; die Ziffer 4 steht für Produkte, die im Preis reduziert sind oder auf die der Käufer mit einer Kundenkarte Rabatt bekommt, und die Ziffer 5 schließlich für Produkte, die mit Gratis-Gutscheinen oder im Rahmen ähnlicher Sonderaktionen zu erwerben sind. Der erste fünfstellige Zahlenblock bezeichnet den Hersteller –, und der zweite fünfstellige Block enthält Herstellerangaben über Größe, Farbe und weitere Produktmerkmale (ausgenommen der Preis). Die letzte Ziffer – hier

* Die Abkürzung UPC steht für «Universal Product Code».

also 0 – ist die Prüfziffer. In manchen Fällen ist diese Prüfziffer nicht als Zahl aufgedruckt, sondern im Nummerncode für den Barcodeleser integriert, sodass dieser den UPC annehmen oder zurückweisen kann. Der UPC wird generiert, indem man die an ungerader Stelle befindlichen Ziffern addiert (0 + 4 + 0 + 4 + 1 + 0 = 9), die Summe mit drei multipliziert (3 × 9 = 27) und die Summe der an gerader Stelle befindlichen Ziffern bildet und zum Ergebnis addiert (27 + 7 + 1 + 1 + 0 + 4 + 0 = 40 = 4 × 10). Schließlich muss noch überprüft werden, ob das Endergebnis durch 10 teilbar ist, was hier eindeutig der Fall ist.

Bleiben die Striche und Balken. Die zwischen den beiden äußersten einstelligen Ziffern (unseren beiden Nullen) liegende Fläche ist in insgesamt sieben Bereiche aufgeteilt, die – je nach dargestellter Ziffer – abwechselnd hellere und dunklere Striche unterschiedlicher Dicke aufweisen. Beide Enden eines UPC-Strichcodes sind mit zwei parallelen «Schutzstreifen» identischer Dicke versehen, die die Dicke der Striche sowie die Größe der dazwischen liegenden Leerräume definieren. In der Mitte befinden sich vier ähnlich geartete Balken, deren Funktion darin besteht, die Hersteller- von den Produktdaten zu trennen, und die ansonsten keine weiteren Informationen enthalten. Die Dicke der Streifen und ihre Position ergeben einen aus Nullen und Einsen bestehenden Binärcode. Die herstellerspezifischen Daten werden mittels einer ungeraden Anzahl von Binärziffern verschlüsselt, während zur Verschlüsselung der produktspezifischen Daten eine gerade Anzahl von Bits zum Einsatz kommt. Dies verhindert, dass Hersteller- und Produktdaten durcheinander geraten, und erlaubt es einem Barcodeleser, diese Zahlen von rechts nach links oder von links nach rechts zu lesen und dabei jederzeit im Bilde zu sein, welcher Zahlenblock gerade eingelesen wird. Und Sie dachten, das Leben sei ein Kinderspiel!

43

Ich habe ein schreckliches Namensgedächtnis

Das «t» wird nicht gesprochen – wie in «Harlow».
(Margot Asquith, nachdem ihr Name von Jean Harlow falsch ausgesprochen wurde)

Wenn Sie sich am Telefon den Namen von jemandem notieren mussten, wissen Sie, als wie vertrackt sich die richtige Schreibweise erweisen kann. Sind Sie sich nicht sicher, bitten Sie in der Regel Ihren Gesprächspartner, seinen Namen zu buchstabieren. Ich kann mich erinnern, wie mein Doktorvater Dennis Sciama, dessen ungewöhnlicher Nachname «Schama» ausgesprochen wird, sich öfter als ihm lieb war gezwungen sah, einen Gutteil seiner Arbeitszeit darauf zu verwenden, Anrufern, die ihn nicht kannten, seinen Namen zu buchstabieren.

Es gibt Situationen, in denen gesprochene oder Textnachrichten nicht wiederholt werden können oder falsch geschrieben wurden, und Sie wollen die Möglichkeit auf ein Minimum reduzieren, dass Ihnen die wahre Identität einer Person entgeht und Sie in Ihren Unterlagen vergeblich nach ihr suchen. Das älteste Verfahren, um diesem Problem zu begegnen, wird als «Soundex-Algorithmus» bezeichnet und stammt aus dem Jahr 1918 – ein phonetischer Algorithmus, der von zwei Amerikanern, Robert Russell und Margaret Odell, entwickelt wurde und sich im Laufe der Zeit diversen kleinen Modifikationen ausgesetzt sah. Ursprünglich war Soundex entstanden, um die Verifizierung von Daten einer mündlich durchgeführten Volkszählung zu erleichtern, später wurde das Verfahren von Fluggesellschaften und der Polizei übernommen und fand Eingang in Ticket-Buchungssysteme.

Soundex ist ein phonetischer Algorithmus, der Wörter nach ihrem Klang verschlüsselt und gleich klingende Namen unterschiedlicher Schreibweise wie etwa Smith oder Smyth, Ericson oder Ericsson zu einer identischen Zeichenfolge codiert, um sicherzustellen, dass alle Schreibweisen angezeigt werden, wenn Sie in Ihrem Namensverzeichnis auf einen dieser Namen zugreifen, und Ihnen somit kein potenzieller Adressat entgeht. Dieses Verschlüsselungsverfahren kommt all jenen zugute, die nach Verwandten oder Vorfahren suchen – vor allem nach solchen, die einst einwanderten und deren Namen im Laufe der Zeit leicht modifiziert worden sein könnten. Der Soundex-Algorithmus sucht automatisch nach Namen mit ähnlicher Schreibweise, die Sie andernfalls mit einem immensen Zeitaufwand einzeln zu suchen gezwungen wären, und spürt sogar Schreibweisen auf, die Ihnen überhaupt nicht in den Sinn gekommen wären. Im Folgenden nun die Funktionsweise des Verfahrens für Namen:

1. Schreiben Sie den Anfangsbuchstaben des zu codierenden Namens. Er bildet immer die erste Stelle des Soundex-Codes.
2. Übergehen Sie anschließend – sofern im Wort enthalten – die Buchstaben a, e, i, o, u, h, y und w. Sie alle erhalten keinen Zifferncode.
3. Statten Sie nun die übrig gebliebenen Buchstaben mit einem Zifferncode aus, sodass b, f, p und v zu 1 werden, c, g, j, k, q, s, x und z zu 2, d und t zu 3, l zu 4, m und n zu 5 und schließlich r zu 6.
4. Nebeneinander stehende, durch die gleiche Ziffer codierte Buchstaben, werden wie ein Buchstabe behandelt, also nur der erste findet Eingang in die Codierung.
5. Schreiben Sie für die ersten drei der noch verbliebenen Buchstaben die entsprechende Codeziffer hinter den Anfangsbuchstaben. Da nur drei Ziffern benötigt werden, können Sie überzählige Buchstaben außer Acht lassen. Stehen weniger als drei Buchstaben zur Verfügung, schreiben Sie eine 0 in die noch freien Felder, bis der Code insgesamt vierstellig ist.

Mein Name, John, würde auf diese Weise nach den ersten beiden Schritten dieses Verfahrens zu Jn, nach dem dritten Schritt zu J5 und schlussendlich zu J500. Heißen Sie Jon, ist das Ergebnis das gleiche. Sowohl Smith als auch Smyth werden zu S530, und Ericson, Erickson, Eriksen und Erikson ergeben durch die Bank E625.

44

Mathematik verlängert Ihr Leben

Als Mathelehrer kann ich verstehen, wie wichtig für Schüler die Erkenntnis ist, dass Mathematik einen Bezug zum richtigen Leben hat. Unsere Bestattungssitten und -gebräuche sind für mich ein originelles und in seiner Art einzigartiges Mittel, um dies nachzuweisen. Und was im Leben könnte schon universeller sein als der Tod? Sind meine Schüler erst einmal mit Verfallsgeschwindigkeiten und Einbalsamierungstechniken vertraut, scheinen sie es jedenfalls kaum erwarten zu können, sich frisch motiviert dem Studium der Analysis zu widmen.

(Professor Sweeney Todman, Mathemortician*)*

Der Unterschied zwischen einem Hobby-Mathematiker und einem Mathematiker besteht darin, dass der Hobby-Mathematiker die Freiheit hat, sich nur den Dingen zu widmen, die ihn interessieren, während der Mathematiker gezwungen ist, sich auch mit den ungeliebten Seiten der Mathematik auseinanderzusetzen. Folglich gibt es Themen im Mathematikunterricht, die einem Schüler weniger liegen, jedoch so unerlässlich sind wie die winterlichen Trainingseinheiten bei Wind und Wetter für einen ambitionierten Leichtathleten, will er sein Ziel bei Olympia erreichen. Wenn Schüler mich fragen, warum es nötig sei, im Mathematikunterricht auch schwierige und mitunter recht trockene Dinge durchzunehmen, erzähle ich ihnen immer die gleiche Geschichte – eine Geschichte, die der eigenwilligen Autobiographie des russischen Physikers George Gamow – *My World Line* – entstammt. Sie handelt von einem jungen Physiker aus Wladiwostok namens Igor Tamm, einem Freund Gamows, der später – im Jahr 1958 – zusammen mit zwei weiteren russischen Wissenschaftlern den Physik-Nobelpreis für die Entdeckung und Interpretation des so genannten «Tscherenkow-Effekts» bekommen sollte.

Zur Zeit der Russischen Revolution war Tamm ein junger Professor, der an der Universität von Odessa in der Ukraine Physik lehrte. Da in der Stadt Lebensmittelknappheit herrschte, machte sich Tamm eines Tages zu einem nahe gelegenen unter Kontrolle der Kommunisten stehenden Dorf auf, um ein paar Silberlöffel gegen etwas Essbares wie z. B. Hühnchen einzutauschen. Plötzlich wurde das Dorf von einem antikommunistischen Bandenführer und seiner mit Gewehren und Sprengstoff bewaffneten Miliz eingenommen. Die Milizionäre trauten Tamm nicht, war dieser doch wie ein Städter gekleidet, und brachten ihn zu ihrem Anführer, der von ihm wissen wollte, wer er war und was er hier zu suchen hatte. Tamm erklärte dem Milizenchef, dass er nur ein Universitätsprofessor war, der etwas Essbares aufzutreiben versuchte.

«Professor wofür?» fragte der Milizenführer.

«Ich unterrichte Mathematik», antwortete Tamm.

«Mathematik?» meinte der Bandenchef. «Also gut! Dann sage mir, wie groß die Fehlerabweichung ist, wenn man die MacLaurinsche Reihe am n-ten Term unterbricht.[11] Ist deine Antwort richtig, bist du ein freier Mann. Ist sie falsch, wirst du erschossen.»

Tamm ließ sich nicht auf dem falschen Fuß erwischen. Zwar war er angesichts der auf ihn gerichteten Waffen leicht nervös, aber es gelang ihm, die Lösung schriftlich herzuleiten – ein verzwicktes mathematisches Problem, mit dem es Studenten im ersten Semester eines Mathematikstudiums zu tun bekommen. Er zeigte seine Lösung dem Bandenchef, der sie genau durchlas und anschließend erklärte: «Richtig! Du kannst gehen!»

Tamm konnte zeit seines Lebens nie in Erfahrung bringen, wer dieser merkwürdige Milizenführer war. Wahrscheinlich landete er auf irgendeinem Posten an der Uni – in der Abteilung für Qualitätssicherung!

45
Ins Flattern geraten

Im Altertum verliehen sich einst zwei Eroberer der Lüfte selbst Flügel. Dädalus flog in mittlerer Höhe sicher durch die Lüfte und wurde nach seiner Landung gebührend gefeiert. Ikarus hingegen stieg in höhere Sphären auf und näherte sich der Sonne, bis das Wachs schmolz, das seine Flügel zusammenhielt, und so endete sein Flug in einem Fiasko. Während Experten seit jeher behaupten, er habe nur «eine Nummer abziehen» wollen, halte ich ihn jedoch eher für den Mann, der einen schweren Konstruktionsfehler der Fluggeräte seiner Zeit aufgedeckt hat.

(Arthur S. Eddington)

Das Reich der Tiere wird durch vielerlei Arten von Flügel- oder Flossenschlag in Bewegung gehalten: Vögel und Schmetterlinge bedienen sich ihrer Flügel als Fortbewegungsmittel, Wale und Haie setzen ihre mächtige Schwanzflosse ein, kleinere Fische ihre Seitenflossen. Ihnen allen ist gemeinsam, dass die Leichtigkeit und Effizienz, mit der sie sich fortbewegen, von drei entscheidenden Faktoren abhängt. Zum einen von der Größe – größere Tiere sind stärker gebaut und verfügen zumeist über größere Flügel oder Flossen, die mehr Luft oder Wasser zu verdrängen imstande sind. Zum zweiten von der Geschwindigkeit – die Geschwindigkeit, mit der diese Tiere fliegen oder schwimmen können, verrät uns, wie gut sie sich den Bedingungen ihres Lebensraums angepasst haben und welchem Luft- oder Wasserwiderstand sie ausgesetzt sind. Der dritte entscheidende Faktor schließlich ist die Frequenz, mit der ihr Flügel- oder Flossenschlag vonstatten geht. Stellt sich die Frage:

gibt es eine übergeordnete Größe, die es uns erlaubt, alle unterschiedlichen Fortbewegungsarten von Vögeln und Fischen anhand eines einzigen universellen Parameters zu beurteilen?

Wie Sie wahrscheinlich schon vermutet haben, existiert eine solche Größe in der Tat. Wenn Wissenschaftler oder Mathematiker mit verschiedenartigen Ausprägungen eines Phänomens – wie Fliegen oder Schwimmen – konfrontiert sind, die sich im Detail unterscheiden, jedoch auf dem gleichen Prinzip beruhen, versuchen sie in den meisten Fällen, diese als numerisch darstellbare Größen zu klassifizieren. Dies bedeutet, dem numerischen Wert wird keine Maßeinheit zugeordnet, wie dies etwa bei einer Menge oder Geschwindigkeit (Länge pro Zeiteinheit) der Fall ist, sondern er stellt eine nackte Zahl dar. Dadurch wird gewährleistet, dass der Vergleichsmaßstab zwischen den einzelnen Ausprägungen gleich bleibt, wenn sich die der quantitativen Bestimmung des Wertes zugrunde liegende Maßeinheit ändert. Während also der numerische Wert einer zurückgelegten Strecke von 10000 auf $6^1/_4$ schrumpft, wenn man sie statt in Metern in Meilen misst, ändert sich das Verhältnis zweier Strecken – wie die zurückgelegte Strecke im Verhältnis zur Schrittlänge – nicht, sofern man Strecke und Schrittlänge *in der gleichen Maßeinheit* misst. Die Anzahl von Schritten, die man benötigt, um die Strecke zu bewältigen, bleibt stets gleich.

In unserem Fall gibt es eine Möglichkeit, die drei entscheidenden Faktoren – f, die Flügel- bzw. Flossenschlagfrequenz pro Zeiteinheit, L, die Amplitude des Flügel- bzw. Flossenschlags sowie V, die Fortbewegungsgeschwindigkeit – zu kombinieren, um eine Größe zu ermitteln, die eine nackte Zahl darstellt.* Diese aus fL/V sich ergebende Kombination wird nach Vincenc Strouhal (1850–1922), einem tschechischen Physiker an der Prager Karls-Universität, als «Strouhal-Zahl» bezeichnet.

Im Jahr 2003 wiesen Graham Taylor, Robert Nudds und Adrian Tho-

* Die Maßeinheit für die Frequenz f ist 1/Zeit, für die Größe L Länge und für die Geschwindigkeit V Länge/Zeit, sodass die Kombination aus fL/V über keine Maßeinheit verfügt, sondern eine nackte dimensionslose Zahl darstellt.

mas nach, dass die Werte der für eine Vielzahl verschiedenster Tierarten ermittelten Strouhal-Zahlen numerisch recht nah beieinanderliegen, wenn die Strouhal-Zahl St = fL/V anhand der Dauergeschwindigkeit ermittelt wird (und nicht anhand der kurzzeitigen Höchstgeschwindigkeit, die die Tiere auf der Jagd nach Beute oder auf der Flucht vor einem Angriff erreichen können). Eine erstaunliche Erkenntnis, bedenkt man die höchst unterschiedlichen Evolutionsverläufe, aus denen diese Tierarten hervorgegangen sind. Während das Forscherteam aus Oxford zahlreiche Tierarten untersuchte, wollen wir uns an dieser Stelle auf einige wenige beschränken, um zu zeigen, dass die Strouhal-Zahlen grundverschiedener Tierarten kaum voneinander abweichen, auch wenn wir dies aufgrund der Tatsache erwarten würden, dass einige der untersuchten Tierarten unterschiedlicher nicht sein könnten.

Stellen wir uns einen Vogel im Flug vor und bezeichnen die Frequenz seines Flügelschlags pro Sekunde mit f, die Amplitude seines Flügelschlags mit L und seine Vorwärts-Fluggeschwindigkeit mit V. So weist ein Turmfalke beispielsweise eine Frequenz f von ca. 5,6 Flügelschlägen pro Sekunde auf, eine Flügelschlag-Amplitude von ca. 0,34 Metern und eine Vorwärtsgeschwindigkeit von ca. 8 Metern pro Sekunde, woraus sich eine Strouhal-Zahl St(Turmfalke) von (5,6 × 0,34) / 8 = 0,24 ergibt. Im Falle einer Fledermaus beträgt V = 6 Meter pro Sekunde, L = 0,26 Meter und f = 8 Flügelschläge pro Sekunde, weshalb sich der Fledermaus eine Strouhal-Zahl St(Fledermaus) von (8 × 0,26) / 6 = 0,35 zuordnen lässt. Die Wissenschaftler aus Oxford analysierten 42 verschiedene Vogel-, Fledermaus- und Insektenarten und erhielten stets einen Wert für St, der zwischen 0,2 und 0,4 lag. Und auch die Strouhal-Zahlen der Meerestiere, die sie untersuchten, bewegten sich genau innerhalb dieses Bereichs. Später führten Jim Rohr und Frank Fish(!) in San Diego und West Chester, Pennsylvania, weitergehende Untersuchungen durch, um diese Größe St für Fische, Haie, Delfine und Wale zu ermitteln. Deren Strouhal-Zahl lag in 44 Prozent der Fälle im Bereich zwischen 0,23 und 0,28, bewegte sich insgesamt jedoch immer zwischen 0,2 und 0,4 – den gleichen Grenzwerten also wie für fliegende Tiere.

Auch für Menschen lässt sich eine Strouhal-Zahl ermitteln. Ein guter Schwimmer benötigt für eine Strecke von 100 Metern im freien Stil 60 Sekunden, weshalb V = 5/3 Meter pro Sekunde beträgt. Bis er anschlägt, benötigt er ca. 54 komplette Armzüge (pro Arm), woraus sich eine Armzugfrequenz von 0,9 pro Sekunde ergibt, und die Reichweite seiner Arme im Wasser beläuft sich auf 0,7 Meter. Daraus ergibt sich ein St(Schwimmer) von (0,9 × 2/3) / 5/3 = 0,36 – ein Wert, der uns verdächtig nahe zu den Vögeln und Fischen rückt, wesentlich näher jedenfalls, als wir dies zu vermuten gewagt hätten. Die wohl grandioseste Schwimmerin der Welt dürfte jedoch die bekannte australische Langstreckenspezialistin Shelley Taylor-Smith sein, die in ihrer Disziplin sieben Mal Weltmeisterin wurde. Sie bewältigte eine Wettkampfdistanz von 70 Kilometern auf offener See in weniger als 20 Stunden, und dies mit einer durchschnittlichen Armzugfrequenz von 88 pro Minute und einer Reichweite von 1 Meter pro Armzug. Mit einer sich daraus ergebenden Strouhal-Zahl von 1,5 spielt sie in einer anderen Liga und ist eher der Kategorie «Meeresnixen» zuzurechnen.

46

Sie sind dran!

Geben Sie Ihre Postleitzahl ein, um den nächsten Practical Joke Shop mit unseren beliebten Scherzartikeln in Ihrer Nähe zu finden.

(Practical Joke Shop, Vereinigtes Königreich)

Das Leben scheint auf Schritt und Tritt von Zahlen bestimmt zu sein. Ständig müssen wir uns für alle möglichen Ämter und Institutionen unter der Sonne – selbst für solche, die selbige nie zu Gesicht bekommen – PIN- und Kontonummern, Passwörter und unzählige Referenznummern merken. Manchmal frage ich mich, ob uns nicht langsam die Zahlen ausgehen. Eine der geläufigsten Zahlen, die uns (zumindest grob) geographisch erfasst, ist die Postleitzahl. Meine lautet CB3 9LN und reicht in Verbindung mit meiner Hausnummer aus, um die korrekte Zustellung meiner Post zu gewährleisten, auch wenn wir nicht davon abzubringen sind, Straßen- und Ortsnamen als zusätzliche Information anzugeben – vielleicht weil dies einfach menschlicher klingt. Meine Postleitzahl folgt einem beinahe universellen Muster im Vereinigten Königreich: Sie besteht aus vier Buchstaben und zwei Zahlen. Theoretisch spielt es keine Rolle, wie diese Buchstaben und Zahlen angeordnet sind, in der Praxis allerdings durchaus, sind die Buchstaben doch entscheidend für die regionale Sortierung unserer Post und die Auswahl der Verteilerzentren (so steht CB etwa für Cambridge). Aber halten wir uns nicht mit dieser Kleinigkeit auf – die Post jedenfalls täte dies sicherlich nicht, wenn ihr die sechsstelligen Postleitzahlen ausgingen – und fragen uns einfach, wie viele Postleitzahlen dieser Art wir zu bilden imstande sind. Für jede von einem Buchstaben besetzte Stelle unserer Postleitzahl stehen uns 26 Optionen von A bis Z zur Auswahl, für jede von einer Zahl besetzte Stelle 10 Optionen von 0 bis 9. Werden Buchstaben und Zahlen jeweils unabhängig voneinander gewählt, beträgt die Gesamtzahl unterschiedlicher, dem eingangs erwähnten Muster folgenden Postleitzahlen $26 \times 26 \times 10 \times 10 \times 26 \times 26$, was 45 697 600 oder fast 46 Millionen entspricht. Derzeit wird die Anzahl von Haushalten im Vereinigten Königreich mit 26 222 000 beziffert, also gut 26 Millionen – eine Zahl, die bis zum Jahr 2020 voraussichtlich auf etwa 28,5 Millionen steigen wird. Selbst unsere relativ kurzen Postleitzahlen verfügen also über mehr als genug Reserven, um die Haushalte in ihrer Gesamtheit abzudecken und jedem einzelnen, wenn nötig, ein eindeutiges Erkennungsmerkmal zuzuordnen.

Wollten wir jeder Person ein spezifisches Erkennungsmerkmal zuordnen, reichte die Formel für Postleitzahlen nicht aus. Die Gesamtbevölkerung des Vereinigten Königreichs wurde im Jahr 2006 mit 60 587 000, also ca. 60,5 Millionen beziffert – weit mehr als die Anzahl potenzieller Postleitzahlen. Einer Identitätsnummer am nächsten kommt unsere Sozialversicherungsnummer, die bereits von verschiedenen Stellen herangezogen wird, um uns zu identifizieren. Die Möglichkeit, diese Stellen vernetzten ihr Datenmaterial mittels dieser Nummer, ruft zahlreiche Bürgerrechtsgruppen auf den Plan, die angesichts dieser Perspektive äußerst beunruhigt sind. Eine Sozialversicherungsnummer ist nach dem Muster NA 123456 Z aufgebaut, besteht also aus sechs Zahlen und drei Buchstaben. Wie oben können wir nun leicht ausrechnen, wie viele Sozialversicherungsnummern uns nach diesem Muster maximal zur Verfügung stehen:

$$26 \times 26 \times 10 \times 10 \times 10 \times 10 \times 10 \times 10 \times 26 = 17\,576\,000\,000.$$

Eine wirklich *große* Zahl. Siebzehn Milliarden, fünfhundertsechsundsiebzig Millionen – weit mehr als die derzeitige Bevölkerung des Vereinigten Königreichs (und auch weit mehr als die voraussichtlichen 75 Millionen im Jahr 2050). Ja sogar die gesamte Weltbevölkerung bringt es im Augenblick nur auf etwa 6,6 Milliarden und soll bis zum Jahr 2050 auf 9 Milliarden anwachsen. Zahlen – und Buchstaben – sind also reichlich vorhanden – wir können aus dem Vollen schöpfen.

47

Verdoppeln Sie Ihr Geld!

Der Wert Ihrer Geldanlagen kann sowohl fallen als auch steigen.

(Finanzberatung für Verbraucher im Vereinigten Königreich)

In letzter Zeit haben Sie vielleicht bemerkt, dass der Wert Ihrer Geldanlagen nicht nur fallen, sondern auch abstürzen kann. Nehmen wir also an, Sie wollen auf Nummer sicher gehen und legen Ihr Geld auf ein einfaches Sparkonto mit einem festen oder nur in geringem Maße variablen Zinssatz. Wie lange dauert es, bis sich Ihr Geld verdoppelt hat? Man sagt – frei nach Benjamin Franklin –, dass in dieser Welt nichts so sicher ist wie der Tod und die Steuern (und Letzteres nicht selten Ersteres mit sich bringt). Lassen wir einmal beides außen vor und versuchen, eine einfache Faustregel zur Berechnung der Zeit aufzustellen, die vonnöten ist, damit sich Ihr Geld verdoppelt.

Legen Sie den Betrag A auf ein Sparkonto mit einem unbedeutenden jährlichen Zinssatz r (5% Zinsen entsprechen also $r = 0{,}05$), werden Sie feststellen, dass Ihr Vermögen nach einem Jahr auf $A \times (1 + r)$ angewachsen ist, nach zwei Jahren auf $A \times (1 + r)^2$, nach drei auf $A \times (1 + r)^3$ und so weiter. Nach, sagen wir, n Jahren hat sich Ihr Sparguthaben auf $A (1 + r)^n$ erhöht. Dies entspricht dem Doppelten Ihrer Anfangsinvestition, also 2A, vorausgesetzt $(1 + r)^n = 2$. Logarithmieren wir diese Formel und konstatieren, dass $\ln(2) = 0{,}69$ und $\ln(1 + r)$ ungefähr r entspricht, wenn r wesentlich kleiner ist als 1 (und dies ist immer der Fall – derzeit liegt r im Vereinigten Königreich zwischen 0,05 und 0,06), lässt sich die Anzahl der Jahre, die zur Verdoppelung Ihres Guthabens nötig sind, anhand der einfachen Formel $n = 0{,}69 / r$ ermitteln. Runden wir 0,69 auf 0,7 auf und betrachten r als R Prozent, also R = 100r, ergibt sich die einfache Regel, dass[12]

$$n = 70 / r.$$

Daraus geht beispielsweise hervor, dass es bei einem Zinssatz R von 7% ungefähr zehn Jahre dauert, bis sich unser Geld verdoppelt hat, und zwanzig Jahre, wenn die Zinsen auf 3,5% fallen.

48 Betrachtungen zu Gesichtern

Im nächsten Moment war Alice leichtfüßig durch das Zauberglas hinab ins Spiegelzimmer gesprungen.
(Lewis Carroll)

Niemand hat je sein eigenes Gesicht gesehen – außer im Spiegel. Aber entspricht dieses Abbild auch der Wirklichkeit? Ein simples Experiment verrät es Ihnen. Ziehen Sie, wenn Ihr Badezimmerspiegel beschlagen ist, ein Kreis um das Spiegelbild Ihres Gesichts. Nehmen Sie mit Daumen und Zeigefinger dessen Durchmesser und vergleichen diesen mit der tatsächlichen Größe Ihres Gesichts. Sie werden stets feststellen, dass Ihr Gesicht im Spiegel genau halb so groß ist wie in Wirklichkeit. Egal wie weit weg Sie vom Spiegel stehen – das Bild im Spiegel ist immer halb so groß.

Wie merkwürdig! Wir haben uns derart an unsere Erscheinung im Spiegel gewöhnt, wenn wir uns tagtäglich rasieren oder kämmen, dass wir gegen den großen Unterschied zwischen der Wirklichkeit und der wahrgenommenen Wirklichkeit immun geworden sind. Optisch ist dieses Phänomen leicht zu erklären. Schauen wir in einen Spiegel, der «plan» – also eben – ist, entsteht das «virtuelle» Abbild unseres Gesichts im gleichen Abstand «hinter» dem Spiegel, in dem wir vor ihm stehen. Der Spiegel befindet sich also immer in der Mitte zwischen uns und unserem virtuellen Gesicht. Natürlich kann kein Licht den Spiegel passieren, um dahinter ein Bild zu erzeugen; es *scheint* nur von dort zu kommen. Wenn Sie auf einen planen Spiegel zugehen, werden Sie feststellen, dass Ihr Abbild doppelt so schnell auf Sie zukommt, wie Sie gehen.

Ebenso merkwürdig ist die Tatsache, dass Ihr Spiegelbild die Händigkeit getauscht hat. Halten Sie Ihre Zahnbürste in der rechten Hand, erscheint sie im Spiegel in Ihrer Linken. Es hat also ein Wechsel von rechts nach links stattgefunden, dennoch ist Ihr Spiegelbild nicht seitenverkehrt: eine Umkehrung von oben nach unten ist nicht zu beobachten. Betrachten Sie sich in einem Handspiegel und drehen diesen um 90 Grad im Uhrzeigersinn, ändert sich Ihr Bild nicht.

Halten Sie eine beschriftete, transparente Folie in den Spiegel, ist ein anderes Phänomen zu beobachten. Die Schrift wird vom Spiegel nicht umgekehrt, wenn wir die Folie so halten, dass die Schrift in unsere Richtung zeigt und wir sie lesen können. Hielten wir ein Blatt Papier in gleicher Weise in den Spiegel, wären wir nicht imstande, dessen Beschriftung im Spiegel zu lesen, weil es opak – lichtundurchlässig – ist. Der Spiegel versetzt uns in die Lage, die Rückseite eines nicht transparenten Objekts zu sehen, auch wenn wir davor stehen. Um allerdings die Vorderseite zu sehen, müssen wir das Objekt drehen. Drehen wir es um seine Horizontalachse, um es mit der Vorderseite in den Spiegel zu halten, erzeugen wir ein seitenverkehrtes Spiegelbild, die Links- / Rechts-Bildumkehrung ist also der Drehung des Objekts geschuldet. Drehen wir die Seite eines Buchs, das wir lesen, um seine Vertikalachse und halten sie mit der Vorderseite in den Spiegel, steht das Spiegelbild auf dem Kopf – es ist also wirklich spiegel- und nicht nur seitenverkehrt. Ohne Spiegel sind wir diese Effekte zu erzeugen nicht imstande, weil wir nur die Vorderseite des Objekts sehen können, das wir betrachten, und nur dessen Rückseite, wenn wir es drehen. Die Schrift wird dabei nicht auf den Kopf gestellt, diesen Effekt können wir jedoch im Spiegel erzielen, wenn wir das Buch um seine Horizontalachse drehen.

Aber dies ist beileibe noch nicht das Ende der Geschichte, sind doch weitere interessante Phänomene zu beobachten (wie Zauberkünstler nur allzu gut wissen), wenn ein zweiter planer Spiegel ins Spiel kommt. Ordnen Sie die beiden Spiegel im rechten Winkel zueinander an, sodass sie die Form eines L aufweisen. Dies können Sie mit dem Spiegel einer Frisierkommode bewerkstelligen, der mit beweglichen Seitenflügeln ausgestattet ist.

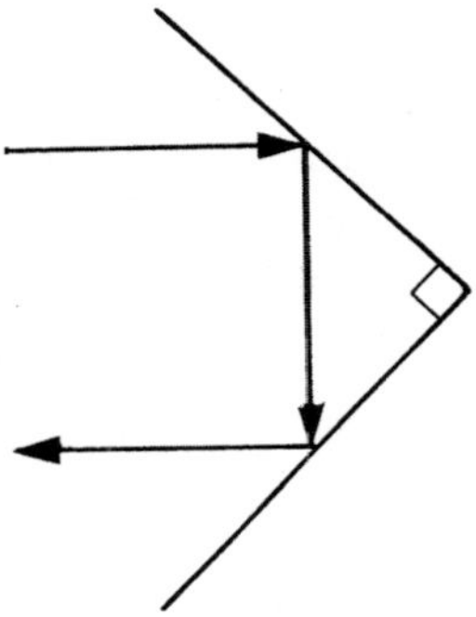

Betrachten Sie in diesen beiden rechtwinklig zueinander angeordneten Spiegeln sich selbst oder die Seiten eines Buches, werden Sie feststellen, dass das Spiegelbild *nicht* seitenverkehrt ist. Ihre Zahnbürste erscheint also in Ihrer rechten Hand, wenn Sie sie in selbiger halten. Allerdings ist es nicht ratsam, auf eine derartige Spiegelanordnung zurückzugreifen, um sich zu rasieren oder die Haare zu kämmen, sorgte dies doch eher für Verwirrung, da unser Gehirn diese Links- / Rechts-Umkehrung in der Praxis automatisch vollzieht. Verkleinern Sie schrittweise den 90-Grad-Winkel, in dem die beiden Spiegel zueinander stehen, passiert Merkwürdiges. Bei einem Winkel von 60 Grad sieht Ihr Abbild plötzlich aus, als würden Sie sich in einem einzelnen ebenen Spiegel betrachten, und ist zudem seitenverkehrt.

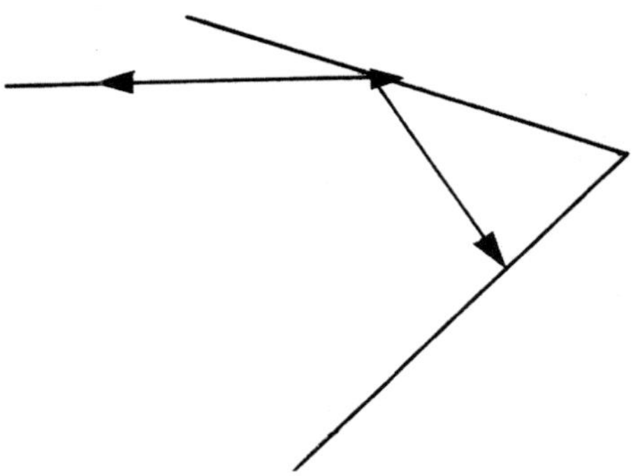

Durch die Anordnung der beiden Spiegel im Winkel von 60 Grad zueinander entsprechen sich Einfallswinkel und Ausfallswinkel des reflektierten Lichts, weshalb das gleiche virtuelle Abbild erzeugt wird, das Sie in einem einzelnen planen Spiegel zu sehen bekämen.

49

Der Infamste aller Mathematiker

Er ist für die Hälfte aller Verbrechen in London verantwortlich und für fast alle, die unaufgeklärt bleiben. Er ist ein Genie, ein Philosoph, ein abstrakter Denker. Er verfügt über herausragende geistige Fähigkeiten.

(Sherlock Holmes in «Das letzte Problem»)

Es gab einmal eine Zeit – und für manch einen mag sie bis heute andauern –, als der in der Öffentlichkeit mit Abstand bekannteste Mathematiker eine literarische Figur war. Professor James Moriarty war einer der unvergesslichsten Widersacher, die sich Arthur Conan Doyle für seinen Sherlock Holmes ausgedacht hat. Der «Napoleon des Verbrechens» war Holmes ein würdiger Gegner und rief sogar gelegentlich Holmes' älteren Bruder Mycroft auf den Plan, um mit vereinten Kräften seine verbrecherischen Absichten zu durchkreuzen. Moriarty tritt nur in zwei der Sherlock-Holmes-Geschichten – «Das letzte Problem» und «Das Tal der Angst» – persönlich in Erscheinung, treibt jedoch oft hinter den Kulissen sein Unwesen, wie dies etwa in «Die Liga der Rothaarigen» der Fall ist, wo er einen genialen Betrug einfädelt, um seinen Komplizen, angeführt von John Clay, die Möglichkeit zu eröffnen, vom Keller eines Pfandhauses einen unterirdischen Tunnel zu einer benachbarten Bank zu graben und sich auf diese Art Zugang zum Tresorraum zu verschaffen.

Aus Holmes' Beschreibungen wissen wir ein klein wenig über Moriartys Werdegang.

So sagt er über ihn: «Er ist ein Mann aus gutem Hause, den die Natur mit einer außergewöhnlichen mathematischen Begabung bedacht hat. Im Alter von 21 Jahren verfasste er eine Abhandlung über den binomischen Lehrsatz, die in ganz Europa für Aufsehen sorgte. Daraufhin erhielt er an einer unserer kleineren Universitäten einen Lehrstuhl für Mathematik und stand allem Anschein nach vor einer glänzenden Karriere.»

Professor James Moriarty

Aber der Mann wies auch – erblich bedingt – Neigungen diabolischster Art auf. Er hatte eine kriminelle Energie im Blut, die durch seine außergewöhnlichen geistigen Fähigkeiten nicht etwa abgeschwächt, sondern ganz im Gegenteil sogar noch verstärkt wurde und so zur unberechenbaren Gefahr geriet. Dunkle Gerüchte umrankten ihn in der kleinen Universitätsstadt und zwangen ihn schließlich, seinen Lehrstuhl aufzugeben und nach London zu gehen ...

Später, in *Das Tal der Angst*, enthüllt Holmes etwas mehr über Moriartys akademische Laufbahn und seine Vielseitigkeit. Während er sich in seinem Frühwerk mit den Problemen mathematischer Reihen auseinandersetzte, präsentiert er sich 24 Jahre später als ausgewiesener Fachmann für dynamische Astronomie: «Ist er nicht der gefeierte Autor von *Die Dynamik eines Asteroiden*, einem Buch, das in derart luftige Höhen der reinen Mathematik aufstieg, dass kein Wissenschaftsjournalist in der Lage gewesen sein soll, es zu rezensieren?»

Conan Doyle hat immer wieder wahre Begebenheiten und tatsächlich existierende Orte in die Handlung seiner Geschichten einfließen lassen, wodurch wir Vermutungen anzustellen imstande sind, wer wohl der echte Schurke sein könnte, dem die Figur des Professor Moriarty nachempfunden ist. Aussichtsreichster Kandidat ist ein gewisser Adam Worth (1844–1902), ein Deutscher, der die frühen Jahre seines Lebens in Amerika verbrachte und auf so dreiste wie geniale Verbrechen spezialisiert war. Robert Anderson, damals Kriminalbeamter bei Scotland Yard, bezeichnete ihn als den «Napoleon der kriminellen Welt». Nachdem er zunächst als Taschendieb und Kleinkrimineller angefangen hatte, stieg er zu einer großen Nummer auf und organisierte Raubüberfälle in New York. Er wurde gefasst und kam ins Gefängnis, aus dem er jedoch schon bald entfliehen konnte, um sich wieder seinen angestammten Aktivitäten zu widmen, wobei er sein Tätigkeitsfeld auf Banküberfälle ausweitete und den Tresorknacker Charley Bullard aus der Haftanstalt White Plains mittels eines unterirdischen Tunnels befreite. Im November 1869 – und dies mag vor allem die Leser der «Liga der Rothaarigen» aufhorchen lassen – raubte er mit Bullards Hilfe die Boylston National Bank in Boston aus, indem er von einem nahe gelegenen Ladengeschäft einen Tunnel zum Tresorraum der Bank grub. Um den Schlapphüten der Detektei Pinkerton zu entkommen, flohen Worth und Bullard nach England, wo sie bald weitere Raubüberfälle verübten, wie auch in Paris, wohin sie 1871 entschwanden. Worth kaufte in London mehrere ansehnliche Immobilien und baute ein weit verzweigtes kriminelles Netzwerk auf, um sicherzustellen, dass er mit seinen Raubüberfällen nicht direkt in Verbindung gebracht werden konnte. Seine Mittelsmänner kannten noch nicht einmal seinen Namen (oft trat er unter dem Pseudonym Henry Raymond auf), waren jedoch mächtig beeindruckt, dass sie auf sein Geheiß bei der Ausführung ihrer Verbrechen keine Gewalt anwenden sollten. Schließlich und endlich wurde Worth gefasst, als er Bullard im Gefängnis besuchte, und zu sieben Jahren Haft verurteilt, die er im belgischen Leuven absaß, bevor er im Jahr 1897 wegen guter Führung vorzeitig auf freien Fuß kam. Nach seiner Entlassung beging er sofort einen Juwelenraub, um seine Rückkehr in ein normales Leben zu finanzieren, und fädelte auf Vermittlung der Detektei Pinkerton in Chicago die Rückgabe eines Gemäldes, *The Duchess of Devonshire*, an die Galerie Agnew & Sons in London ein, um im Gegenzug eine «Belohnung» von 25 000 Dollar zu kassieren. Anschließend ging Worth zurück nach London, wo er mit seiner Familie bis zu seinem Tod im Jahr 1902 lebte. Seine letzte Ruhestätte fand er auf dem Friedhof Highgate, wo er unter dem Namen Henry J. Raymond begraben liegt.

Tatsächlich hatte Worth dieses Gainsborough-Portrait* von Georgiana Spencer (eine wunderschöne Frau und zudem allem Anschein nach eine Verwandte von Prinzessin Diana) im Jahr 1876 aus der Londoner Galerie Agnew gestohlen und es viele Jahre lang mit sich herumgeschleppt, anstatt es zu verkaufen. Das Bild ist das Schlüsselindiz für die

* Das Bild ist heute in der National Gallery of Art in Washington D.C. zu sehen oder online unter http://commons.wikimedia.org/wiki/Image:Thomas_Gainsborough_Georgiana_Duchess_of_Devonshire_1783.jpg

Behauptung, dass Professor James Moriarty und Adam Worth ein und dieselbe Person waren.

In *Das Tal der Angst* wird Moriarty von Polizisten in seinem Haus vernommen. An der Wand hängt ein Bild mit dem Titel «*La Jeune a l'agneau*» – ein hämisches Wortspiel* über die Galerie Agnew, der das Gemälde abhanden gekommen war. Allerdings konnte nie bewiesen werden, dass Worth das Bild gestohlen hatte. Leider jedoch schrieb Worth, soweit mir bekannt ist, nie eine Abhandlung über den binomischen Lehrsatz und verfasste auch keine Monographie über die Dynamik von Asteroiden.

* Das Wortspiel bezieht seine Häme aus der phonetischen Ähnlichkeit des Französischen «agneau» und des englischen Eigennamens «Agnew» der bestohlenen Galerie.

50

Achterbahnen und Autobahnkreuze

Runter kommen sie alle.
(Verfasser anonym)

Sind Sie schon einmal mit einer dieser Furcht erregenden Achterbahnen gefahren, die erst ein Looping vollführen und anschließend von ganz oben praktisch im freien Fall nach unten schießen? Sie mögen vielleicht geglaubt haben, die von einer Achterbahn beschriebene Kurve stelle einen Kreisbogen dar, aber dies ist so gut wie nie der Fall, weil die maximalen G-Kräfte, denen die Passagiere in der Phase der Abwärtsbewegung ausgesetzt wären, gefährliche Ausmaße annähmen, wenn der Wagen den höchsten Punkt mit einer Geschwindigkeit erreichte, die hoch genug ist, um zu gewährleisten, dass die Insassen nicht herausfallen (oder zumindest verhindert, dass sie nur noch von den Sicherheitsgurten gehalten werden).

Schauen wir einmal, was passiert, wenn das Looping-Schleife kreisförmig ist und einen Radius r hat, und der vollbesetzte Wagen die Masse m aufweist. Der Wagen kommt in einer Höhe h über dem Boden langsam in Bewegung (wobei h größer ist als r) und schießt anschließend steil nach unten, bis er den tiefsten Punkt des Loopings erreicht. Wenn wir die Auswirkungen außer Acht lassen, die Reibung und Luftwiderstand auf die Bewegung des Wagens haben, so erreicht dieser den tiefsten Punkt des Loopings mit der Geschwindigkeit $V_b = \sqrt{2gh}$. Anschließend fährt der Wagen wieder aufwärts, bis zum höchsten Punkt des Loopings. Erreicht er diesen mit der Geschwindigkeit V_t, benötigt er eine Energiemenge, die $2mgr + \frac{1}{2} mV_t^2$ entspricht, um die Schwerkraft zu überwinden, eine vertikale Höhe von 2r zu erklimmen und den höchsten Punkt mit der Geschwindigkeit V_t zu erreichen. So ergibt

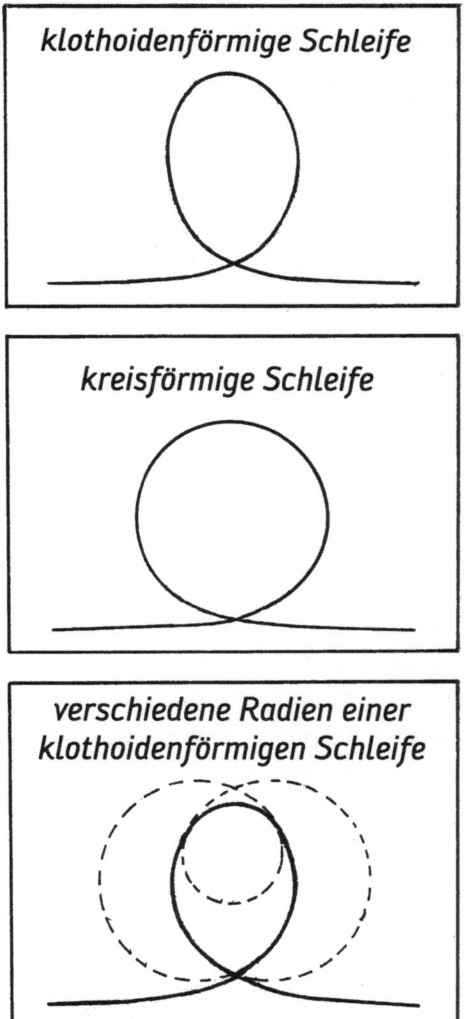

sich für die gesamte Bewegungsenergie (die Masse m des Wagens lässt sich aus jedem Term wegkürzen):

$$gh = {}^1/_2\, V_b^2 = 2gr + {}^1/_2\, V_t^2.$$

Am höchsten Punkt der kreisförmigen Looping-Schleife entspricht die nach oben gerichtete Nettokraft, die auf den Passagier wirkt und verhindert, dass er aus dem Wagen fällt, der Kraft, die sich aus der nach oben gerichteten Kraft ergibt, die aus der Bewegung in einem Kreis mit dem Radius r entsteht, abzüglich der nach unten gerichteten Kraft aus dem Gewicht des Passagiers; wenn also der Passagier die Masse M hat, beträgt am höchsten Punkt die nach oben gerichtete

$$\text{Nettokraft} = M\, V_t^2 / r - Mg.$$

Um zu verhindern, dass der Passagier aus dem Wagen fällt, muss dieser Wert positiv sein, folglich gilt: $V_t^2 > gr$.

Aus obiger Gleichung $gh = {}^1/_2\, V_b^2 = 2gr + {}^1/_2\, V_t^2$ ergibt sich, dass $h > 2{,}5r$ sein muss. Wenn Sie also am Start losrollen und nur dem Zug der Schwerkraft ausgesetzt sind, muss Ihre Startposition mindestens 2,5 Mal höher liegen als der höchste Punkt des Loopings, damit Sie diesen wieder mit einer Geschwindigkeit zu erreichen imstande sind, die hoch genug ist, um Sie nicht aus Ihrem Sitz fallen zu lassen. Aber dies stellt ein großes Problem dar. Starten Sie aus einer derartigen Höhe, erreichen Sie den tiefsten Punkt des Loopings mit einer Geschwindigkeit von $V_b = \sqrt{(2gh)}$, also schneller als $\sqrt{2g(2{,}5r)} = \sqrt{5gr}$. Da der Wagen am tiefsten Punkt eine Kreisbahn zu beschreiben beginnt, sind Sie einer abwärts gerichteten Kraft ausgesetzt, die Ihrem Körpergewicht *plus* der nach außen gerichteten Fliehkraft der Kreisbewegung entspricht. Und diese reine Abwärtskraft am tiefsten Punkt beträgt

$$Mg + MV_b^2 / r > Mg + 5Mg.$$

Aus diesem Grund wirkten am tiefsten Punkt des Loopings Kräfte auf Sie, die das 6-fache Ihres Körpergewichts betragen, Sie wären also einer Beschleunigung von 6g ausgesetzt. Sind Sie nicht zufällig Astronaut im Ruhestand oder Jetpilot und tragen einen Anti-g-Anzug, verlieren Sie das Bewusstsein, wenn derartige Kräfte auf Sie wirken, käme die Sauerstoffversorgung Ihres Gehirns doch ins Stocken. In der Regel sind Fahrgeschäfte für Kinder darauf ausgelegt, die Beschleunigung unter 2g zu halten, Achterbahnen und ähnliche Attraktionen in den großen Vergnügungsparks erreichen maximal 4g.

Eine kreisrunde Achterbahnfahrt scheint unter diesen Voraussetzungen praktisch ein Ding der Unmöglichkeit, aber wenn wir die beiden Restriktionen einmal etwas näher betrachten – den höchsten Punkt des Loopings mit einer Geschwindigkeit zu erreichen, die Sie im Sitz hält, und dennoch zu vermeiden, am tiefsten Punkt aufgrund brachialer Fliehkräfte in die Bewusstlosigkeit zu rasen –, eröffnet sich vielleicht eine Möglichkeit, die Form der Achterbahn so zu verändern, dass beide Bedingungen unter einen Hut zu bringen sind.

Wenn Sie mit der Geschwindigkeit V eine Kreisbewegung mit dem Radius R beschreiben, sind Sie einer nach außen gerichteten Fliehkraft von V^2 / R ausgesetzt. Je größer der Radius des Kreises, desto schwächer die Krümmung der Bahnkurve und mithin geringer die Fliehkräfte, die auf Sie wirken. Bei unserem Looping verhindert die Beschleunigung V_t^2 / r, dass wir am höchsten Punkt aus dem Wagen fallen, vorausgesetzt sie ist größer als die schwerkraftbedingte Beschleunigung unseres Gewichts Mg, das uns nach unten zieht. Folglich ist es in unserem Sinne, dass V_t^2 / r an dieser Stelle groß ist, was wiederum bedeutet, dass r am höchsten Punkt klein sein muss. Wenn wir dagegen am tiefsten Punkt des Loopings sind, beschert uns die Zentrifugalkraft einen abrupten Anstieg der Beschleunigung um 5g, den wir zu reduzieren imstande sind, indem wir den Radius des Loopings vergrößern und somit die Krümmung der Bahnkurve «entschärfen». Dies können wir erreichen, indem wir die Form der Achterbahn in der Weise gestalten, dass sie höher als breit ist und es fast scheint, sie bestünde aus zwei unterschiedlich großen Kreisen, wobei der Kreis, der die obere Hälfte bildet, einen kleineren Radius aufweist als der, der die untere Hälfte bildet. Eine idealtypische Kurve dieser Art wird als «Klothoide» bezeichnet. Klothoiden zeichnen sich dadurch aus, dass die Krümmung ihrer Bahnkurve proportional zur zurückgelegten Strecke abnimmt. Im Jahr 1976 fand ihre Form erstmals Eingang in den Bau von Achterbahnen, als der deutsche Ingenieur Werner Stengel die gewaltige Achterbahn *Revolution* im kalifornischen Freizeitpark *Six Flags Magic Mountain* konstruierte.

Klothoiden weisen ein weiteres praktisches Merkmal auf, das dazu führte, dass sie aus dem Straßenbau inzwischen nicht mehr wegzudenken sind und besonders bei der Gestaltung komplexer Autobahnkreuze

eine wichtige Rolle spielen. Verlassen Sie die Autobahn an einer Abfahrt, die eine Kurve beschreibt, haben Sie den Vorteil, dass – bei konstanter Geschwindigkeit – die Änderung des Lenkeinschlags stets gleichmäßig bleibt. Hätte die Kurve eine andere Form, wären Sie gezwungen, permanent neu einzulenken oder die Geschwindigkeit des Wagens anzupassen.

51

Eine maßgeschneiderte Explosion

Ich kann nicht sagen, mit welchen Waffen der dritte Weltkrieg geführt wird, aber im vierten Weltkrieg wird man mit Knüppeln und Steinen kämpfen.

(Albert Einstein)

Die erste Atombombenexplosion fand am 16. Juli 1945 im Rahmen des so genannten Trinity-Tests in New Mexiko (USA) statt, etwa 350 Kilometer südlich von Los Alamos. Sie bedeutete einen Wendepunkt in der Geschichte der Menschheit. Die Entwicklung dieser Waffe versetzte den Menschen in die Lage, alles menschliche Leben zu zerstören und tödliche Langzeitfolgen heraufzubeschwören. Daraufhin sah sich die Welt einem wachsenden Rüstungswettlauf ausgesetzt, versuchten doch die Vereinigten Staaten und die Sowjetunion ihre Fähigkeit unter Beweis zu stellen, immer potentere Bomben zu bauen, die noch verheerendere Zerstörungen zu verursachen imstande wären. Obwohl nur zwei dieser Bomben jemals in einem Krieg zum Einsatz kamen,* haben wir bis heute mit den ökologischen und gesundheitlichen Folgen aus jener Zeit zu kämpfen, als über- oder unterirdisch, in der Atmosphäre oder unter Wasser Atomwaffentests durchgeführt wurden.

Auf den zahlreichen Fotos, die damals entstanden, sind der für die

* «Little Boy», die Bombe, die über Hiroshima abgeworfen wurde, war eine Atombombe mit 60 kg Uran 235 und einer Sprengkraft von 13 Kilotonnen TNT; ihr fielen auf einen Schlag ca. 80000 Menschen zum Opfer. Bei «Fat Boy», der Bombe, die Nagasaki zerstörte, handelte es sich um eine Atombombe mit 6,4 kg Plutonium 239 und einer Sprengkraft von 21 Kilotonnen TNT; ungefähr 70000 Menschen waren auf der Stelle tot.

Explosion charakteristische Feuerball und der Regen aus Trümmerteilen zu sehen – ein Bild, das die Folgen eines Atomkriegs symbolisiert. Der uns so vertraute Atompilz* kommt nicht von ungefähr zustande. In Bodennähe bildet sich unter hohem Druck eine gewaltige Menge extrem heißer Gase mit geringer Dichte – Kern- und Atomwaffen wurden in der Regel überirdisch gezündet, damit die Druckwelle die größtmögliche Zerstörungskraft nach allen Seiten entfalten konnte. Wie Blasen in kochendem Wasser steigen die Gasmassen als Feuerball in dichtere Luftschichten auf und verursachen dort ungestüme kreisförmige Wirbel, während im Zentrum immer mehr Staub- und Ascheteile säulenförmig nach oben schießen. Die Materie im Explosionszentrum wird auf zig Millionen Grad erhitzt und verdampft; es entstehen massenhaft Röntgenstrahlen, die mit den Atomen und Molekülen der darüber liegenden Luftmassen kollidieren und diese mit Energie aufladen; die Folge ist ein weißer Lichtblitz, dessen Dauer von der Stärke der ursprünglichen Explosion abhängt. Unterhalb des Feuerballs entsteht ein gewaltiger Sog, der in Manier eines Tornados Erdreich erfasst und säulenförmig in die Höhe reißt – der «Stiel» der sich immer stärker abzeichnenden Pilzform. Je weiter sie sich ausbreitet, desto mehr nimmt ihre Dichte ab, bis sie schließlich die gleiche Dichte aufweist wie die über ihr liegenden Luftmassen. Ist dieser Punkt einmal erreicht, steigt sie nicht weiter, sondern breitet sich fortan zur Seite aus, sodass all das vom Boden eingesogene Erdreich als Fallout zurück auf die Erde fällt und weite Landstriche radioaktiv verseucht.

Gewöhnliche TNT- oder andere nicht-nukleare Explosionen weisen aufgrund der zu Beginn einer rein chemischen Explosion erzeugten geringeren Temperaturen ein ganz und gar anderes Bild auf. Sie äußern sich in einer ungestümen Mischung explodierender Gase und bilden keinen wohlgeformten Atompilz mit Kopf und Stiel aus.

* Der Begriff «Atompilz» bürgerte sich in den frühen 1950er-Jahren ein, aber der Vergleich zwischen der Form der aus einer Atomexplosion resultierenden Staub- und Aschewolke und einem Pilz datiert mindestens auf das Jahr 1937 zurück, als diese Parallele in Zeitungsartikeln auftauchte.

Einer der Pioniere auf dem Forschungsgebiet der Form und Beschaffenheit großer Explosionen war Geoffrey (G. I.) Taylor, bekannter Mathematiker an der University of Cambridge. Taylor verfasste den geheimen Bericht über den zu erwartenden Charakter einer Atombombenexplosion im Juni 1941. Einem breiteren Publikum wurde er bekannt, als die Zeitschrift *Life* in den USA eine Serie von Zeitraffer-Fotos des im Jahr 1945 in New Mexiko durchgeführten Trinity-Tests veröffentlichte. Der bei dieser und anderen Atombombenexplosionen der Amerikaner erzielte Energie-Output war noch immer ein streng gehütetes Geheimnis, aber Taylor zeigte, wie ihn (und somit jeden, der über ein paar einfache mathematische Grundkenntnisse verfügt) einige wenige Zeilen Algebra in die Lage versetzten, durch bloßes Betrachten der Fotos auf die ungefähre Stärke einer Explosion zu schließen.

Taylor war imstande, den zu erwartenden Radius der Explosion zu jeder Zeit nach der Detonation zu bestimmen, stellte er doch fest, dass dieser Radius in erster Linie nur von zwei Parametern abhängen kann: der Stärke der Explosion sowie der Dichte der umliegenden Luftmassen, die durchpflügt werden. Dieser Zusammenhang kann in Form einer Gleichung dargestellt werden[13], für die näherungsweise gilt:

Detonationskraft einer Bombe = Luftdichte × Explosionsradius/ seit der Detonation vergangene Zeit

Die veröffentlichten Fotos zeigten die Explosion zu verschiedenen Zeitpunkten nach der Detonation, wobei jedes Foto mit der dazugehörigen Zeit versehen war, sodass der Betrachter mit Hilfe der fortlaufenden Abstandsskala am unteren Bildrand die Ausmaße der Explosion abschätzen konnte. Anhand des ersten Fotos stellte Taylor fest, dass die Detonationswelle nach 0,006 Sekunden einen Radius von etwa 80 Metern aufweist.

Die Luftdichte beträgt bekanntlich 1,2 Kilogramm pro Kubikmeter, und so verrät uns die Gleichung, dass die freigesetzte Energie ungefähr 10^{14} Joule betrug, was ca. 25 000 Tonnen TNT entspricht. Zum Vergleich:

das Erdbeben, das Indien im Jahr 2004 heimsuchte, setzte eine Energiemenge frei, die 475 Millionen Tonnen TNT entspricht.

52

Gehen, nicht laufen!

Man kann die Nordeuropäer daran erkennen, dass sie schneller gehen, als dies streng genommen für einen gemütlichen Spaziergang erforderlich wäre.

(Reiseführer Benidorm)

Wenn Sie auf der belebten Haupteinkaufsstraße einer Großstadt unterwegs sind, werden Sie feststellen, dass sich die meisten Leute um Sie herum ungefähr im gleichen Tempo fortbewegen. Manche haben es etwas eiliger, andere wiederum gehen sehr langsam – altersbedingt vielleicht oder aufgrund eines körperlichen Gebrechens oder völlig untauglichen Schuhwerks. Beim Gehen halten Sie mit einem Fuß stets Bodenkontakt und strecken jeweils das Bein durch, mit dem Sie sich vom Boden abstoßen. So jedenfalls besagen es die sportlichen Regeln, sind dies doch die charakteristischen Merkmale dieser Disziplin, was sie vom Laufen unterscheidet: Im Wettkampf wird ein Regelverstoß mit einer Verwarnung geahndet und kann im Wiederholungsfall sogar zur endgültigen Disqualifikation führen. Beim Gehen bewegen Sie Ihre Hüften auf und ab, während Ihre Körpermitte bei jedem Schritt einen leichten Kreisbogen beschreibt. Weist also Ihr Bein vom Boden bis zur Hüfte die Länge L auf, erzielen Sie eine Aufwärtsbeschleunigung von v^2 / L in Richtung des Zentrums dieser Kreisbogenbewegung. Diese kann nicht größer werden als die Erdbeschleunigung g, die uns auf den Boden drückt (andernfalls würden wir abheben!), und so gilt $g > v^2 / L$, woraus wir schließen, dass die Höchstgeschwindigkeit beim normalen Gehen ungefähr $\sqrt{gL}$ beträgt. Da $g = 10\ ms^{-2}$ und eine Schrittlänge im Schnitt 0,9 Meter beträgt, ergibt sich eine Höchstgeschwindigkeit von ziemlich genau 3 Metern pro Sekunde; je größer Sie sind, desto größer ist Ihre Schrittlänge L, und desto schneller bewegen Sie sich fort, obwohl sich aufgrund der Quadratwurzel de facto kein großer Unterschied in der Schrittgeschwindigkeit von Leuten feststellen lässt, deren Körpergröße sich im Normalbereich bewegt.

Eine weitere Möglichkeit, dieses Ergebnis zu deuten, besteht darin, Menschen (oder andere zweibeinige Lebewesen) zu beobachten, die versuchen, so schnell wie möglich von A nach B zu gelangen, und die Frage zu stellen, ab welcher Geschwindigkeit sie nicht mehr gehen, sondern zu laufen beginnen. Die kritische Geschwindigkeit $\sqrt{(gL)}$ stellt das höchste Tempo dar, das Sie erreichen können, ohne den Bodenkontakt zu verlieren (oder «abzuheben», wie die Geher sagen). Haben Sie den Bodenkontakt erst einmal verloren, kommen Sie wesentlich schneller voran und können eine Höchstgeschwindigkeit von $V = \sqrt{(2gnS)} \sim 9ms^{-1}$ erreichen, wobei S-$3 \sim 0{,}3$ m der Längenunterschied zwischen Ihrem gestreckten und Ihrem angewinkelten Bein ist, wenn Sie sich vom Boden abstoßen, und $n \sim 10$ die Anzahl von Schritten darstellt, die Sie benötigen, um die Höchstgeschwindigkeit zu erreichen.

Geher gehen viel schneller als 3 Meter pro Sekunde. Der von dem Amerikaner Tim Lewis 1988 aufgestellte Weltrekord über 1500 Meter beträgt 5 Minuten und 13,53 Sekunden, was einer Durchschnittsgeschwindigkeit von 4,78 ms^{-1} entspricht. Wettkämpfe über diese Strecke werden nur selten ausgetragen, weshalb es aufschlussreicher ist, einen Blick auf den hart umkämpften Weltrekord über 20 Kilometer zu werfen, die kürzere der beiden offiziellen Wettkampfdistanzen. Diese Bestmarke – 1 Std. 17 Min. 16 Sek. – wurde am 29. September 2007 von dem russischen Geher Vladimir Kanaykin aufgestellt, was einer Durchschnittsgeschwindigkeit von 4,3 ms^{-1} entspricht – und dies über eine Strecke von 20 Kilometern! Diese Geschwindigkeiten liegen beträchtlich über unseren Schätzungen von $\sqrt{(gL)}$, da Geher sich eines wesentlich effizienteren Gehstils bedienen als wir, wenn wir durch die Straßen flanieren. Ihre Körpermitte wogt nicht auf und ab, und überdies sind sie in der Lage, ihre Hüften unglaublich geschmeidig kreisen zu lassen, wodurch sie eine größere Schrittlänge und eine höhere Schrittfrequenz erreichen. Dieser äußerst effiziente Bewegungsablauf, gepaart mit einem hohen Maß an Fitness, versetzt sie in die Lage, über längere Zeiträume ein beeindruckendes Tempo zu gehen. Der Weltrekordhalter über 50 Kilometer erreichte bei der Aufstellung seiner Bestmarke eine Durchschnittsgeschwindigkeit von 3,8 ms^{-1} und bewältigte dabei die Marathonstrecke (42,2 Kilometer) in 3 Stunden und 6 Minuten.

53

Tipps und Tricks zum Gedankenlesen

Jede positive ganze Zahl ist ein persönlicher Freund von Ramanujan.

(John E. Littlewood)

Denken Sie sich eine Zahl zwischen 1 und 9 aus. Multiplizieren Sie diese mit 9 und bilden Sie die Quersumme des Produkts. Subtrahieren Sie 4 davon, und Sie erhalten eine einstellige Zahl. Wandeln Sie anschließend diese Zahl in einen Buchstaben um: 1 wird zu A, 2 zu B, 3 zu C, 4 zu D, 5 zu E, 6 zu F usw. Überlegen Sie sich nun ein Tier, dessen Namen mit Ihrem Buchstaben beginnt, und stellen Sie sich dieses Tier so plastisch wie möglich vor Ihrem geistigen Auge vor. Wenn Sie nun einen Blick auf die Anmerkung 14 am Ende dieses Buches[14] werfen, stellen Sie fest, dass ich Ihre Gedanken lesen konnte und herausgefunden habe, welches Tier Sie sich vorstellten.

Der Trick dabei ist denkbar einfach, und Sie sollten eigentlich zu eruieren imstande sein, wie ich das Tier Ihrer Wahl mit einer derart hohen Wahrscheinlichkeit erraten konnte. Ein kleines bisschen Mathematik steckt dahinter, bei der ein paar simple Eigenschaften von Zahlen eine Rolle spielen, aber es gibt auch eine psychologische – ja sogar eine zoologische – Komponente.

Es gibt einen weiteren Trick dieser Art, der nur auf den Eigenschaften von Zahlen basiert. Im Mittelpunkt steht die Zahl 1089, die möglicherweise bereits zu Ihren Lieblingszahlen gehört. 1089 stellt eine Quadratzahl (33×33) dar; ihre hervorstechendste Eigenschaft ist jedoch folgende: Wählen Sie eine dreistellige Zahl, deren Ziffern alle unterschiedlich sind (wie 153); und bilden Sie eine weitere Zahl, indem Sie die Ziffernfolge umkehren (also 351). Ziehen Sie nun die kleinere der beiden Zahlen von der größeren ab (also 351 − 153 = 198; ist Ihre Zahl, wie zum Beispiel 23, nur zweistellig, setzen Sie eine 0 davor, also 023). Addieren Sie anschließend die Differenz mit der Zahl, die sich aus deren umgekehrter Ziffernfolge ergibt (also 198 + 891 = 1089). Egal für welche Zahl Sie sich am Anfang entscheiden, Sie werden nach dieser Serie von Rechenoperationen stets bei 1089 landen![15]

54 Der Planet der Schwindler

Man kann einen Teil der Leute eine Zeitlang zum Narren halten und manche Leute sogar die ganze Zeit, aber man kann nicht alle Leute die ganze Zeit zum Narren halten.

(Abraham Lincoln)

Vertrauen ist eine menschliche Intuition, die durch das Zusammenspiel unzähliger sozialer Wechselwirkungen entsteht. Vertrauen basiert auf der Fähigkeit, abschätzen zu können, wie groß die Wahrscheinlichkeit ist, dass jemand die Wahrheit sagt. Ein klares Unterscheidungsmerkmal zwischen verschiedenen Gesellschaften ist darin zu sehen, ob wir davon ausgehen, die Leute seien ehrlich, bis wir Grund haben, das Gegenteil anzunehmen, oder ob wir umgekehrt davon ausgehen, sie seien unehrlich, bis wir Grund haben, das Gegenteil anzunehmen. Im Beamtenapparat verschiedener Länder ist diese Unterscheidung zu beobachten. In Großbritannien basiert das Beamtentum auf der Prämisse, die Leute seien ehrlich, jedoch habe ich festgestellt, dass man in manchen anderen Ländern von der gegenteiligen Annahme ausgeht und daher Regeln und Vorschriften unter der Prämisse der Unehrlichkeit zustande kommen. Wenn Sie einen Versicherungsanspruch geltend machen, werden Sie sehen, für welche der beiden Optionen sich Ihre Versicherungsgesellschaft im Umgang mit ihren Kunden entschieden hat.

Nehmen wir einmal an, wir hätten im Zuge unserer Bemühungen, das Weltall zu erforschen, mit einer Zivilisation in der fremden Welt des Mondes Janus Kontakt aufgenommen. Wir verfolgen deren politisches und wirtschaftliches Gebaren über einen längeren Zeitraum hinweg und stellen fest, dass die Bevölkerung im Schnitt zu einem Viertel die Wahrheit sagt und zu drei Vierteln lügt. Trotz dieser bedenklichen Werte beschließen wir, dieser Zivilisation einen Besuch abzustatten, und werden vom dortigen Regierungschef empfangen, der in einer flammenden Rede seine wohlwollenden Absichten betont. Anschließend erhebt sich der Oppositionsführer und erklärt, die Ausführungen seines Vorredners entsprächen der Wahrheit. Wie groß ist nun die Wahrscheinlichkeit, dass der Regierungschef wirklich die Wahrheit gesagt hat?

Um diese Frage beantworten zu können, müssen wir in Erfahrung bringen, wie groß die Wahrscheinlichkeit ist, dass die Aussagen des Regierungschefs wahr sind – unter der Prämisse, dass der Oppositionsführer dies gesagt hat. Dies entspricht der Wahrscheinlichkeit, dass die Erklärung des Regierungschefs und die Behauptung des Oppositionsführers wahr sind, geteilt durch die Wahrscheinlichkeit, dass die Ausführungen des Oppositionsführers wahr sind. Die Wahrscheinlichkeit, dass beide die Wahrheit sagen, beträgt gerade einmal $1/4 \times 1/4 = 1/16$. Die Wahrscheinlichkeit, dass der Oppositionsführer die Wahrheit sagt, setzt sich aus der Summe zweier Wahrscheinlichkeiten zusammen: der Wahrscheinlichkeit, dass sowohl der Regierungschef als auch sein Widersacher die Wahrheit sagen, die $1/4 \times 1/4 = 1/16$ beträgt, sowie der Wahrscheinlichkeit, dass beide lügen, also $3/4 \times 3/4 = 9/16$. Somit beträgt die Wahrscheinlichkeit[16], dass die Aussagen des Regierungschefs der Wahrheit entsprechen, nur $1/16 : 10/16$, sprich: $1/10$.

55

Der Weg zum Lottogewinn

Eine Lotterie kommt einer Steuer gleich – auf all die Narren der Schöpfung. Sie ist leicht zu erheben, dem Himmel sei Dank, denn Leichtgläubigkeit hat immer Konjunktur.

(Henry Fielding)

Das staatliche Zahlenlotto im Vereinigten Königreich funktioniert denkbar einfach. Sie zahlen 1 £ und kreuzen auf einem Tippschein sechs verschiedene Zahlen zwischen 1 und 49 an. Und Sie gehören zu den Gewinnern, wenn mindestens drei Zahlen auf Ihrem Tippschein mit den Nummern der sechs Kugeln übereinstimmen, die in einer maschinellen Ausspielung nach dem Zufallsprinzip aus einem Kontingent von 49 durchnummerierten Kugeln gezogen werden. Dabei werden die einmal gezogenen Kugeln nicht wieder in den Topf zurückgelegt. Je mehr Richtige Sie auf dem Tippschein haben, desto höher fällt Ihr Gewinn aus. Mit sechs Richtigen gewinnen Sie den Jackpot, den Sie sich allerdings mit all den anderen Lottospielern teilen müssen, die ebenfalls die richtige Zahlenkombination getippt haben. Zusätzlich zu den ersten sechs Kugeln wird noch eine weitere – die mit der sogenannten «Zusatzzahl» – gezogen. Dies ist für diejenigen Lottospieler von Bedeutung, die fünf der sechs Zahlen richtig getippt haben. Mit fünf Richtigen plus Zusatzzahl gewinnen sie deutlich mehr als die Lottospieler, die zwar fünf Richtige haben, bei der Zusatzzahl jedoch falsch liegen.

Wie groß ist nun die Wahrscheinlichkeit – immer unter der Bedingung, dass die maschinelle Ziehung* nach dem Zufallsprinzip erfolgt –, aus den 49 Zahlen die sechs richtigen auszuwählen? Die Ziehung jeder Kugel stellt ein unabhängiges Ereignis dar, das keine Auswirkungen auf die folgende Ziehung hat, außer dass sich mit jeder Ziehung die Anzahl der zur Auswahl stehenden Kugeln verringert. Die Wahrscheinlichkeit, die erste der sechs Gewinnzahlen richtig zu haben, beläuft sich bei 49 Kugeln also auf 6/49. Die Wahrscheinlichkeit, aus den verbleibenden 48 Kugeln die nächste der 5 noch ausstehenden Gewinnzahlen richtig zu haben, beträgt 5/48. Die Wahrscheinlichkeit, aus den verbleibenden 47 Kugeln die nächste der 4 noch ausstehenden Gewinnzahlen richtig zu haben, beträgt 4/47. Nach diesem Muster geht es weiter, sodass sich die letzten drei Wahrscheinlichkeiten auf 3/46, 2/45 und 1/44 belaufen. Somit beträgt die Wahrscheinlichkeit, alle sechs – unabhängig voneinander gezogenen – Zahlen richtig zu haben und den Jackpot zu gewinnen

$$6/49 \times 5/48 \times 4/47 \times 3/46 \times 2/45 \times 1/44 = 720/10\,068\,347\,520.$$

Kürzt man diesen Bruch, ergibt sich eine Wahrscheinlichkeit von $^{1}/_{13983816}$ – die Chance, sechs Richtige zu tippen, beträgt also ca. 1 zu 13,9 Millionen. Die Chance, 5 Zahlen plus Zusatzzahl richtig zu tippen, ist 6 Mal höher und beläuft sich auf 1 zu $^{13983816}/_{6}$ oder ca. 1 zu 2,3 Millionen.

* Genau genommen stehen für die Ziehung der Lottozahlen im Fernsehen 12 derartige Maschinen (von denen jede einen Namen hat!) sowie 8 Sätze mit je 49 Kugeln zur Verfügung. Welche dieser Maschinen mit welchem Satz Kugeln schließlich zum Einsatz kommt, wird vor jeder Ziehung per Zufallsverfahren entschieden. Dieser Punkt wird in der Regel von den Leuten außer Acht gelassen, die die Lottozahlen seit Bestehen der Ziehungen statistisch untersuchen. Da jede mögliche Quelle einer nicht zufälligen Komponente (die dazu führte, dass bestimmte Zahlen häufiger gezogen werden als andere) mit den Eigenschaften einer bestimmten Maschine oder Kugel in Zusammenhang stünde, ist es wichtig, statistische Untersuchungen für jede Maschine und jeden Satz Kugeln getrennt durchzuführen. Bildete man den Durchschnitt dieser Einzelergebnisse, würden derartige Verzerrungen ausgeglichen.

Betrachten wir einmal alle möglichen Zahlenkombinationen einer Lottoziehung – alle 13983816 – und untersuchen, wie viele dieser Kombinationen jeweils auf 0, 1, 2, 3, 4 oder 5 Richtige entfallen.[17] Lediglich 258 aller möglichen Zahlenkombinationen enthalten 5 Richtige, wovon allerdings 6 auch die richtige Zusatzzahl aufweisen, bleiben also 252; 13 545 enthalten 4 Richtige, 246 820 enthalten 3 Richtige, 1 851 150 enthalten 2 Richtige, 5 775 588 enthalten 1 richtige Zahl, und 6 096 454 dieser Zahlenkombinationen liegen mit 0 Richtigen völlig daneben. Um also die Wahrscheinlichkeit zu ermitteln, mit der wir, sagen wir, 5 Richtige tippen, müssen wir nur die Anzahl aller Kombinationsmöglichkeiten dieser Kategorie durch die Anzahl aller möglichen Zahlenkombinationen dividieren, in diesem Fall also 252/13 983 816, was pro Lottoschein eine Gewinnchance von 1 zu 5 5491 bedeutet. Die Wahrscheinlichkeit, 4 Richtige zu tippen, liegt demnach bei 1 zu 1032, und die Chance auf 3 Richtige bei 1 zu 57. Auf 1 + 258 + 13545 + 24 6820 = 260 624 der 13 983 816 Kombinationsmöglichkeiten entfällt ein Gewinn, und so beträgt die Gewinnchance pro Lottoschein 1 zu $^{13983816}/_{260624}$, sprich: ungefähr 1 zu 54. Wenn Sie also jede Woche Lotto spielen und sich zu Ihrem Geburtstag sowie an Weihnachten einen zusätzlichen Tipp gönnen, können Sie sich berechtigte Hoffnungen auf irgendeinen Gewinn machen.

Diese Arithmetik ist nicht sehr ermutigend. Der Statistiker John Haigh verweist darauf, dass unter normalen Umständen die Wahrscheinlichkeit größer ist, innerhalb einer Stunde nach Kauf eines Lottoscheins zu versterben als den Jackpot zu gewinnen. Wer nicht spielt, der nicht gewinnt, soviel steht in der Tat fest. Was aber passiert nun, wenn Sie besonders viele Lottoscheine kaufen?

Die einzige Möglichkeit, sich den Jackpot zu sichern, besteht darin, *alle* Lottoscheine zu kaufen. Diese Strategie war in verschiedenen Lotterien weltweit schon mehrfach zu beobachten. Wird der Jackpot in einer Ziehung nicht geknackt, erhöht dessen Preisgeld in der Regel die Gewinnsumme der folgenden Ziehung, sodass eine Woche später ein Super-Jackpot zur Ausschüttung kommt. Ist diese Situation gegeben, mag es verlockend sein, den Versuch zu unternehmen, so gut wie alle Lottoscheine aufzukaufen. Dies ist völlig legal! Die Virginia State Lottery in den USA funktioniert wie das staatliche Zahlenlotto im Vereinigten Königreich, außer dass sich die sechs Gewinnzahlen aus einem lediglich 44 Kugeln umfassenden Set rekrutieren, es also 7059052 mögliche Zahlenkombinationen gibt. Nachdem der Jackpot auf 27 Millionen Dollar angewachsen war, machte sich der australische Zocker Peter Mandral ans Werk und vollbrachte in einer groß angelegten Aktion das Kunststück, nach einem ausgeklügelten System 90 % aller Lottoscheine zu kaufen; nur ein Fehler eines seiner Mitarbeiter verhinderte den Kauf sämtlicher Lottoscheine, sodass eine bedenkliche Lücke von 10 % blieb. Mandral gewann den Super-Jackpot und ging nach Abzug aller Unkosten in Höhe von 10 Millionen Dollar (Auslagen für den Kauf der Lottoscheine sowie die Bezahlung seiner mit dem Kauf dieser Lottoscheine betrauten «Angestellten») mit einem satten Gewinn nach Hause.

56

Ein wahrlich verrücktes Fußballspiel

Eigentor: *Eigentore werden in der Regel – ähnlich wie Deflexionen – nicht ohne Sympathie für diejenigen beschrieben, die den Schaden haben und für den Spott nicht zu sorgen brauchen. Aus diesem Grund werden ihnen oft Attribute wie* verrückt *oder* grotesk *zugeschrieben, auch wenn sich eher Adjektive wie «unfähig» oder «blödsinnig» aufdrängen.*

(John Leigh und David Woodhouse, The Football Lexicon)

Was ist das verrückteste Fußballspiel, das jemals stattfand? In dieser Kategorie kann es aus meiner Sicht nur einen Sieger geben. Es muss die berühmt-berüchtigte Begegnung zwischen Grenada und Barbados sein, die 1994 im Rahmen der Karibikmeisterschaft, des so genannten *Shell Caribbean Cup*, ausgetragen wurde. Dieses Turnier begann mit einer Gruppenphase, bevor es im K.-o.-System weiterging. Im letzten Spiel der Gruppenphase musste Barbados gegen Grenada mit mindestens zwei Toren Unterschied gewinnen, um sich für die nächste Runde zu qualifizieren. Ansonsten wäre Grenada qualifiziert. Klingt recht simpel. Was könnte da schon schief gehen?

Leider schlug das Gesetz der unvorhergesehenen Folgen mit voller Wucht zu. Die Organisatoren des Turniers hatten eine neue Regel eingeführt, um den Mannschaften eine bessere Tordifferenz und damit einen Vorteil zu verschaffen, die ein Spiel durch ein so genanntes «Golden Goal» in der Verlängerung gewannen. Da ein Golden Goal das Spiel beendete, konnte man im Falle einer Verlängerung das Spiel also mit höchstens einem Tor gewinnen, was unfair erscheint. Aus diesem Grund wurde von den Organisatoren entschieden, dass ein Golden Goal doppelt zählt. Aber es kam alles ganz anders. Sehen Sie selbst.

Barbados ging schnell mit 2:0 in Führung und war darauf bedacht, diesen Vorsprung über die Zeit zu bringen, um in die nächste Runde einzuziehen. Sieben Minuten vor Schluss erzielte Grenada den Anschlusstreffer und verkürzte auf 2:1. Barbados konnte sich immer noch qualifizieren, wenn es ein drittes Tor erzielte – angesichts der wenigen noch verbleibenden Spielminuten allerdings alles andere als ein leichtes Unterfangen. Also besser ein Eigentor schießen und Grenada zum Ausgleich verhelfen, würde ein Unentschieden Barbados doch die Möglichkeit eröffnen, durch ein Golden Goal in der Verlängerung zu gewinnen; und da dieses doppelt zählte, stünde Barbados in der nächsten Runde und Grenada wäre ausgeschieden. Drei Minuten vor Schluss machte Barbados Ernst und schoss den Ball zum 2:2 ins eigene Netz. Die Mannschaft Grenadas erkannte, dass sie weiterkommen würde, wenn sie ein weiteres Tor erzielte (egal auf welcher Seite!), und spielte fortan aufs eigene Tor, um dieses Tor zu schießen, das ihre Niederlage zwar besiegelte, sie jedoch aufgrund der besseren Tordifferenz die nächste Runde erreichen ließ. Aber Barbados verteidigte kompromisslos das Tor Grenadas, um diesen Treffer zu verhindern und die Verlängerung zu erreichen. In der Verlängerung überraschte das Team aus Barbados seinen Gegner mit Angriffen auf das Tor Grenadas und erzielte innerhalb der ersten fünf Minuten den Golden-Goal-Siegtreffer. Schauen Sie sich das Video auf YouTube an, wenn Sie mir nicht glauben!*

* http://www.youtube.com/watch?v=ThpYsN-4p7w

57
Ein Bogenproblem

> *Genie bedeutet vier Fünftel Schweiß und ein Fünftel strategischer Überblick.*
> *(Armando Iannucci)*

Ein alter Steinbogen kann ein äußerst rätselhaftes Gebilde sein. Jeder Stein wurde scheinbar einzeln eingefügt, aber das ganze Bauwerk sieht aus, als würde es einstürzen, bevor nicht der letzte Deckstein an seinem Platz ist: Es gibt keine «Beinahe-Bögen». Wie konnten diese Steinbögen also gebaut werden?

Ein interessantes Problem, erinnert es doch an einen umstrittenen Denkansatz, der in den Vereinigten Staaten unter der Bezeichnung «Intelligent Design» in aller Munde ist. Grob gesagt knöpfen sich die Intelligent-Design-Verfechter komplexe Sachverhalte vor, die in der Natur zu beobachten sind, und argumentieren, diese seien in dieser Form «designed» worden und nicht etwa schrittweise im Zuge eines Evolutionsprozesses aus einfacheren Strukturen entstanden, schließlich gäbe es keine Vorstufe, aus der sie sich hätten entwickeln können. Dies ist natürlich eine leicht subjektive Sichtweise – möglicherweise fehlt es uns an Phantasie, um den vorherigen Entwicklungsschritt als solchen zu sehen –, aber im Grunde gleicht das Problem unserem Bogen: ein komplexes Gebilde, das nicht den Anschein erweckt, als sei es nur einen Schritt entfernt von einer etwas einfacheren Version eines Steinbogens mit einem Stein weniger.

Unser uninspiriertes Denken im Fall des Bogens ist darauf zurückzuführen, dass wir in der Vorstellung gefangen sind, Strukturen entstünden grundsätzlich durch die schrittweise Aneinanderreihung einzelner Komponenten. Dabei können manche Strukturen auch auf umgekehrtem Weg entstehen, indem einzelne Komponenten eines Gebildes wegfallen. Wenn wir einen Steinhaufen vor uns haben und vorsichtig einen Stein nach dem anderen aus dessen Zentrum entfernen, bleibt schließlich ein Bogen übrig, der eine Öffnung überspannt.

Betrachten wir das Problem aus diesem Blickwinkel, begreifen wir, wie der «Beinahe-Bogen» aussieht. Die Öffnung, die vom Bogen überspannt wird, ist mit Felsmaterial ausgefüllt. Echte Steinbögen entstehen durch die Entfernung von Teilen natürlicher Felsformationen – was in der Regel durch Erosion geschieht –, bis nur noch der äußere Bogen vorhanden ist. In der Natur muss also nicht jede komplexe Struktur zwangsläufig das Ergebnis eines sukzessiven Aufbauprozesses sein.

58

In Achteln zählen

Der achtfache Pfad: rechte Erkenntnis, rechte Absicht, rechte Rede, rechtes Handeln, rechter Lebenserwerb, rechtes Streben, rechte Achtsamkeit und rechte Sammlung.

(Der Edle Achtfache Pfad)

Wir zählen in Zehnergruppen. Zehn mal eins ergibt zehn, zehn mal zehn einhundert, zehn mal hundert eintausend usw. (wobei sich dieses Zählsystem unendlich lange fortsetzen ließe). Aus diesem Grund wird unsere Zählweise als «Dezimalsystem» bezeichnet. Seinem Umfang sind keine Grenzen gesetzt, sofern man über genügend Bezeichnungen verfügt, um die Ergebnisse zu benennen. Wir haben Wörter wie Million, Milliarde oder Billion für einige der großen Zahlen, aber nicht für jede, die wir vielleicht einmal aufzuschreiben gezwungen sind. Stattdessen verfügen wir über eine praktische Schreibweise, in der 10^n die Zahl bezeichnet, die aus einer 1 und n Nullen besteht – tausend entspricht also 10^3.

Der Ursprung dieser dezimalen Zählweise ist unschwer auszumachen, er liegt gewissermaßen auf der Hand. In den meisten menschlichen Kulturen der Antike wurden die Finger in irgendeiner Form zum Zählen benutzt. Das Ergebnis sind Zählsysteme, die auf Fünfergruppen (die Finger einer Hand), Zehnergruppen (die Finger beider Hände), Zwanzigergruppen (Finger und Zehen) oder einer Mischung aus allen oder zumindest mehreren dieser Systeme basieren. Auch unser Dezimalsystem kann auf eine bewegte Entstehungsgeschichte zurückblicken, in deren Verlauf verschiedene Zählsysteme miteinander verschmolzen und neue Zählweisen entstehen ließen, wobei alte Bezeichnungen mitunter übernommen wurden, die die ursprüngliche Grundzahl darstellten. So sprechen wir bis heute von einem «Dutzend», wenn wir 12 meinen. Im angelsächsischen Sprachraum steht der Begriff «score» für 20 (abgeleitet von dem altsächsischen Wort *sceran*, was soviel wie schneiden bedeutet) – ein Relikt aus der Zeit, als Kerbhölzer als Zähllisten dienten und in einer auf der Grundzahl 20 basierenden Zählweise mit Symbolen markiert wurden.

Obwohl in frühen Kulturen Zählsysteme mit der Grundzahl 10 die Regel waren, ist aus Mittelamerika ein ungewöhnlicher Fall bekannt, wo sich eine indianische Zivilisation eines Zählsystems mit der Grundzahl 8 bediente. Können Sie sich vorstellen warum? Ich fragte etliche Mathematiker, ob sie mir einen plausiblen Grund dafür nennen könnten; im Allgemeinen bekam ich zur Antwort, 8 sei eine praktische Zahl, verfüge sie doch über viele Faktoren und ließe sich durch 2 und 4 dividieren, sodass alle Mengen problemlos geviertelt werden könnten, ohne eine neue Größe – Brüche, wie wir sagen – schaffen zu müssen. Allerdings erhielt ich nur ein einziges Mal die richtige Antwort, als ich nämlich einer Gruppe Achtjähriger diese Frage stellte und ein Mädchen wie aus der Pistole geschossen antwortete: Die haben die Lücken zwischen ihren Fingern gezählt. Etwas zwischen den Fingern zu halten, etwa Fäden oder Stofffetzen, stellt eine natürliche Zählweise dar. Die Indianer, deren Zählweise auf der Grundzahl 8 basierte, zählten also ebenfalls mit den Fingern.

59 Ein Mandat bekommen

Demokratie war mal eine gute Sache, inzwischen ist sie jedoch in die falschen Hände geraten.

(Jesse Helms)

Politiker neigen zu der anmaßenden Attitüde, ihr Mandat für wesentlich größer zu halten, als dies tatsächlich der Fall ist. Präsentieren Sie als Politiker der Wählerschaft ein aus mehreren Punkten bestehendes Wahlprogramm und gewinnen die Wahl, bedeutet die Tatsache, dass Sie die meisten Wählerstimmen auf sich vereinigen konnten, durchaus nicht, dass die Mehrheit der Wähler jedes Ihrer Argumente dem jeweiligen Gegenvorschlag Ihres Kontrahenten vorzog. Und wenn Sie die Wahl nur knapp gewinnen – wie ist es dann mit Ihrem Mandat bestellt?

Nehmen wir der Einfachheit halber an, es treten nur zwei Kandidaten (oder Parteien) zur Wahl an. Nehmen wir weiterhin an, der Gewinner bekommt W Stimmen und der Verlierer L Stimmen, die Gesamtzahl aller abgegebenen gültigen Stimmen beträgt also W + L. Bei Ereignissen dieser Größenordnung lässt sich der zu erwartende statistische «Fehler» anhand der Quadratwurzel aus W + L bestimmen; wenn also W + L = 100, ergibt sich eine statistische Abweichung von plus/minus 10. Damit sich der Wahlsieger seiner Sache sicher sein kann und nicht befürchten muss, die Wahl aufgrund einer beträchtlichen statistischen Abweichung während des gesamten Wahlprozesses – Abgabe, Auszählung und Zuordnung der Stimmen – gewonnen zu haben, muss sein Stimmenvorsprung größer sein als die Zufallsabweichung:

$$W - L > \sqrt{(W + L)}.$$

Wurden 100 Stimmen abgegeben, muss der Vorsprung also mehr als 10 Stimmen betragen, um auf der sicheren Seite zu sein. Bei den amerikanischen Präsidentschaftswahlen im Jahr 2000* erhielt George Bush beispielsweise 271 Wahlmänner-Stimmen, Al Gore 266. Eine Differenz von nur 5 Stimmen, wesentlich weniger als die Quadratwurzel aus 271 + 266, die ungefähr 23 beträgt.

Für eine Anekdote der heiteren Art sorgte in diesem Zusammenhang der große italienische Hochenergiephysiker Enrico Fermi, eine der Schlüsselfiguren bei der Entwicklung der ersten Atombombe – und ein sehr guter Tennisspieler –, als er ein mit 6 zu 4 Spielen verloren gegangenes Tennismatch der Legende nach mit den Worten kommentierte, die Niederlage sei statistisch nicht signifikant, da der Vorsprung seines Bezwingers geringer sei als die Quadratwurzel aus der Anzahl der insgesamt absolvierten Spiele!

Angenommen Sie haben die Wahl mit einer Deutlichkeit gewonnen, die alle Bedenken zerstreut, ein statistischer Zufallsfehler könnte Ihnen den Wahlsieg beschert haben. Wie groß, glauben Sie, muss Ihre Stimmenmehrheit sein, damit Sie für sich in Anspruch nehmen können, vom Wähler ein «echtes» Mandat für Ihre Politik bekommen zu haben?

Der Stimmenanteil, der auf den Gewinner entfällt, also W / (W + L), muss größer sein als das Verhältnis aus den Stimmen des Verlierers zu denen des Gewinners, sprich: L / W. Um also von einem «echten» Mandat sprechen zu können, muss die Bedingung

* Rein statistisch gesehen bleibt diese Wahl in mancherlei Hinsicht zutiefst suspekt. In Florida, einem der Schlüsselstaaten, war das Ergebnis der Nachzählung ausgesprochen mysteriös. Das simple Wiederauszählen von Stimmzetteln ergab einen Gewinn von 2200 Stimmen für Gore und 700 für Bush. Da man davon ausgehen kann, dass nicht eindeutige Stimmzettel mit gleicher Wahrscheinlichkeit auf beide Kandidaten entfallen, legt diese gewaltige Ungleichheit den Verdacht nahe, dass bei der ersten Auszählung oder bei der Nachzählung irgendetwas vonstatten ging, das nicht zufälliger Natur war.

$$W / (W + L) > L / W$$

erfüllt sein.

Dies setzt voraus, dass $W / L > (1 + \sqrt{5}) / 2 = 1{,}61$ – der berühmte «Goldenen Schnitt». Was soviel bedeutet, dass Sie als Sieger einen Stimmenanteil $W / (W + L)$ benötigten, der größer ist als 8/13 bzw. 61,5 % aller abgegebenen Stimmen. Bei den vorletzten Parlamentswahlen in Großbritannien gewann Labour 412 Sitze und die Konservativen 166; Labour verfügte somit über 71,2 % aller 578 Sitze, also genug für ein «echtes» Mandat. Dagegen konnte George Bush bei den US-Präsidentschaftswahlen im Jahr 2004 286 Wahlmännerstimmen auf sich vereinigen, sein Gegenkandidat John Kerry 251; Bush erhielt also nur 53,3 % aller Stimmen – zu wenig für ein «echtes» Mandat.

60

Die Liga der zwei Gesichter

So werden die Letzten die Ersten sein und die Ersten die Letzten.

(Matthäusevangelium)

Im Jahr 1981 revolutionierte die Football Association in England das Regelwerk ihres Liga-Spielbetriebs, um den Offensivfußball stärker zu honorieren. Der Verband führte ein, in Zukunft 3 Punkte für einen Sieg zu vergeben anstatt 2, wie dies traditionell der Fall gewesen war. Für ein Unentschieden sollte es weiterhin 1 Punkt geben. Schon bald zogen andere Länder nach, und heute ist die 3-Punkte-Regel in allen Fußballligen dieser Welt längst Standard. Es ist interessant, die Auswirkungen zu beobachten, die diese Regel auf den sportlichen Erfolg einer «grauen Maus» – einer mittelmäßigen Mannschaft, die oft unentschieden spielt – haben kann. In der Zeit, als es 2 Punkte für einen Sieg gab, war es ohne weiteres möglich, die Liga mit 60 Punkten aus 42 Spielen zu gewinnen, und so konnte eine Mannschaft, die alle ihre Spiele unentschieden spielte und 42 Punkte auf dem Konto hatte, durchaus in der oberen Tabellenhälfte landen. 1955 brachte Chelsea tatsächlich das Kunststück fertig, mit 52 Punkten – der geringsten Punktzahl aller Zeiten – die Meisterschaft der alten First Division zu gewinnen. Heute, mit 3 Punkten für einen Sieg, sind mehr als 90 Punkte aus 38 Spielen nötig, um Meister zu werden, und ein Unentschiedenspezialist fände sich mit seinen 42 Punkten auf dem dritt- oder viertletzten Platz wieder und kämpfte gegen den Abstieg.

Stellen wir uns einmal eine Fußballliga vor, deren Verband den Beschluss fasst, unmittelbar nach dem Schlusspfiff am letzten Spieltag der

Saison rückwirkend die 3-Punkte-Regel in Kraft zu setzen. Während der Saison war ein Sieg 2 Punkte wert, für ein Unentschieden gab es 1 Punkt. Die Liga besteht aus 13 Mannschaften, die jeweils einmal gegeneinander antreten, jede Mannschaft hat also 12 Spiele zu bestreiten. Die All Stars gewinnen 5 Spiele und verlieren 7. Alle übrigen Begegnungen der Saison enden überraschenderweise unentschieden. Folglich konnten die All Stars insgesamt 10 Punkte sammeln. Alle anderen Mannschaften haben 11 Mal unentschieden gespielt und somit 11 Punkte auf dem Konto; 7 dieser Mannschaften gewannen weitere 2 Punkte durch ihren Sieg gegen die All Stars, während 5 Mannschaften gegen die All Stars verloren und keine zusätzlichen Punkte sammeln konnten. 7 Mannschaften erreichen also 13 Punkte und 5 Mannschaften immerhin 12. Alle haben sie jedoch mehr Punkte auf dem Konto als die All Stars, die folglich das Tabellenende zieren.

Als die All Stars nach ihrem letzten Saisonspiel niedergeschlagen in der Kabine sitzen und zu begreifen beginnen, dass sie Tabellenletzter sind, sicher absteigen werden und wahrscheinlich auch finanziell am Ende sind, sickert die Neuigkeit durch, dass der Verband beschlossen hat, eine neue Punkteregel einzuführen und diese rückwirkend auf alle Saisonspiele anzuwenden. Um das Offensivspiel zu honorieren, schlägt ein Sieg nun mit 3 Punkten zu Buche, für ein Unentschieden wird weiterhin 1 Punkt vergeben. Schnell beginnen die All Stars nachzurechnen. Ihre 5 Siege bescheren ihnen jetzt 15 Punkte. Die anderen Mannschaften haben mit ihren 11 Unentschieden nach wie vor 11 Punkte. Aber jetzt gewinnt jede der 7 Mannschaften, die gegen die All Stars gewannen, lediglich 3 Punkte hinzu, während die 5 den All Stars unterlegenen Mannschaften ganz leer ausgehen. So oder so, alle anderen Mannschaften erreichen nur 11 oder 14 Punkte, und die All Stars sind neuer Meister!

61

Aus dem Nichts etwas schaffen

Fehler sind gut. Je mehr Fehler, desto besser. Leute, die Fehler machen, bringen es weit. Sie sind glaubwürdig. Warum? Sie sind nicht gefährlich. Und nicht so todernst. Leute, die keine Fehler machen, fallen irgendwann von einer Klippe – schlechte Aussichten, wenn man bedenkt, dass jeder, der sich im freien Fall befindet, eine potenzielle Gefahr darstellt. Er könnte schließlich auf Sie stürzen.

(James Church, Inspektor O – A Corpse in the Koryo*)*

Wenn Sie zu den Menschen gehören, die Vorträge und Präsentationen halten müssen, haben Sie sicher schon mit einer der Schwächen von Präsentationsprogrammen wie PowerPoint Bekanntschaft gemacht – vor allem, wenn Sie Pädagoge sind. Nach Ihrem Vortrag hat das Publikum üblicherweise Zeit, Fragen zu stellen. Es gehört zu den unumstößlichen Tatsachen in diesem Leben, dass derlei Fragen in den allermeisten Fällen am einfachsten und effektivsten anhand einer Skizze zu beantworten sind. Stehen Sie also an einer Tafel oder, ausgestattet mit Stift und Folien, vor einem Overheadprojektor, sind Sie problemlos in der Lage, die gewünschte Skizze anzufertigen. Sind Sie allerdings nur mit Ihrem Laptop bewaffnet, kommen Sie leicht in Verlegenheit. Sie können nicht einfach irgendetwas zeichnen, es sei denn, bei Ihrem Laptop handelt es sich um einen «Tablet-PC». Dies alles zeigt, wie sehr wir von Bildern abhängig sind, wenn wir erklären wollen, was wir meinen. Bilder sind direkter als Worte. Sie sind analog, nicht digital.

Manche Mathematiker betrachten Zeichnungen mit Argwohn. Sie bevorzugen Beweise, die sich nicht auf ein Bild beziehen, das von

Ihnen angefertigt worden sein könnte, um Ihre – mit Widersprüchen behaftete – These zu stützen. Die meisten Mathematiker sind jedoch genau das Gegenteil. Sie greifen oft auf Bilder zurück, betrachten sie diese doch als unerlässliches Hilfsmittel, um Dinge zu verifizieren und sich Wege der Beweisführung zu erschließen. Wenden wir uns einem Beispiel zu, das Wasser auf die Mühlen der argwöhnischen Minderheit sein dürfte, wenn sie sich schon einer Mehrheit anders denkender Berufskollegen gegenübersieht. Nehmen wir an, auf einer Fläche von 8 × 8 Metern sei ein Teppichboden verlegt, wobei sich die Gesamtfläche in der Weise aus vier Teilflächen – zwei Dreiecken und zwei Rauten – zusammensetzt, wie dies nachfolgender Grundriss zeigt:

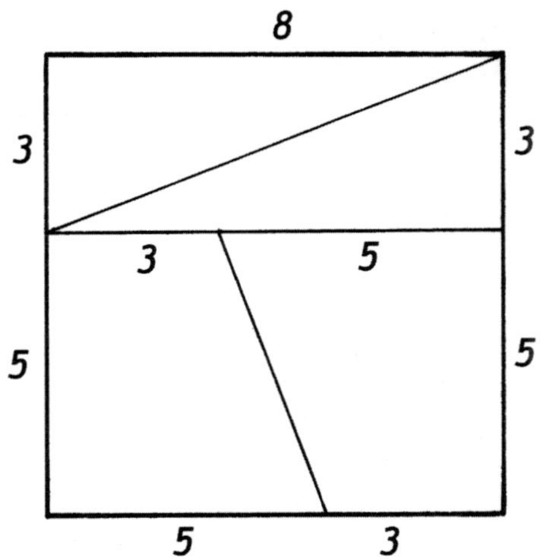

Es ist leicht zu erkennen, dass die Gesamtfläche des Quadrats 8 × 8 = 64 Quadratmeter beträgt. Ordnen wir nun die vier Teilflächen in anderer Weise an und bilden ein Rechteck, sodass unser Grundriss folgendes Aussehen hat:

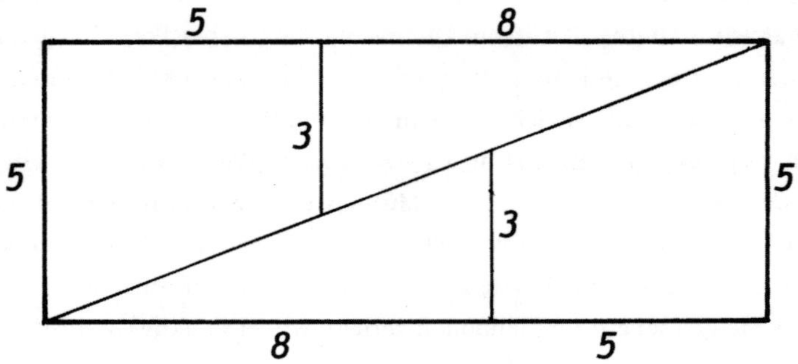

Dabei ist mit der Fläche des neu entstandenen Rechtecks Merkwürdiges passiert, beträgt diese doch jetzt 13 × 5 = 65 Quadratmeter![18] Aus dem Nichts haben wir einen Quadratmeter Teppichboden geschaffen! Was ist passiert? Schneiden Sie die Teilflächen aus und lösen Sie das Rätsel selbst.

62

Wie man eine Wahl manipuliert

Ich werde Ihrer Gruppierung im Vorfeld der nächsten Wahl als Berater dienen. Sie sagen mir, gegen wen Sie gewinnen wollen, und ich werde nach Gesprächen mit allen Beteiligten ein «demokratisches Verfahren» erstellen, das die Wahl Ihres Kandidaten sichert.

(Donald Saari [19])

Wie wir bereits in Kapitel 14 gesehen haben, können Wahlen eine vertrackte Angelegenheit sein. Es gibt viele Möglichkeiten der Stimmenauszählung, und geht man unklug vor, kann es durchaus sein, dass sich ein Wahlausgang ergibt, bei dem Kandidat A Kandidat B, und dieser wiederum Kandidat C überflügelt, welcher seinerseits jedoch A unterliegt. Und dies wäre nicht wünschenswert. Manche Wahlverfahren sehen mehrere Wahlgänge vor, die dadurch gekennzeichnet sind, dass der Kandidat mit der geringsten Anzahl von Stimmen von der Kandidatenliste gestrichen wird und die Wähler, die für ihn votierten, im nächsten Wahlgang ihre Stimme anderen Kandidaten geben können.

Auch wenn Sie Ihre Zeit größtenteils nicht mit der förmlichen Stimmabgabe für irgendeinen Kandidaten verbringen, werden Sie überrascht sein, wie oft Sie an Abstimmungen beteiligt sind. Welchen Film sollen wir anschauen? Welchen Fernsehsender einschalten? Wohin in den Urlaub fahren? Welchen Kühlschrank kaufen? Wenn Sie mit anderen Leuten über Fragen zu diskutieren beginnen, die mehrere Antworten haben können, tun Sie nichts anderes, als ihre «Stimme» – Ihre Präferenz – abzugeben, wobei der Urlaubsort oder der Kühlschrank, auf den die Wahl schließlich fällt, dem Kandidaten einer Partei oder Organisation entspricht, der den Wahlsieg einfährt. Dabei sind nicht alle Beteiligten in diese Entscheidung eingebunden, geht dieser Auswahlprozess in der Regel doch wesentlich willkürlicher vonstatten. Jemand schlägt einen Film vor. Anschließend schlägt jemand einen anderen Film vor, weil er neueren Datums ist. Dann gibt jemand zu bedenken, der neuere Film enthalte zu viele Gewaltszenen, und macht einen dritten Vorschlag. Es stellt sich jedoch heraus, dass einer der Anwesenden diesen Film bereits gesehen hat, weshalb schließlich doch wieder der erste Film zur Diskussion steht. Jemand merkt an, dieser sei für Kinder nicht geeignet, und bringt einen weiteren Film ins Spiel. Inzwischen sind es alle Beteiligten leid, und so einigen sie sich auf diesen Vorschlag. An dieser Stelle nun ist etwas Interessantes zu beobachten: Bei dieser Art der Entscheidungsfindung stehen jeweils immer nur zwei Optionen zur Auswahl. Dieser Prozess wiederholt sich – wie bei einem Turnier, wo sich in jeder Runde zwei Spieler gegenüberstehen und der Sieger die nächste Runde erreicht. Dies bedeutet, dass nie alle Filme auf einmal zur Wahl stehen und auch die Auswahlkriterien nicht in jeder Runde die gleichen sind. Aus diesem Grund hängt der Ausgang der Beratungen entscheidend von der Reihenfolge der beiden jeweils zur Wahl stehenden Filme ab. Ändert sich diese Reihenfolge mitsamt den zugrunde liegenden Auswahlkriterien, kann das Ergebnis mit Leichtigkeit ein ganz anderes sein.

Mit Wahlen verhält es sich genau gleich. Nehmen wir an, 24 Leute hätten aus 8 Kandidaten (A, B, C, D, E, F, G und H) einen Vorsitzenden zu küren. Die «Wähler» werden in drei Gruppen aufgeteilt, die jeweils eine Präferenzliste der 8 Kandidaten erstellen, die im Einzelnen folgendes Aussehen haben:

erste Gruppe: A B C D E F G H
zweite Gruppe: B C D E F G H A
dritte Gruppe: C D E F G H A B

Auf den ersten Blick scheint C der Kandidat mit den besten Aussichten zu sein, nimmt er doch in den drei Präferenzlisten die Plätze 1, 2 und 3 ein. Aber die Mutter des Kandidaten H will unbedingt, dass ihr Sohn Vorsitzender wird, und wird vorstellig, um den Wahlberechtigten dessen Wahl schmackhaft zu machen. Auf dem Papier scheint H ein hoffnungsloser Fall zu sein, da er auf dem drittletzten, zweitletzten und letzten Platz der Präferenzlisten rangiert. Also vermeintlich keine Chance, ins Amt des Vorsitzenden gewählt zu werden. Man erklärt H's Mutter, dass die Wahl regelkonform zu verlaufen habe und keine Manipulationen geduldet würden. Die Herausforderung besteht also darin, ein Wahlverfahren zu finden, das H zum Gewinner macht.

Um dies zu erreichen, müssen wir lediglich ein Wahlverfahren austüfteln, das dem Austragungsmodus eines Turniers nachempfunden ist, und in jeder Runde anhand der drei oben aufgeführten Präferenzlisten einen Sieger aus zwei Kandidaten ermitteln. Zuerst tritt G gegen F an, und F gewinnt mit 3 – 0. Dann tritt F gegen E an und verliert mit 3 – 0. E trifft anschließend auf D und verliert ebenfalls mit 3 – 0. D sieht sich nun C gegenüber und unterliegt mit 3 – 0. Dann duelliert sich C mit B und verliert mit 2 – 1, und B unterliegt anschließend A mit dem gleichen Ergebnis. Bleiben A und H, um das große Finale zu bestreiten. H schlägt A mit 2 – 1. H geht also aus diesem «Turnier» als Sieger hervor und ist der neue Vorsitzende.

Wie das? Der «Trick» besteht einfach darin, dafür zu sorgen, dass sich die in den Präferenzlisten besser platzierten Kandidaten nacheinander gegenseitig ausschalten, und den protegierten Kandidaten erst im letzten Moment ins Rennen zu schicken, um sicherzustellen, dass er nur auf Kandidaten trifft, die er schlagen kann. Mit der richtigen Setzliste könnte sogar wieder einmal ein englischer Tennisprofi das Turnier von Wimbledon gewinnen.

63 Die Schwingung des Pendels

> *England schwingt hin und her wie ein Pendel.*
> *Roger Miller*

Im 16. Jahrhundert soll sich der Überlieferung nach der große italienische Gelehrte Galileo Galilei daran ergötzt haben, das Schwingen des großen Bronzeleuchters im Dom zu Pisa zu beobachten. Sei es, dass dieser in Bewegung gesetzt wurde, um den Geruch von Weihrauch zu verbreiten, sei es, dass seine Kreise gestört wurden, um ihn abzulassen und die Kerzen zu erneuern – was Galileo sah, faszinierte ihn. Das Seil, an dem der Leuchter von der Decke hing, war sehr lang, und so schwang er wie ein Pendel ganz langsam vor und zurück: langsam genug, um die für eine ganze Schwingung benötigte Zeit zu messen. Bei seinen zahlreichen Besuchen im Dom zu Pisa fiel Galileo auf, dass die Pendelbewegung des Leuchters jedes Mal anders war: Manchmal war die Amplitude sehr klein, manchmal etwas größer. Aber Galileo machte eine wichtige Beobachtung: Die vom Leuchter zur Vervollständigung einer ganzen Schwingung benötigte Zeit blieb immer gleich – unabhängig von der Größe der Amplitude. Gab man dem Leuchter einen kräftigen Stoß, schlug er weiter aus als nach einem sanften Schubs. Wenn er weiter ausschlug, ging die Pendelbewegung schneller vonstatten, und so brauchte der Leuchter letztlich die gleiche Zeit wie bei einem leichten Schubs, um in seine Ausgangsposition zurückzukehren.

Diese Entdeckung* sollte weitreichende Konsequenzen haben. Sind

* Galileo dachte, dies gelte für jede Amplitudengröße der Pendelbewegung des Leuchters. In Wirklichkeit trifft dies jedoch nicht zu, sondern gilt nur für Schwin-

Sie im Besitz einer Pendeluhr, müssen Sie diese etwa einmal pro Woche aufziehen. Galileos Entdeckung bedeutet nun, dass es völlig unerheblich ist, wie stark Sie das stillstehende Pendel anstoßen. Solange Ihr Stoß nicht zu kräftig ist, wird es die gleiche Zeit benötigen, um vor und zurück zu schwingen, und das sich daraus ergebende «Ticken» wird in den gleichen Zeitabständen erfolgen. Wäre dies nicht der Fall, wären Pendeluhren ausgesprochen nervtötende Objekte. Um zu gewährleisten, dass die Uhr gleich geht wie bevor sie zum Stehen kam, wären Sie gezwungen, die Amplitude des schwingenden Pendels jedes Mal exakt einzurichten. In der Tat führte Galileos scharfsinnige Beobachtung schließlich zur Erfindung der Pendeluhr, deren erste funktionstüchtige Version Mitte des 17. Jahrhunderts von dem holländischen Physiker Christiaan Huygens präsentiert wurde.

Es gibt – und dies zum Schluss – einen netten kleinen Test, um herauszufinden, ob die Logik eines Menschen stärker ausgeprägt ist als sein Überlebensinstinkt. Stellen Sie sich ein riesiges schweres Pendel vor – in der Art des Leuchters, den Galileo im Dom zu Pisa beobachtete. Postieren Sie sich auf einer Seite des Pendels und ziehen Sie es mit seinem ganzen Gewicht an sich, bis es Ihre Nasenspitze berührt. Lassen Sie das Pendel nun einfach los. Stoßen Sie es nicht an. Es schwingt von Ihnen weg, um sich anschließend wieder Ihrer Nasenspitze zu nähern. Was glauben Sie? Weichen Sie zurück? Sollten Sie denn zurückweichen? Nun ja, die Antwort ist «ja und nein».**

gungen mit «kleiner» Amplitude. Diese Art von Schwingung wird von Wissenschaftlern als «einfache harmonische Schwingung» bezeichnet. Sie beschreibt das Verhalten fast jedes stabilen Systems, das durch Störungen von außen etwas aus dem Zustand des Gleichgewichts gebracht wird.

** Das Pendel kann beim Zurückschwingen keinen höheren Punkt erreichen als seinen Ausgangspunkt (es sei denn, jemand stößt es an und führt ihm so zusätzliche Energie zu). In der Praxis verliert ein Pendel aufgrund des Luftwiderstands und der Reibung an seiner Aufhängung stets einen kleinen Teil seiner Energie, weshalb es nie genau an seinen Ausgangspunkt zurückkehrt. Sie sind also auf der sicheren Seite, werden jedoch unweigerlich zurückweichen.

64 Ein Fahrrad mit viereckigen Rädern

Mit Fahrrädern ist es wie mit den meisten Ehemännern: Werden sie alt und klapprig, kann man sich ihrer entledigen und sich etwas Neues zulegen, ohne dass gleich ein Sturm der Entrüstung durch die ganze Gemeinde geht.

(Ann Strong)

Welche Art von Fahrrad Sie auch immer Ihr Eigen nennen – die Räder sind jedenfalls rund. Weshalb Sie nicht schlecht überrascht sein dürften, wenn Sie hören, dass dies gar nicht so sein müsste. Mit einem Fahrrad mit viereckigen Rädern können Sie sich ebenso gleichförmig fortbewegen – alles eine Frage der richtigen Straßenoberfläche.

Für einen Radfahrer besteht die wichtigste Eigenschaft eines rollenden Rades darin, «rund» zu laufen, damit er während der Fahrt nicht permanent durchgerüttelt wird. Bei runden Rädern und einer ebenen Oberfläche ist dies der Fall: der Körperschwerpunkt des Radfahrers bewegt sich auf einer Geraden nach vorne, solange sich das Fahrrad auf einer Geraden nach vorne bewegt und nicht etwa ins Rutschen kommt. Wenn Sie ein Fahrrad mit viereckigen Rädern auf einer ebenen Oberfläche fahren, wird Ihre Fahrt zu einem Höllenritt. Aber gibt es vielleicht eine anders geartete Straßenoberfläche, die eine rüttelfreie, gleichmäßige Fahrt ermöglicht, wenn Sie auf viereckigen Rädern unterwegs sind? Um diese Frage zu beantworten, müssen wir lediglich herausfinden, ob eine Oberflächenstruktur existiert, die dazu führt, dass die Bewegungslinie eines Radfahrers mit viereckigen Rädern eine Gerade darstellt.

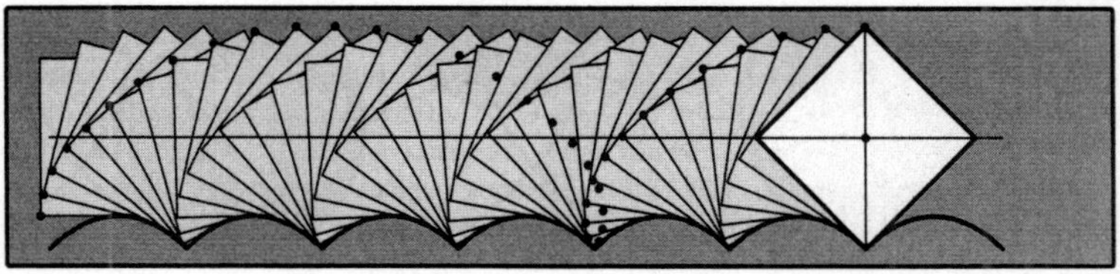

Die Antwort ist recht verblüffend. Wie wir in Kapitel 11 in einem anderen Zusammenhang gesehen haben, erhält man, wenn man die Enden einer Kette an zwei Punkten auf gleicher Höhe befestigt, eine mathematische Kurve – eine so genannte *Katenoide* oder *Kettenlinie* –, die in ihrer Form genau der Straßenoberfläche entspricht, die vonnöten ist, um auf viereckigen Rädern rüttelfrei und gleichmäßig voranzukommen. Stellen wir diese Kurve auf den Kopf, erhalten wir die geometrische Figur, die dem Bau vieler berühmter Bögen auf der ganzen Welt zugrunde liegt. Und reihen wir katenoidenförmige Bögen in einer Linie aneinander, entsteht ein gleichmäßiges Wellenmuster. Eine wellenförmige Straßenoberfläche dieser Art ermöglicht rüttelfreies Fahren auf viereckigen Rädern, entscheidend ist, dass die Seiten zwei aneinander grenzender Katenoiden am tiefsten Punkt jedes «Wellentals» – ihrem Berührungspunkt – einen rechten Winkel bilden. So kann sich das viereckige Rad perfekt abrollen, weisen seine Ecken doch ebenfalls einen Winkel von 90 Grad auf. Wir sehen also, auch ein viereckiges Rad rollt und rollt und rollt.*

* Das Quadrat ist nicht die einzige Radform, mit der ein rüttelfreies Fahren möglich ist. Bei einem adäquaten, katenoidenförmigen Untergrund lässt sich dies mit jeder polygonalen Form bewerkstelligen (wobei dreieckige Räder ein besonders vertracktes Problem darstellen). Um mit einem polygonal geformten Rad mit N gleichen Seiten (also $N = 4$ im Falle unseres quadratischen Rads) rüttelfrei fahren zu können, muss die Straßenoberfläche so beschaffen sein, dass ihre katenoidenförmige Struktur der Formel $y = -B \cosh(x / B)$ gehorcht, wobei $B = C \cot(\pi / N)$ und C konstant ist.

65 Wie viel Wachpersonal braucht eine Kunstgalerie?

Und wer bewacht die Wachen?
(Juvenal)

Stellen Sie sich vor, Sie seien Sicherheitschef einer großen Kunstgalerie, in deren Ausstellungsräumen viele wertvolle Gemälde an der Wand hängen. Die Bilder hängen auf Augenhöhe, also recht niedrig, und sind damit der ständigen Gefahr ausgesetzt, einem Diebstahl oder einem Akt des Vandalismus zum Opfer zu fallen. Die Galerie besteht aus einer ganzen Reihe von Räumlichkeiten unterschiedlicher Form und Größe. Wie stellen Sie sicher, dass jedes Bild zu jeder Zeit überwacht werden kann? Stehen Ihnen unbegrenzte finanzielle Mittel zur Verfügung, ist die Lösung recht einfach: Sie postieren neben jedem Bild einen Wachmann. Aber Kunstgalerien sind in den seltensten Fällen mit Geld gesegnet, und wohlhabende Mäzene wollen ihre finanziellen Zuwendungen in der Regel nicht in die Bezahlung von Wachpersonal und die Anschaffung von dessen Stühlen investiert wissen. Und so haben Sie in der Praxis ein Problem – ein mathematisches Problem: wie viele Wachleute müssen Sie mindestens einstellen, und wie müssen Sie diese postieren, damit Sie alle Wände der Galerie auf Augenhöhe stets im Blickfeld haben?

Wir suchen also die kleinste Anzahl von Wachleuten, die zur Überwachung von N Wänden erforderlich ist. Nehmen wir an, die Wände sind gerade und ein an der Ecke, wo zwei Wände aufeinander treffen, postierter Wachmann ist in der Lage, diese beiden Wände vollständig zu überblicken; nehmen wir weiterhin an, dass die Sicht des Wachmanns nie versperrt wird. Eine Galerie mit quadratischem Grundriss kann augenscheinlich von einem einzigen Wachmann überwacht werden. Weist die Galerie eine polygonale Form mit nach außen gewölbten Wänden auf (man spricht von einem «konvexen Polygon»), reicht ein Wachmann allemal aus.

Interessanter wird es da schon, wenn nicht alle Wände nach außen gewölbt sind. Die folgende Darstellung zeigt eine Galerie mit 8 Wänden, die ebenfalls von einem einzigen, am Eckpunkt O postierten Wachmann überblickt werden kann:

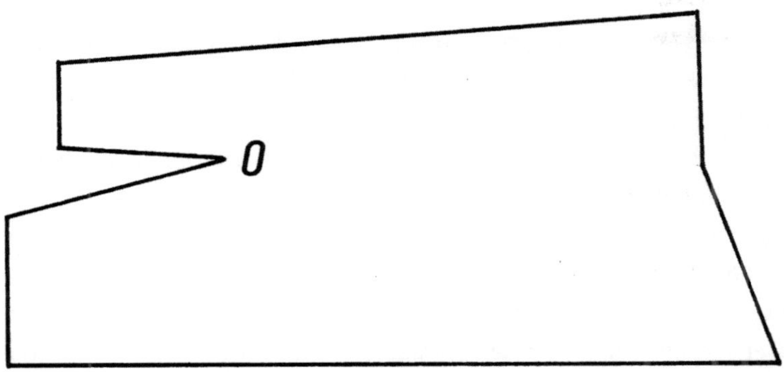

Diese Galerie lässt sich also recht kostengünstig bewachen.

Hier eine andere Galerie mit 12 Wänden und einer etwas extravaganteren Form, die nicht so effizient zu überwachen ist, erfordert sie doch 4 Wachleute, um alle Wände stets im Blickfeld zu haben.

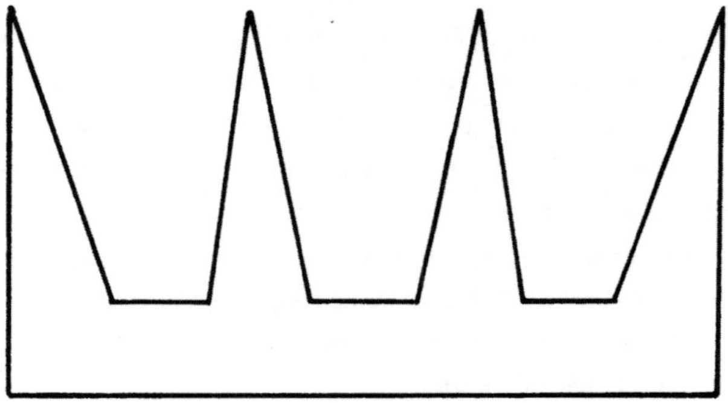

Um dieses Problem zu lösen, müssen wir einfach nach Möglichkeiten suchen, wie wir die Galerie in sich nicht überschneidende Dreiecke aufteilen können. Und dies ist immer möglich. Weist das Polygon S Eckpunkte auf, lässt es sich in (S – 2) Dreiecke aufteilen. Dreiecke gehören zu jenen konvexen geometrischen Formen, deren Überwachung nur einen einzigen Wachmann erforderlich macht. Wenn es also möglich ist, die Galerie in, sagen wir, T sich nicht überschneidende Dreiecke aufzuteilen, haben wir die Gewissheit, dass T Wachleute in jedem Fall zu ihrer lückenlosen Überwachung ausreichen. Natürlich könnte die Galerie auch von weniger Personal bewacht werden. So könnten wir zum Beispiel jederzeit ein Quadrat in zwei Dreiecke aufteilen, indem wir eine Diagonale ziehen, bräuchten aber dennoch keine zwei Wachleute, um die Wände stets im Blickfeld zu haben, sondern kämen mit einem Wachmann aus. Die maximale Gesamtzahl von Wachleuten, die zur Überwachung einer Galerie mit W Wänden erforderlich ist, entspricht der ganzen Zahl, die sich abgerundet aus W / 3 ergibt. Im Falle unserer zackenförmig geschnittenen Galerie mit 12 Wänden beträgt diese Gesamtzahl 12 / 3 = 4, während sich für eine Galerie mit 8 Wänden eine Gesamtzahl von 2 ergibt. Die Entscheidung, ob man schließlich auf die maximale Anzahl zurückgreift, ist leider nicht so einfach zu treffen und stellt ein so genanntes «schwieriges» Rechenproblem dar (siehe Kapitel 27), bei dem sich die Rechenzeit jedes Mal verdoppeln kann, sobald wir dem Problem eine Wand hinzufügen.

Die meisten Galerien, die wir heute besuchen, weisen keinen derart verwinkelten, zackenförmigen Grundriss wie in unseren Beispielen auf. Ihre Wände sind, wie in folgender Darstellung zu sehen, vielmehr rechtwinklig zueinander angeordnet:

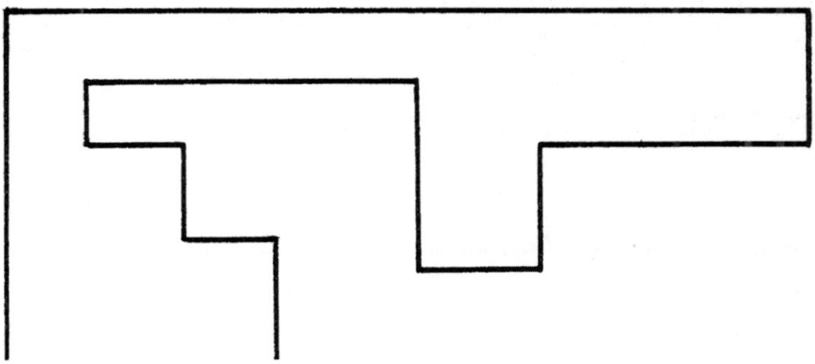

Weist eine rechtwinklige, polygonale Galerie wie diese viele Ecken auf, entspricht die Anzahl von an den Ecken postierten Wachleuten, die in jedem Fall zur Bewachung der Galerie ausreicht, der ganzen Zahl, die sich abgerundet aus 1/4 × (Anzahl der Ecken) ergibt. Für die hier gezeigte Galerie mit 14 Ecken beträgt diese maximale Anzahl 3. Dies bedeutet, dass eine Galerie – vor allem eine große – mit einem Grundriss wie diesem das Lohnkostenbudget entlastet. Hat eine Galerie 150 Wände und einen nicht-rechtwinkligen Grundriss, benötigte man 50 Wachleute, während ihr rechtwinkliges Pendant maximal 37 erforderlich machte.

Eine Art klassische Raumaufteilung einer Galerie mit rechtwinkligem Grundriss ist in folgendem Beispiel mit 10 Ausstellungsräumen zu sehen:

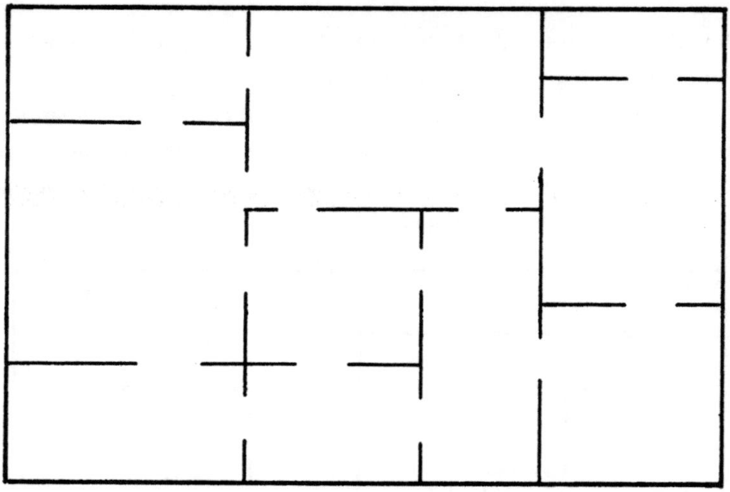

In Fällen wie diesem ist es jederzeit möglich, die Galerie in eine Reihe sich nicht überschneidender Rechtecke aufzuteilen, was den Vorteil hat, dass ein Wachmann zwei Räume auf einmal überwachen kann, wenn Sie ihn an einem Durchgang postieren, der beide Räume verbindet. Allerdings ist kein Wachmann in der Lage, 3 oder mehr Räume gleichzeitig zu überwachen. So entspricht die maximale Anzahl von Wachleuten, die in jedem Fall ausreicht (und manchmal auch erforderlich ist), um die Galerie in ihrer Gesamtheit stets im Blick zu haben, der ganzen Zahl, die sich abgerundet aus $^1/_2 \times$ (Anzahl der Räume) ergibt – im vorliegenden Fall 5. Ein sehr wirtschaftlicher Einsatz menschlicher Ressourcen.

Was für unser Wachpersonal gilt, lässt sich auch auf Überwachungskameras übertragen oder Lichtquellen, um die Galerie und ihre Räume zu erleuchten. Sie sehen – wenn Sie das nächste Mal die *Mona Lisa* stehlen wollen, sind Sie der Polizei einen Schritt voraus!

66

… und wie viel ein Gefängnis?

Meine Erfahrung im Umgang mit Kriminellen sagt mir, dass ihre Taten lediglich eine leicht verschärfte Version dessen sind, was jedermann tut.

(David Carter)

Kunstgalerien sind nicht die einzigen Gebäude, die bewacht werden müssen. Gefängnisse und Festungen ebenfalls. Allerdings stellen sie die umgekehrte Version einer Kunstgalerie dar, müssen doch ihre Außenmauern bewacht werden. Wie viele Wachen sind an den Ecken einer polygonal geschnittenen Burg zu postieren, um deren Außenmauern vollständig im Blickfeld zu haben? Ganz einfach: die ganze Zahl, die sich abgerundet aus $^1/_2 \times$ (Anzahl der Ecken) ergibt. Hat also die Burg 11 Ecken, brauchen wir 5 Leute, um sämtliche Außenmauern zu bewachen. Besser noch – wir haben die Gewissheit, dass es sich um die *genaue* Anzahl von Wachen handelt, die vonnöten sind. So wenig wie möglich, und so viel wie nötig. Im Falle einer Kunstgalerie war uns immer nur die *größtmögliche* Anzahl von Leuten bekannt, die wir zur Bewachung der Ausstellungsobjekte innerhalb ihrer Mauern benötigten.

Kommen wir also, analog zu unseren Kunstgalerien im vorigen Kapitel, auf Gefängnisse zu sprechen und stellen uns vor, die Außenmauern eines Gefängnisbaus wiesen einen Grundriss auf, der folgenden beiden rechtwinkligen Formen nachempfunden ist:

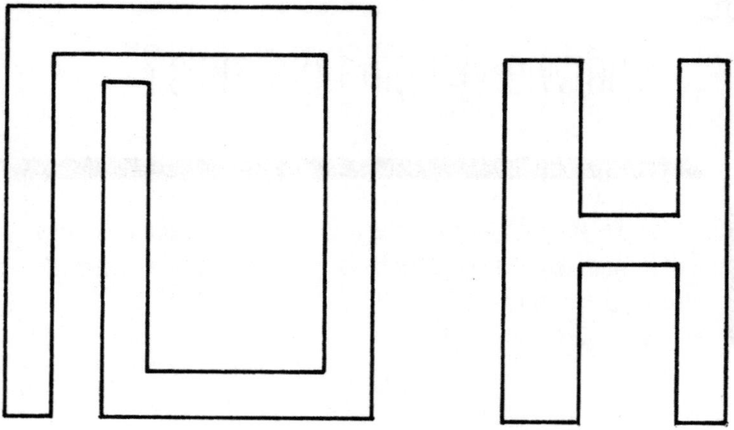

Wie viele Wachleute sind nun im Falle solcher rechtwinkliger Gebäude nötig, um die gesamte Außenmauer im Blickfeld zu haben? Antwort: 1 plus die ganze Zahl, die sich abgerundet aus 1/4 × (Anzahl der Ecken) ergibt, also abermals so wenig wie möglich, und so viel wie nötig. Die Beispiele in obiger Darstellung weisen jeweils 12 Ecken auf, und so sind 1 + 3 = 4 Wachmänner vonnöten, um ein derart geschnittenes, rechtwinkliges Gebäude zu bewachen.

67

Ein Kunststoß beim Snooker

Steve nimmt die rosa Kugel ins Visier. Für all diejenigen unter Ihnen, die uns in Schwarzweiß verfolgen – die rosa Kugel ist die neben der grünen.

(Ted Lowe)

Manche Eltern versuchen sich zu vergewissern, dass wenigstens das mathematische Verständnis ihrer Kinder geschult wird, wenn die Sprösslinge schon die meiste Zeit mit Computerspielen zubringen müssen. Ich habe mich immer gefragt, ob diese Leute auch glauben, ihre Kinder erweiterten ihr Wissen über Newton'sche Mechanik, wenn sie stundenlang Snooker- oder Billardhallen frequentieren. Nichtsdestotrotz versetzen einfache geometrische Grundkenntnisse Sie in die Lage, beim Snooker mit verschiedenen spektakulären Stößen aufzuwarten, sodass dem geometrisch unbedarften Laien die Spucke wegbleibt.

Nehmen wir an, Sie wollen eine Kugel so spielen, dass sie einen Weg über drei Banden nimmt, um schließlich an ihren Ausgangspunkt zurückzukehren. Beginnen wir mit der einfachen Variante – der Tisch ist quadratisch. Alles ist wunderschön symmetrisch, und so müssen Sie die Kugel nur in der Mitte einer der Tischseiten platzieren und sie in einem Winkel von 45 Grad zur Seite spielen. In diesem Winkel prallt sie in der Mitte der anliegenden Seite gegen die Bande und folgt einer Bahn, die – wie in folgender Abbildung gestrichelt dargestellt – ein perfektes Quadrat beschreibt.

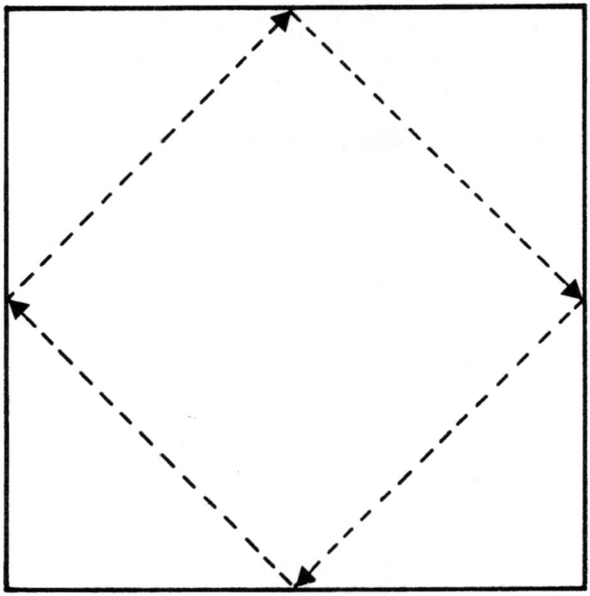

Natürlich muss die Kugel nicht zwingend an der Bande anliegen, um gespielt zu werden; Sie können sie von jedem beliebigen Punkt aus auf der gestrichelten Linie des Quadrats in eine der beiden vorgegebenen Richtungen spielen, und sie wird immer an ihren Ausgangspunkt zurückkehren (vorausgesetzt, Ihr Stoß war kräftig genug). Wollen Sie die Kugel so anstoßen, dass sie genau an der Stelle wieder zum Stehen kommt, von der aus Sie sie auf die Reise geschickt haben, müssen Sie schon sehr versiert sein oder zumindest ein bisschen üben.

Leider Gottes wird Ihnen ein quadratischer Snookertisch nicht allzu oft über den Weg laufen. Die Spielfläche moderner Tische besteht aus zwei Quadraten, die Seite an Seite liegen, und so betragen die Abmessungen eines offiziellen Turnier-Snookertisches 3,5 m × 1,75 m. Entscheidend ist, dass der Tisch doppelt so lang wie breit ist. Einfache Voraussetzungen also, um bei einem rechteckigen Tischformat wie diesem den Bahnverlauf einzeichnen zu können, den Ihr Kunststoß nehmen muss. Als Referenz habe ich außerdem die Diagonale eingezeichnet, wie Sie in obiger Abbildung erkennen können. Ihr Stoß muss parallel zur Diagonalen verlaufen und genau an dem Punkt auf die Bande treffen, der die Seite im Verhältnis 2 zu 1 teilt – analog zum Verhältnis zwischen Länge und Breite des Snookertischs. (Im Falle unserer quadratischen Tischabmessungen war dieses Verhältnis gleich 1, und so musste die Kugel genau in der Mitte der Seite auf die Bande treffen.) Dies bedeutet, dass der Winkel zwischen der Bahn, die die Kugel beschreibt, und der Längsseite des Tischs einen Tangens von ½ hat, was 26,57 Grad entspricht, woraus sich im Verhältnis zur Breitseite ein Winkel von 90 Grad minus dieses Winkels, also 63,43 Grad, ergibt, muss doch per definitionem die Summe der drei Innenwinkel eines rechtwinkligen Dreiecks 180 Grad ergeben. Das gestrichelte Parallelogramm stellt somit den einzig möglichen Bahnverlauf dar, soll die Kugel an ihren Ausgangspunkt zurückkehren.

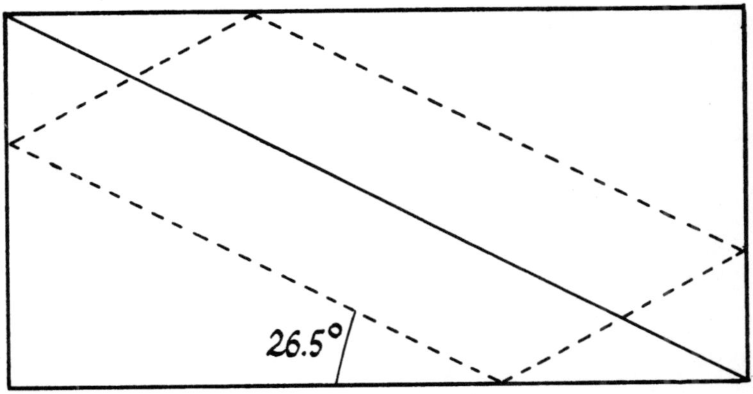

Spielen Sie an einem Snookertisch, der nicht über die Standardmaße verfügt, sind Sie gezwungen, diesen Stoß neu zu berechnen. Generell ist der magische Winkel, in dem Sie die Kugel anstoßen müssen, im Verhältnis zur Längsseite des Tisches der Winkel, dessen Tangens dem

Verhältnis der Tischbreite zur Tischlänge entspricht (also 1 : 2 im Falle unseres offiziellen Turnier-Snookertisches und 1 : 1 im Falle der quadratischen Tischvariante), und der Punkt an der Bande, von wo aus die Kugel anzustoßen ist, muss die Längsseite des Tisches im gleichen Verhältnis teilen, das die Länge des Tisches zu seiner Breite aufweist.

68

Brüder und Schwestern

Schwestern, gemeinsam sind wir stark!
(Robin Morgan)

Zu den merkwürdigsten Dingen, die in China zu beobachten sind, gehören die immer gravierender in Erscheinung tretenden Auswirkungen der dortigen «Ein-Kind-Politik». Sieht man einmal von Mehrlingsgeburten ab (die ca. 1 % aller Geburten ausmachen), ist jeder junge Mensch, der im städtischen Raum lebt, Einzelkind.* Unter diesen Voraussetzungen steigt die Wahrscheinlichkeit, dass jedes Kinder mit viel zu viel elterlicher Fürsorge bedacht wird – ein Phänomen, das unter der Bezeichnung «Das Syndrom der kleinen Kaiser» firmiert. In Zukunft wird praktisch niemand mehr Brüder oder Schwestern, Onkel oder Tanten haben, das Konzept der «Brüderlichkeit» verliert langsam jede Bedeutung.

Zunächst scheint eine merkwürdige Asymmetrie zwischen Brüdern und Schwestern im Allgemeinen zu bestehen. Hat eine Familie 2 Kinder, 1 Junge und 1 Mädchen, hat der Junge eine Schwester, das Mädchen jedoch nicht. Bei 4 Kindern, 3 Mädchen und 1 Jungen, hat der Junge 3 Schwestern, und die Mädchen insgesamt $3 \times 2 = 6$ Schwestern. Für jedes Mädchen zählen nur die beiden anderen Mädchen als Schwestern, für den Jungen jedoch alle drei. Es hat also den Anschein, Jungen hätten immer mehr Schwestern, als Mädchen in der Familie vertreten sind!

Dies klingt paradox. Schauen wir also etwas genauer hin. Hat eine Familie mit n Kindern g Mädchen und (n – g) Jungen, haben die Jun-

* In ländlichen Gebieten ist nach einem Zeitraum von drei Jahren ein zweites Kind erlaubt, vorausgesetzt, das erste ist behindert oder ein Mädchen.

gen insgesamt $g(n-g)$ Schwestern, während die Mädchen insgesamt $g(g-1)$ Schwestern haben. Beide Zahlen können nur gleich sein, wenn $g = \frac{1}{2}(n+1)$. Dieser Fall kann jedoch niemals eintreten, wenn n eine gerade Zahl darstellt, weil g sonst ein Bruch wäre.

Des Rätsels Entstehung ist der Tatsache geschuldet, dass es viele Möglichkeiten gibt, wie sich eine Familie mit mehreren Kindern zusammensetzt. So kann eine Familie mit 3 Kindern 3 Söhne haben, 3 Töchter, 2 Söhne und 1 Tochter, oder 2 Töchter und 1 Sohn. Wenn wir davon ausgehen, dass jedes Neugeborene mit der gleichen Wahrscheinlichkeit von ½ ein Junge oder ein Mädchen wird (was in Wirklichkeit nicht ganz zutrifft), kann eine Familie mit n Kindern 2^n verschiedene Konstellationen aufweisen. Die Anzahl unterschiedlicher Familienkonstellationen mit n Kindern und g Töchtern wird kurz mit ${}^nC_g$ bezeichnet,* wobei jeder der Jungen $g(n-g)$ Schwestern hat. Angesichts von 2^n verschiedenen Konstellationen sollten wir uns die Frage stellen, wie viele Schwestern Jungen in einer Familie mit n Kindern *im Schnitt* haben. Also die Summe aller Schwestern, die Jungen haben können, wenn g alle möglichen Werte von 0 bis n annimmt, geteilt durch die Gesamtzahl aller Konstellationen, 2^n.

Daraus ergibt sich

$$b_n = 2^{-n} \sum_g {}^nC_g \times g(n-g).$$

Analog beträgt die durchschnittliche Anzahl von Schwestern, die die Mädchen in einer Familie mit n Kindern haben

$$g_n = 2^{-n} \sum_g {}^nC_g \times g(g-1).$$

Die sich aus diesen Formeln ergebenden Lösungen sind wesentlich simpler, als dies der bloße Anblick der Formeln vermuten lässt, haben doch

* ${}^nC_g$ ist das Kürzel für $n!/g!(n-g)!$ und bezeichnet die Anzahl von Möglichkeiten, aus insgesamt n Optionen g unterschiedliche Konstellationen zu erzielen.

Jungen und Mädchen im Schnitt bemerkenswerterweise gleich viele Schwestern, also bn = gn = ¼ n(n -1). Da es sich hierbei um einen Durchschnittswert handelt, sei an dieser Stelle angemerkt, dass dies nicht bedeutet, jede Familie müsse nun zwangsläufig dieses Durchschnittsverhalten an den Tag legen. Ist n = 3, beträgt die durchschnittliche Anzahl von Schwestern 1,5 (was definitiv in keiner Familie vorkommt), und für n = 4 ergibt sich eine durchschnittliche Anzahl von 3. Je größer n wird, desto mehr nähert sich die durchschnittliche Anzahl von Schwestern dem Quadrat von n/2. Im Anschluss finden Sie eine Tabelle mit den 8 Kombinationsmöglichkeiten für Familien mit 3 Kindern:

Familienkonstellation mit 3 Kindern	Kombinationsmöglichkeiten	Anzahl der Schwestern der Jungen	Anzahl der Schwestern der Mädchen
3 Jungen	1	0	0
2 Jungen + 1 Mädchen	3	2	0
2 Mädchen + 1 Junge	3	2	2
3 Mädchen	1	0	6

Wir sehen, dass die Gesamtzahl von Schwestern, die die Jungen haben, die Summe aus der zweiten und der dritten Zeile ist, also $3 \times 2 + 3 \times 2 = 12$, und die Gesamtzahl von Schwestern, die die Mädchen haben, die Summe aus der dritten und vierten Zeile; sie beträgt ebenfalls $12 = 3 \times 2 + 1 \times 6$. Da es 8 verschiedene Kombinationsmöglichkeiten gibt, beträgt die durchschnittliche Anzahl von Schwestern sowohl für Jungen als auch für Mädchen 12 / 8 = 1,5 – das gleiche Ergebnis, das sich aus unserer Formel $\frac{1}{4} \times n \times (n - 1)$ für den Fall einer Familie mit drei Kindern (also n = 3) ergab.

69 Kopf oder Zahl?

Und etwas überraschend hat Cambridge den Münzwurf gewonnen.
(Harry Carpenter)

Manchmal muss ein Münzwurf herhalten, um eine eindeutige Wahl zwischen zwei Optionen zu treffen. In vielen Sportarten fordert der Schiedsrichter vor Beginn eines Spiels einen der beiden Gegner auf, sich auf «Kopf» oder «Zahl» festzulegen, und wirft eine Münze. Man könnte Abfolgen von Münzwürfen auch zum Gegenstand eines Glücksspiels machen und dabei etwa mehrere Münzen gleichzeitig zum Einsatz bringen, um die Anzahl möglicher Spielausgänge zu erhöhen. Nehmen wir einmal an, die einzige Münze, die Ihnen zur Verfügung steht, weist eine minimale Unausgewogenheit auf, die – üblicherweise je 50%-ige – Wahrscheinlichkeit, dass «Kopf» oder «Zahl» fällt, ist also nicht gleich groß. Oder vielleicht befürchten Sie einfach, die Münze, die Ihr Gegenspieler parat hält, könnte gezinkt sein. Was können Sie tun, um sicherzustellen, dass das Werfen einer unausgewogenen Münze zwei unverfälschte mit gleicher Wahrscheinlichkeit eintretende Ausgänge hervorbringt?

Angenommen Sie werfen die Münze immer zwei Mal und übergehen zwei identische Ausgänge, das heißt, tritt die Wurffolge «Kopf-Kopf» (HH) oder «Zahl-Zahl» (TT) ein, werfen Sie erneut. Es gibt zwei mögliche Ausgänge: die Paarung «Kopf gefolgt von Zahl» (HT) oder die umgekehrte Variante, «Zahl gefolgt von Kopf» (TH). Beträgt die Wahrscheinlichkeit, dass die gezinkte Münze auf «Kopf» fällt, p, ergibt sich für die Wahrscheinlichkeit, dass sie auf «Zahl» fällt, ein Wert von (1 – p). Folglich kann die Wahrscheinlichkeit, die Wurffolge HT zu erzielen, mit p(1 – p) und die Wahrscheinlichkeit für die Wurffolge TH mit (1 – p)p beziffert werden. Diese beiden Wahrscheinlichkeiten sind gleich groß, unabhängig von p. Um ein faires Spiel mit unverfälschtem Ausgang zu gewährleisten, müssen wir lediglich «Kopf» durch die Sequenz HT und «Zahl» durch die Sequenz TH definieren, und schon ist die Wahrscheinlichkeit, dass «Kopf» fällt, gleich groß wie die Wahrscheinlichkeit, dass «Zahl» fällt. Und die Unausgewogenheit der Münze, p, spielt nicht die geringste Rolle.*

* Diesen Trick, der vor allem beim Aufbau von Computeralgorithmen Anwendung fand, dachte sich der große Mathematiker, Physiker und Computerpionier John von Neumann aus. Später stellte sich unter anderem die Frage, ob es effizientere Definitionsmöglichkeiten für die Ausgänge «Kopf» und «Zahl» gibt. Unsere Definition ist zeitraubend, da wir gezwungen sind, alle identischen Ausgänge (also HH und TT) zu verwerfen.

70
Wundertüte Tautologie

> *Das Gegenteil dessen anzunehmen, was Lord Rees-Mogg propagiert, ist ein sehr guter Leitfaden, um die Welt der Moderne zu verstehen.*
>
> *(Richard Ingrams)*

«Tautologie» ist ein Wort, das gemischte Gefühle auslöst. Es vermittelt Bedeutungslosigkeit. In meinem Wörterbuch wird der Begriff als «überflüssige Wiederholung einer Meinung, einer Aussage oder eines Wortes» definiert. Tautologie ist eine Aussage, die in jedem Fall wahr ist: Alle roten Hunde sind Hunde. Allerdings wäre es ein Irrtum zu glauben, Tautologien seien nutzlos. In gewissem Sinne stellen sie vielleicht die einzige Möglichkeit dar, um der Wahrheit wirklich auf den Grund zu gehen. Im Folgenden eine Situation, in der Ihr Leben von einer Tautologie abhängt.

Stellen Sie sich vor, Sie sind in einer Zelle mit zwei Türen eingeschlossen, einer roten und einer schwarzen. Eine dieser Türen – die rote – führt in den sicheren Tod, durch die andere – die schwarze – bringen Sie sich in Sicherheit. Allerdings wissen Sie nicht, wohin welche Tür führt. Neben jeder Tür befindet sich ein Telefon, von dem aus Sie einen Ratgeber anrufen können, der Ihnen sagt, für welche Tür Sie sich entscheiden müssen, um sich in Sicherheit zu bringen. Das Problem ist, dass einer der beiden Ratgeber immer die Wahrheit sagt und der andere immer lügt, Sie aber nicht wissen, welchen von beiden Sie an der Strippe haben. Sie können *eine* Frage stellen. Aber welche?

Betrachten wir die einfachste Frage, die Sie stellen können: «Durch welche Tür soll ich gehen?» Der ehrliche Ratgeber wird Ihnen sagen, durch die schwarze Tür zu gehen, der Lügner Ihnen zur roten Tür raten. Allerdings hilft Ihnen dies nicht weiter, da Sie nicht wissen, welcher Ihrer beiden Gesprächspartner die Wahrheit sagt. Ebenso gut könnten Sie sich aufs Geratewohl für rot oder schwarz entscheiden. «Durch welche Tür soll ich gehen?» stellt daher in dieser Situation keine Tautologie dar, sondern ist eine Frage, die verschiedene Antworten haben kann.

Hätten Sie gefragt «Zu welcher Tür würde mir Ihr Gegenüber raten?», machte dies die Sache wesentlich interessanter. Der ehrliche Ratgeber weiß, dass der Lügner Ihnen empfehlen wird, durch die tödliche rote Tür zu gehen, weshalb er Ihnen antwortet, dass sein Gegenüber Ihnen zur roten Tür riete. Der Lügner wiederum weiß, dass der ehrliche Ratgeber Ihnen empfehlen wird, durch die schwarze Tür zu gehen, um sich in Sicherheit zu bringen, und wird Sie folglich in die Irre zu führen versuchen und Ihnen raten, durch die rote Tür zu gehen.

Sie haben soeben eine lebensrettende Entdeckung gemacht. Unabhängig davon, wer Ihre Frage beantwortet, bekommen Sie die Antwort, durch die rote Tür zu gehen. Sie sind zufällig auf eine Frage gestoßen, die eine Tautologie darstellt – hat sie doch stets die gleiche Antwort – und gleichzeitig Ihren Rettungsanker. So gibt es keinen Zweifel an Ihrer Strategie, um sich in Sicherheit zu bringen – Sie fragen: «Zu welcher Tür würde mir Ihr Gegenüber raten?», nehmen die Antwort zur Kenntnis (rot), gehen anschließend durch die andere Tür (schwarz) und sind in Sicherheit.

71

Was für ein Schläger!

Die Geschwindigkeit hat noch nie jemanden umgebracht. Abrupt anzuhalten ... das wird Ihnen zum Verhängnis.
(Jeremy Clarkson)

Manche Dinge sind schwerer zu bewegen als andere. Die meisten Leute glauben, das einzige Kriterium, das in einem solchen Fall zählt, sei das Gewicht. Je schwerer die Last, desto schwerer ist sie zu verschieben. Wenn Sie versuchen, verschiedene Arten von Lasten zu bewegen, werden Sie bald feststellen, dass die Verteilung der Last eine entscheidende Rolle spielt. Je konzentrierter die Masse, desto leichter ist sie zu bewegen und desto schneller beginnt sie zu wackeln (in Kapitel 2 war bereits die Rede davon). Stellen wir uns eine Eiskunstläuferin vor, die zu einer Pirouette ansetzt. Sie beginnt mit ausgestreckten Armen und legt diese nach und nach an, was ihre Umdrehungen kontinuierlich schneller werden lässt. Je mehr sich ihre Masse um den Körperschwerpunkt konzentriert, desto schneller bewegt sie sich. Im Gegensatz dazu ist die Form eines Stahlträgers, wie er beim Bau massiver Gebäude verwendet wird, einem «H» nachempfunden. Durch diese Form wird sichergestellt, dass mehr Masse vom Schwerpunkt des Stahlträgers nach außen verlagert wird. Der Träger hält Belastungen besser stand und ist schwerer zu bewegen oder deformieren.

Die Eigenschaft von Körpern, in ihrem Bewegungszustand zu verharren, wird als «Trägheit» bezeichnet und hängt von der Gesamtmasse eines Objekts und deren Verteilung ab, die wiederum von der Form des Objekts bestimmt wird. Ein interessantes Beispiel in diesem Zusammenhang ist ein simples Objekt wie ein Tennisschläger. Er hat eine ungewöhnliche Form und kann auf drei unterschiedliche Arten um eine Achse gedreht werden. Sie können den Tennisschläger flach auf den Boden legen und ihn um seinen Schwerpunkt drehen. Sie können ihn auf den Kopf stellen und den Griff drehen. Und Sie können ihn am Griff halten und so in die Luft werfen, dass er einen Purzelbaum schlägt und Sie ihn wieder am Griff zu fassen bekommen. Diese drei Möglichkeiten bestehen nur deshalb, weil der Tennisschläger über drei räumliche Achsen verfügt, wobei jede im rechten Winkel zu den anderen beiden steht. Der Schläger verhält sich jedes Mal anders, wenn er um eine der drei Achsen gedreht wird, da die Verteilung der Masse um jede Achse unterschiedlich ist und der Schläger damit entlang jeder Achse ein anderes Maß an Trägheit aufweist. Hier sind zwei Optionen dargestellt:

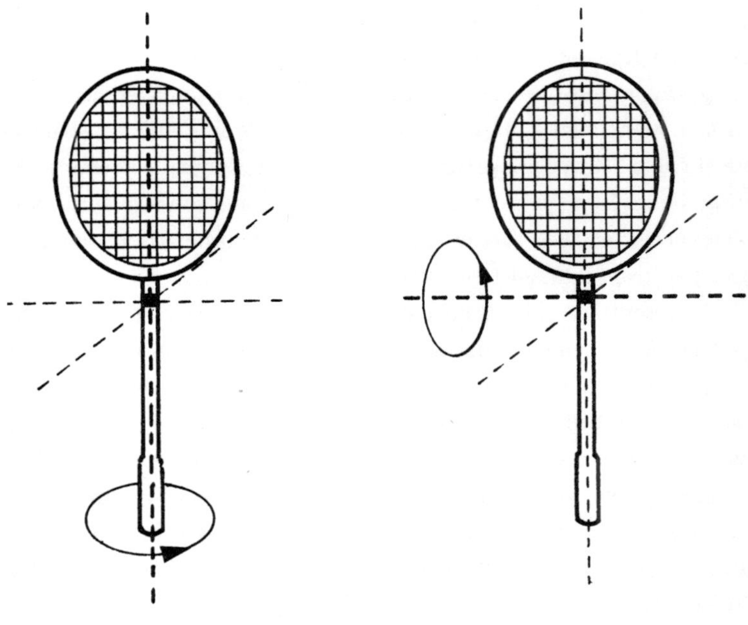

All diese unterschiedlichen Bewegungen weisen ein interessantes Merkmal auf, wie die drei Versuche mit dem Tennisschläger zeigen. Die Bewegungen um die Achsen, deren Trägheitsmoment am größten bzw. am kleinsten ist, sind einfacher Natur. Wird der Schläger gedreht, wenn er flach auf dem Boden liegt oder auf dem Kopf steht, ist an seinem Verhalten nichts Ungewöhnliches zu beobachten. Drehen Sie den Schläger allerdings um die dazwischen liegende Achse, deren Trägheitsmoment in einem mittleren Bereich zwischen Maximum und Minimum liegt (hier rechts dargestellt), geht etwas Ungewöhnliches vor sich. Halten Sie den Schläger am Griff mit dem Schlägerkopf nach oben, als hielten Sie eine Bratpfanne in der Hand. Markieren Sie den obersten Punkt des Schlägerkopfs mit einem Kreidestrich. Werfen Sie den Schläger so in die Luft, dass er eine volle 360-Grad-Umdrehung vollführt, und fangen Sie ihn wieder am Griff auf. Der Kopf mit der Kreidemarkierung zeigt jetzt *nach unten*.

Die goldene Regel besagt, dass eine Drehung um die Achse mit dem mittleren Trägheitsmoment instabil ist. Die kleinste Abweichung von der genauen Achslinie führt dazu, dass der Tennisschläger sich überschlägt. Manchmal kann dies ein Vorteil sein. Wenn eine Kunstturnerin auf dem Schwebebalken einen Salto schlägt, sieht eine Drehung als zusätzliches Element nicht nur eindrucksvoller aus, sondern wird auch höher bewertet. Diese Drehung kann allerdings automatisch aufgrund besagter Instabilität zustande kommen.

Als wesentlich gravierender entpuppte sich ein derartiges Instabilitätsproblem, dem sich die Internationale Raumstation vor ein paar Jahren nach einem missglückten Andockmanöver eines russischen Versorgungsschiffs gegenübersah. Die Raumstation war beschädigt und begann sich langsam zu drehen. Da die Bremsraketen noch über genügend Treibstoff verfügten, hätten sie ohne weiteres gezündet werden können, um die Rotationsbewegung abzubremsen und die Raumstation wieder in ihren alten Gleichgewichtszustand zu versetzen. Das Problem bestand jedoch darin, wie die Raketen abzuschießen wären. In welche Richtung musste die Besatzung die Raumstation bewegen, um der bestehenden Drehung entgegenzusteuern? Der britische Astronaut Michael Foales hatte dieses Problem zu lösen, wozu er sich mit seinem Laptop und einer Verbindung zum Boden in den unbeschädigten Teil der Station zurückzog. Das Wichtigste war jetzt, die drei Trägheitsmomente der Raumstation im Hinblick auf die Drehung um ihre Achsen zu ermitteln. Würden die Bremsraketen falsch abgefeuert, könnte dies dazu führen, dass sich die Raumstation um die dazwischen liegende Achse zu drehen beginnt. Mit katastrophalsten Folgen. Die Instabilität, die dazu führte, dass sich Ihr Tennisschläger überschlug, hatte für den Schläger keine negativen Auswirkungen als solche. Aber wenn sich die Raumstation überschlägt, bricht sie auseinander, die Astronauten kommen allesamt um, und eine Viertelmillion Kilogramm potenziell tödlicher Wrackteile geistert durchs All – von dem astronomischen finanziellen Verlust ganz zu schweigen. Der NASA waren die drei Trägheitsmomente der Internationalen Raumstation nicht bekannt – wer denkt schon an so was? –, und so war Foales gezwungen, sie anhand der Konstruktionspläne zu ermitteln und anschließend zu berechnen, wie die Station auf den Abschuss von Bremsraketen in verschiedene Richtungen reagieren würde, um die durch den Unfall entstandene Drehung zu korrigieren. Glücklicherweise war ihm bekannt, dass die Rotation um die mittlere Trägheitsachse instabil ist, und so gingen seine Berechnungen auf. Die gefährliche Drehung wurde korrigiert, und die Astronauten waren gerettet. Mathematik kann über Leben und Tod entscheiden.

72

Seine Sachen packen

Auf Reisen: Ich habe die Erfahrung gemacht, dass man vier Mal so viel Wasser, doppelt so viel Geld und halb so viel Kleider braucht wie ursprünglich geplant.

(Gavin Esler)

Im Rahmen eines Experiments wurde einem kleinen Jungen einmal eine Kiste mit Tennisbällen in die Hand gedrückt, die er in ein großes leeres Glasgefäß mit einem Schraubdeckel füllen sollte, das parat stand. Nachdem er mehrere Tennisbälle eingefüllt hatte, bewegte er diese hin und her, um Platz zu schaffen und einen weiteren Ball hineinquetschen zu können. Anschließend schraubte er den Deckel auf das Gefäß. «Ist das Gefäß voll?», wurde der Junge gefragt. «Ja, es ist voll», antwortete er. Aber dann wurde ihm eine Kiste voller Murmeln in die Hand gedrückt, die er nach Möglichkeit zusätzlich in dem Gefäß unterbringen sollte. Er schraubte den Deckel ab und stellte fest, dass zwischen den Tennisbällen tatsächlich noch einige Murmeln Platz hatten. Er schüttelte das Glasgefäß kräftig durch, damit die Murmeln absacken und sich in den Freiräumen zwischen den Tennisbällen festsetzen konnten. Irgendwann konnte der Junge keine weitere Murmel in das Gefäß füllen, sodass er es abermals als «voll» deklarierte. Doch der Versuchsleiter holte einen Sandsack hervor und bat den Jungen, das Gefäß, wenn möglich, weiter aufzufüllen. Wieder schraubte er den Deckel ab und ließ Sand ins Gefäß rieseln. Dieses Mal musste er nicht groß herumhantieren, ein leichtes, wohl dosiertes Rütteln hier und da genügte, um den Sand in die verbliebenen Ecken und Nischen zwischen den Tennisbällen und Murmeln gleiten zu lassen. Als schließlich kein weiterer Sand mehr in das Gefäß passte, schraubte der Junge ein letztes Mal den Deckel zu. Jetzt war das Glasgefäß wirklich voll!

Aus dieser Geschichte können wir mehrere Lektionen lernen. Hätte man dem Jungen zuerst den Sand gegeben, um das leere Glasgefäß aufzufüllen, wäre anschließend keinerlei Platz mehr für Murmeln oder gar Tennisbälle gewesen. Wenn alle drei Arten von Objekten überhaupt hineinpassen sollen, sind Sie gezwungen, die größten zuerst einzufüllen. Das Gleiche gilt für Alltagsprobleme, die uns bestens vertraut sind – etwa beim Laden eines Lieferwagens. Haben Sie viel Stückgut auf der Ladefläche zu verstauen, sind Sie gut beraten, sich zu überlegen, wie Sie die Beladung am besten angehen, damit alles hineinpasst. Unsere kleine Geschichte zeigt, warum Sie mit den größten Objekten beginnen, den nächst größeren fortfahren und mit den kleinsten bis zum Schluss warten sollten.

Natürlich spielt die Form der Objekte, die Sie laden oder in irgendeiner Form zusammenfassen wollen, eine große Rolle. Oftmals sind sie gleich groß. Wenn Sie beispielsweise Hersteller von Süßwaren sind, möchten Sie natürlich wissen, welche Form Ihr Produkt am besten haben sollte, um zu gewährleisten, dass möglichst viele Einheiten in ein Glasgefäß oder sonstigen großen Sammelbehälter passen. Lange Zeit glaubte man, die Ideallösung bestünde darin, Süßigkeiten – wie etwa Lutscher – in Form kleiner Kugeln zu produzieren. Kleine Kugeln schienen besonders geeignet zu sein, dicht an dicht gepackt zu werden, ohne dabei große Leerräume zwischen den einzelnen Einheiten entstehen zu lassen. Interessanterweise stellte sich jedoch heraus, dass diese Form nicht am Platz sparendsten ist. Haben Süßigkeiten die Form kleiner Ellipsoiden, sodass sie Mini-Rugbybällen oder Mandeln gleichen, sind sie wesentlich effektiver den Raum auszufüllen imstande als kleine Kugeln gleicher Größe, wie sich am Beispiel von Smarties oder M&M's zeigt. Beträgt das Verhältnis zwischen der kurzen und der langen Achse der Ellipsoiden 1 zu 2, lassen sie nur 32 % Leerräume entstehen, im Gegensatz dazu bringen es kleine Kugeln auf einen Wert von 36 %. Eine scheinbar triviale Erkenntnis, die jedoch in vielerlei Hinsicht beträchtliche Konsequenzen hat und nicht zuletzt dazu beiträgt, industrielle Produktionsabläufe effizienter zu gestalten und sowohl Müllberge als auch Versandkosten zu reduzieren. Und sie bewahrt uns vor unnützen Verpackungen.

73

Packen mit System

All my bags are packed; I'm ready to go.
(John Denver)

Unser kleines Problem mit dem Befüllen von Glasgefäßen im vorigen Kapitel war recht simpler Natur. Wir fingen mit den größten Objekten an und gingen in sukzessiver Weise zu den nächst kleineren über. In der Praxis kann dieses Problem jedoch wesentlich verzwickter sein. So könnten wir uns etwa in der Situation wieder finden, unseren aus zahlreichen Posten unterschiedlicher Größe bestehenden Einkauf in mehreren Tüten verstauen zu müssen. Wie gehen wir vor, um die unterschiedlich großen Artikel so auf mehrere Einkaufstüten zu verteilen, dass wir die geringstmögliche Anzahl von Tüten benötigen? Mit System zu «packen» kann nicht nur Raumgewinn, sondern auch und vor allem Zeitgewinn bedeuten. Nehmen wir an, Sie sind Geschäftsführer eines großen Copyshops, der für seine Kunden von morgens bis abends Kopien verschiedener Dokumente in unterschiedlicher Größe anfertigt. Wie verteilen Sie die verschiedenen Kopieraufträge auf die einzelnen Kopiergeräte, um die Gesamtzahl von Kopierern zu minimieren, die Sie benötigen, um Ihr Tagespensum zu bewältigen?

Dies alles sind Varianten eines Problems, dessen Lösung für Computer mit einem hohen Zeitaufwand verbunden ist, wenn nicht nur die Anzahl der zu verstauenden Posten, sondern auch die Anzahl der zur Verfügung stehenden Behältnisse groß ist.

Stellen wir uns vor, uns stehen Kisten mit einem maximalen Fassungsvermögen von 10 Packstücken zur Verfügung, und unsere Aufgabe besteht darin, 25 Pakete unterschiedlicher Größe in der Weise in den Kisten zu verstauen, dass wir die geringstmögliche Anzahl von Kisten möglichst effizient befüllen. Die Größen der einzelnen Packstücke sind im Folgenden in der Reihenfolge ihres Auftretens aufgelistet:

6, 6, 5, 5, 5, 5, 4, 3, 2, 2, 3, 7, 6, 5, 4, 3, 2, 2, 4, 4, 5, 8, 2, 7, 1

Stellen wir uns zunächst vor, dass diese Pakete unsortiert auf einem Förderband transportiert werden, sodass es uns unmöglich ist, Pakete gleicher Größe im Verbund in Empfang nehmen zu können, sondern wir gezwungen sind, die einzelnen Packstücke in der Reihenfolge vom Band zu nehmen, wie sie ankommen. Die einfachste Strategie besteht darin, die ankommenden Pakete in der ersten Kiste zu verstauen, bis diese nicht mehr über genug Platz verfügt für das nächste Packstück, und dann die nächste Kiste anzugehen. Da jede volle Kiste sofort abtransportiert wird, ist es nicht möglich, verbliebene Leerräume nachträglich mit kleineren Packstücken aufzufüllen. Diese Vorgehensweise wird auch als «Next-Fit»-Strategie bezeichnet. Mit dieser Strategie nimmt das Befüllen der Kisten den im Folgenden beschriebenen Verlauf, wobei wir von links beginnen und wie vorgeschrieben eine neue Kiste anfangen, wenn die alte nicht mehr genug Fassungsvermögen für das nächste Paket bietet: Wir legen also den ersten 6er-Pack in die erste Kiste. Bereits den nächsten 6er-Pack können wir jedoch nicht mehr in dieser unterbringen, und so fangen wir eine zweite Kiste an. In dieser findet der kommende 5er-Pack ebenfalls keinen Platz mehr, sodass wir bereits bei der dritten Kiste angelangt sind, in der wir den nächsten 5er-Pack verstauen, womit die dritte Kiste in ihrer Kapazität voll ausgelastet ist. Die kommenden beiden 5er-Packs füllen die vierte Kiste, und so weiter. Gehen wir nach dieser Next-Fit-Strategie vor, ergibt sich für die Befüllung der Kisten in der oben genannten Reihenfolge der Packstücke folgendes Ergebnis:

$$\langle 6\rangle, \langle 6\rangle, \langle 5,5\rangle, \langle 5,5\rangle, \langle 4,3,2\rangle, \langle 2,3\rangle, \langle 7\rangle, \langle 6\rangle, \langle 5,4\rangle, \langle 3,2,2\rangle, \langle 4,4\rangle, \langle 5\rangle, \langle 8,2\rangle, \langle 7,1\rangle$$

Wir benötigen 14 Kisten, von denen lediglich drei in ihrem Fassungsvermögen voll ausgelastet sind (die beiden ⟨5,5⟩er-Kisten sowie die ⟨8,2⟩ er-Kiste). Der verbliebene Leerraum aller in ihrer Kapazität nicht voll ausgelasteten Kisten beläuft sich insgesamt auf 4 + 4 + 1 + 5 + 3 + 4 + 1 + 3 + 2 + 5 + 2 = 34 Einheiten.

Dieses beträchtliche Maß an verschwendetem Raum ist der Tatsache geschuldet, dass ein nachträgliches Auffüllen verbliebener Leerräume in vorangegangenen Kisten nicht möglich war. Inwieweit ließe sich ein effizienteres Resultat erzielen, wenn diese Restriktion wegfiele und wir die Möglichkeit hätten, Pakete nachträglich in der ersten verfügbaren Kiste zu verstauen, deren nicht voll ausgelastete Kapazität dies erlaubt? Eine Vorgehensweise, die auch als «First-Fit»-Strategie bezeichnet wird. Bedienen wir uns dieser Strategie, befüllen wir zunächst wie zuvor die ersten beiden Kisten mit je einem 6er-Pack und schöpfen das Fassungsvermögen der kommenden beiden Kisten mit jeweils zwei 5er-Packs voll aus. Das nächste Paket auf dem Band jedoch ist ein 4er-Pack, den wir nachträglich in der ersten Kiste unterbringen können, die bislang lediglich einen 6er-Pack enthält. Dann folgt ein 3er-Pack, der nachträglich in die zweite Kiste passt, enthält diese doch bislang ebenfalls nur einen 6er-Pack; die fünfte Kiste befüllen wir anschließend mit zwei 2er- und zwei 3er-Packs. In dieser Weise fahren wir fort, bis das letzte Paket auf dem Band – ein 1er-Pack – schließlich in der zweiten Kiste seinen Platz findet und deren Kapazität damit voll ausgelastet ist. Hier die Verteilung der Packstücke auf die verschiedenen Kisten, wie sie sich aus der First-Fit-Strategie im Einzelnen ergibt:

⟨6,4⟩, ⟨6,3,1⟩, ⟨5,5⟩, ⟨5,5⟩, ⟨2,2,3,3⟩, ⟨7,2⟩, ⟨6,4⟩, ⟨5,2,2⟩, ⟨4,4⟩, ⟨5⟩, ⟨8⟩, ⟨7⟩

Wir sehen, die First-Fit-Strategie bringt ein wesentlich effizienteres Ergebnis hervor als die Next-Fit-Strategie. Wir benötigen nur 12 Kisten, können den verschwendeten Leerraum auf 1 + 1 + 2 + 5 + 2 + 3 = 14 Einheiten reduzieren und sind überdies in der Lage, das Fassungsvermögen von sechs Kisten voll auszuschöpfen.

Wie ließe sich nun die Effizienz unserer Strategie weiter steigern? In der Regel verschwenden wir immer dann Raum, wenn größere Packstücke erst relativ spät auf dem Band erscheinen. Die in den vorangegangenen Kisten verbliebenen Leerräume sind zu diesem Zeitpunkt so klein, dass wir gezwungen sind, für jedes neue Paket eine neue Kiste anzufangen. Bestünde die Möglichkeit, die Pakete ihrer Größe nach in absteigender Reihenfolge zu sortieren, wäre ein deutlich effizienteres Ergebnis zu erzielen. Diese Möglichkeit mag nicht immer gegeben sein – etwa am Gepäckausgabeband eines Flughafens –, aber wenn sie besteht, trägt sie zur weiteren Optimierung unserer Packstrategie bei, wie wir gleich sehen werden.

Sortieren wir unsere Pakete nach absteigender Größe, ergibt sich folgende neue Reihenfolge, in der wir über die Pakete verfügen können:

8, 7, 7, 6, 6, 6, 5, 5, 5, 5, 5, 5, 4, 4, 4, 4, 3, 3, 3, 2, 2, 2, 2, 2, 1

Wenden wir nun ein weiteres Mal unsere altbekannte Next-Fit-Strategie an – allerdings mit vorsortierten Packstücken – und sprechen von einer Next-Fit-Strategie mit Vorsortierung. Die ersten sechs Pakete nehmen jeweils eine Kiste für sich in Anspruch, während sich das Fassungsvermögen der folgenden drei Kisten durch die vorhandenen sechs 5er-Packs voll ausschöpfen lässt, und so weiter. Am Ende hat die Verteilung der Packstücke auf die einzelnen Kisten folgendes Aussehen:

⟨8⟩, ⟨7⟩, ⟨7⟩, ⟨6⟩, ⟨6⟩, ⟨6⟩, ⟨5,5⟩, ⟨5,5⟩, ⟨5,5⟩, ⟨4,4⟩, ⟨4,4⟩, ⟨3,3,3⟩, ⟨2,2,2,2,2⟩, ⟨1⟩

Fazit: Pech gehabt! Allein um den letzten 1er-Pack unterzubringen, müssen wir eine neue Kiste anfangen. Auch mit dieser Strategie benötigen wir 14 Kisten – die gleiche Anzahl wie ohne jegliche Vorsortierung der Packstücke –, und der verbliebene, ungenutzte Leerraum beläuft sich ebenfalls auf 34 Einheiten. Das gleiche Ergebnis, das wir mit der Next-Fit-Strategie ohne Vorsortierung erzielt haben. Gäbe es das letzte Paket – den 1er-Pack – nicht, benötigten wir mit der Next-Fit-Strategie immer noch 14 Kisten, mit einer Next-Fit-Strategie mit Vorsortierung jedoch nur 13.

Werfen wir abschließend einen Blick auf das Ergebnis, das eine First-Fit-Strategie mit Vorsortierung hervorzubringen imstande ist. Auch in diesem Fall landen die ersten sechs Pakete zunächst in separaten Kisten, die sechs 5er-Packs füllen, anschließend drei weitere Kisten, doch dann kommen die Vorzüge dieser Strategie voll zur Geltung. Drei der 4er-Packs füllen die Kisten auf, in denen sich jeweils ein 6er-Pack befindet, während wir mit dem vierten 4er-Pack eine neue Kiste beginnen. Die verbleibenden Packstücke passen elegant in die verbliebenen Leerräume, sodass lediglich das Fassungsvermögen der letzten Kiste nicht vollständig ausgeschöpft wird:

$$\langle 8,2\rangle, \langle 7,3\rangle, \langle 7,3\rangle, \langle 6,4\rangle, \langle 6,4\rangle, \langle 6,4\rangle, \langle 5,5\rangle, \langle 5,5\rangle, \langle 5,5\rangle, \langle 4,3,2,1\rangle, \langle 2,2,2\rangle$$

Wir benötigen 11 Kisten und verschwenden lediglich 4 Einheiten Leerraum in der letzten Kiste. Das Ergebnis dieser Strategie stellt alle bisherigen in puncto Effizienz bei weitem in den Schatten, und so stellt sich die Frage, ob dies das bestmögliche Ergebnis schlechthin darstellt. Könnte es eine andere Strategie geben, die mit weniger als 11 Kisten auskommt? Dass dies nicht der Fall sein kann, ist leicht ersichtlich. Die Gesamtgröße aller zu verstauenden Packstücke beträgt $1 \times 8 + 2 \times 7 + 3 \times 6 + \ldots + 5 \times 2 + 1 \times 1 = 106$ Einheiten. Da jede Kiste ein maximales Fassungsvermögen von 10 Einheiten hat, benötigen wir mindestens $106 / 10 = 10{,}6$ Kisten, um alle Pakete unterzubringen. Wir kommen also in keinem Fall mit weniger als 11 Kisten aus, und der abschließend verbleibende Leerraum beträgt in jedem Fall mindestens 4 Einheiten.

In diesem Fall erweist sich also eine First-Fit-Strategie mit Vorsortierung als die effizienteste Lösung für unser Problem. Tatsächlich bedienten wir uns auch im vorigen Kapitel – Sie erinnern sich: Es galt, einen Glasbehälter mit Objekten drei verschiedener Größen zu füllen – einer First-Fit-Strategie mit Vorsortierung, verstauten wir doch die größeren Objekte vor den kleineren in dem Behälter. Leider sind logistische Probleme dieser Art nicht immer so einfach zu lösen. Die effizienteste Verteilung eines gegebenen Paketsortiments auf eine minimale Anzahl von Kisten zu ermitteln ist für Rechner mit einem hohen Zeitaufwand verbunden – die schnelle Lösung existiert im Allgemeinen nicht. Je größer das Fassungsvermögen der Kisten sowie die Anzahl unterschiedlicher Paketgrößen werden, desto schwieriger gestaltet sich das Problem aus rechnerischer Sicht und kann im Extremfall gar dazu führen, dass Computer an die Grenzen ihrer Leistungsfähigkeit stoßen und nicht in der Lage sind, in einer gegebenen Zeit die effizienteste Verteilung zu finden. Allerdings kann sich auch eine First-Fit-Strategie mit Vorsortierung nur als zweitbeste Lösung für unser Problem entpuppen, wenn ein weiterer Gesichtspunkt ins Spiel kommt. Die Vorsortierung der Packstücke, von der die Effizienz der gesamten Strategie abhängt, nimmt viel Zeit in Anspruch. Ziehen wir diesen Zeitaufwand in Betracht, ist es durchaus möglich, dass sich ein Minimum an Kisten nicht als die kostengünstigste Lösung erweist.

74

Wie ein Tiger auf dem Sprung

Tyger! Tyger! burning bright
In the forests of the night.
(William Blake)

Unlängst kam es im Zoo von San Francisco zu einem tragischen Zwischenfall, als die kleine (!), 135 Kilogramm schwere Sibirische Tigerdame Tatiana über die Mauer ihres Geheges sprang, einen Besucher tötete und zwei weitere schwer verletzte. Zooangestellte zeigten sich Presseberichten zufolge von der Tatsache verblüfft, dass die Raubkatze in der Lage war, die hohe Mauer um ihr Gehege zu überspringen. «Sie muss gesprungen sein. Wie sie imstande war, so hoch zu springen, ist mir ein Rätsel», wird Zoodirektor Manuel Mollinedo zitiert. Obwohl die Höhe der Mauer um das Tigergehege zunächst mit 5,50 Metern angegeben wurde, stellte sich später heraus, dass sie nur 3,80 Meter hoch war – erheblich niedriger als die von der American Association of Zoos and Aquariums aus Sicherheitsgründen empfohlene Höhe von 5 Metern. Aber können wir uns angesichts dieser Zahlen auch wirklich sicher fühlen? Wie hoch kann ein Tiger eigentlich springen?

Die Mauer des Tigergeheges war umgeben von einem 10 Meter breiten, ausgetrockneten Graben, und so stand die Raubkatze vor der Herausforderung, mit Anlauf eine Höhe von 3,80 Metern zu überspringen, wobei sie allerdings mindestens 10 Meter vor der Mauer abzuspringen gezwungen war. Auf kurzen, ebenen Strecken kann ein Tiger Spitzengeschwindigkeiten von mehr als 22 Meter pro Sekunde erreichen (was ca. 75 km/h entspricht). Mit 5 Metern Anlauf kann er ohne weiteres eine Absprunggeschwindigkeit von 14 Meter pro Sekunde erreichen.

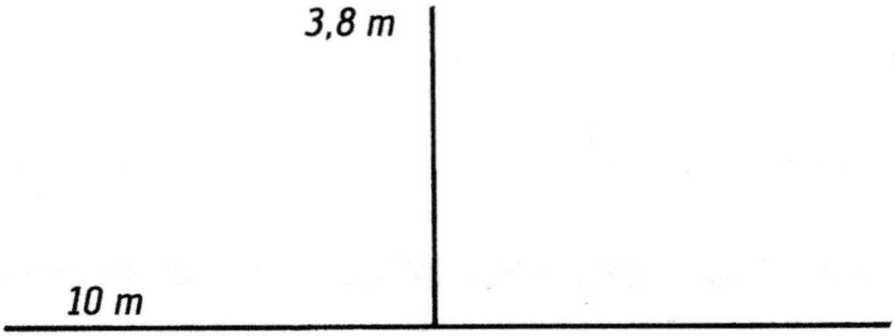

Die Problematik ist die gleiche wie beim Abfeuern eines Projektils. Auch ein Projektil folgt einer parabelförmigen Flugbahn: Es steigt zunächst auf, bis die Maximalhöhe erreicht ist, und fällt anschließend wieder nach unten. Die Absprunggeschwindigkeit V, die mindestens vonnöten ist, um aus einer Entfernung x die Höhe h zu meistern, ergibt sich aus der Formel

$$V^2 = g\,(h + \sqrt{(h^2 + x^2)}).$$

Dabei ist g die Schwerkraftbeschleunigung der Erde und beträgt $g = 10$ m / s^2. Betrachten wir kurz ein paar Zusammenhänge, die sich aus der Gleichung ergeben und zeigen, dass sie Sinn macht: Würde die Schwerkraft stärker (g also größer), wäre der Sprung schwerer zu bewerkstelligen und die Mindestabsprunggeschwindigkeit V müsste steigen. In gleicher Weise wäre eine höhere Absprunggeschwindigkeit vonnöten, um die Mauer zu überwinden, wenn die Höhe der Mauer (h) oder die Entfernung beim Absprung (x) zunähmen.

Nehmen wir die oben genannten Eckdaten des Tigergeheges im Zoo von San Francisco etwas genauer unter die Lupe. Die Mauer ist 3,80 Meter hoch, aber der Tiger ist massig, und so müsste sein Schwerpunkt die Mauer, will er sie denn sauber überspringen, in einer Höhe von ca. 4,30 Metern überqueren, weisen Sibirische Tiger doch eine Schulterhöhe von ungefähr 1 Meter auf.* (Wir lassen an dieser Stelle die Möglichkeit

* Bei derartigen Betrachtungen geht man von der Annahme aus, dass die Masse eines Projektils praktisch zu vernachlässigen ist und sich an dessen Schwerpunkt

außen vor, dass sich die Raubkatze an der Mauer festkrallt und darüber klettert – was jederzeit möglich ist). Daraus ergibt sich $V^2 = 9{,}8\ (4{,}3 + \sqrt{(18{,}5 + 100)}) = 148{,}97\ (m / s)^2$, folglich beträgt $V = 12{,}2\ m / s$.

Da ein Tiger in der Lage ist, diese Absprunggeschwindigkeit zu erreichen, könnte er die Mauer also tatsächlich übersprungen haben. Erhöhten wir die Mauer auf 5,50 Meter, müsste der Tiger seinen Schwerpunkt auf eine Höhe von 6 Metern schrauben, um die Mauer zu überqueren, wozu er eine Absprunggeschwindigkeit von 13,2 Metern pro Sekunde benötigte. Wie sagte doch der Zoodirektor: «Angesichts der Ereignisse werden wir die derzeitige Mauerhöhe überdenken müssen.»

befindet (man spricht von einer so genannten «Punktmasse»). Natürlich hat ein Tiger ganz andere Dimensionen zu bieten und gleicht in keinster Weise einem Punkt. Wir ignorieren dies jedoch und tun so, als befände sich die gesamte Masse des Tigers an seinem Schwerpunkt.

75

Wie der Leopard zu seinen Flecken kam

Dann presste der Äthiopier seine fünf Finger fest zusammen … und drückte sie überall auf den Leoparden, und überall, wo seine fünf Finger hinkamen, machten sie fünf kleine schwarze Abdrücke, alle ganz eng zusammen. … An manchen Stellen rutschten die Finger ab, und die Abdrücke wurden etwas verschmiert, aber wenn du dir einen Leoparden genauer anschaust, wirst du sehen, dass es immer fünf Flecken sind – von fünf schwarzen Fingerspitzen.

(Rudyard Kipling, Wie der Leopard zu seinen Flecken kam)

Die Musterung von Tierfellen, besonders bei großen Raubkatzen, gehört zu den faszinierendsten Dingen, die die Natur zu bieten hat. Diese Muster sind beileibe keine Zufallsprodukte und auch nicht ausschließlich mit der Notwendigkeit zur Tarnung zu erklären. Die Konditionierung durch Aktivatoren und Inhibitoren, die die Entstehung bestimmter Pigmente fördern bzw. hemmen, findet bereits im embryonalen Stadium des Tiers statt und gibt vor, wie die Pigmentkonzentrationen an verschiedenen Stellen von der produzierten Menge dieses Pigments abhängen und von der Geschwindigkeit, mit der es sich durch die Tierhaut ausbreitet. Das Ergebnis ist ein wellenähnliches Verteilungsmuster von Signalstoffen, die die Entstehung verschiedener Farbpigmente aktivieren oder hemmen. Die daraus resultierenden Effekte hängen von mehreren Faktoren ab, wie etwa der Größe und der Form des Tiers sowie der Wellenlänge des Musters. Betrachten Sie ein großflächiges Stück Fell, kann es sein, dass die Hochs und Tiefs dieser Wellen ein regelrechtes Geflecht von Bergen und Tälern in verschiedenen Farben erzeugen. Die Entstehung eines Berges ist der Aktivität eines Hemmstoffs geschuldet, und so entsteht ein prägnanter Strich oder Punkt vor einem kontrastreichen Hintergrund. Ist an einer bestimmten Stelle die größtmögliche Pigmentkonzentration zu verzeichnen, sind die Pigmente gezwungen, sich auszubreiten, wobei einzelne Punkte miteinander verschmelzen und zu Flecken oder Streifen werden.

Die Größe des Tiers ist ein wichtiger Faktor. Ein sehr kleines Tier verfügt auf seinem Körper schlicht über zu wenig Platz für viele Hochs und Tiefs einer die Entstehung von Farbpigmenten aktivierenden Welle und ist daher einfarbig oder allenfalls gescheckt wie ein Hamster. Bei einem sehr großen Tier wie einem Elefanten wiederum ist die Anzahl der Hochs und Tiefs einer Welle so gewaltig, dass unterm Strich das gleiche Ergebnis zu verzeichnen ist – der Elefant ist ebenfalls einfarbig. Dazwischen liegen von Tier zu Tier und Tierart zu Tierart unzählige Ausprägungen unterschiedlichster Art. Ein Gepard etwa hat einen gefleckten Körper, aber einen gestreiften Schwanz. Am massigen zylinderförmigen Körper des Gepards erzeugen die Wellen separate Höhen und Tiefen, gehen sie jedoch auf den dünnen zylinderförmigen Schwanz über, liegen sie viel enger zusammen und fließen ineinander, was zur Entstehung von Streifen führt. Aus dieser Veranlagung lässt sich ein interessantes mathematisches Theorem ableiten, das aus den wellenförmigen Farbpigmentkonzentrationen auf dem Körper von Tieren folgt: Gefleckte Tiere können einen gestreiften Schwanz haben, aber gestreifte Tiere niemals einen gefleckten Schwanz!

76

Der Wahnsinn der Massen

Den Massen gehört die Zukunft.
(Don DeLillo, Mao II*)*

Waren Sie jemals bei einem Sportereignis, einem Popkonzert oder einer Demonstration Zeuge einer Massenveranstaltung, dürfte Ihnen nicht entgangen sein, dass das Gruppenverhalten von Menschen mitunter seltsame Züge trägt. Die Masse ist als Ganzes nicht organisiert. Jeder reagiert nur auf das, was um ihn herum geschieht, dennoch kann die Masse ihr Verhalten schlagartig flächendeckend ändern – mit fatalen Folgen. Aus einer friedlichen Kundgebung kann ein panisches Massengedränge werden, bei dem die Menschen kopflos durcheinanderlaufen. Wie reagieren die Leute, wenn es in unmittelbarer Nähe einer großen Menschenmenge zu einer Explosion oder zum Ausbruch eines Feuers kommt? Wie sollten Fluchtwege und Hauptausgänge in großen Stadien angelegt sein? Wie sollten Pilgerreisen vieler Millionen Menschen nach Mekka organisiert sein, um zu verhindern, dass Hunderte von Pilgern zu Tode getrampelt werden, wie dies in der Vergangenheit wiederholt der Fall war, weil die hoffnungslose Überfüllung der Wallfahrtsstätte in einer Massenpanik endete?

Neuesten Untersuchungen über Gruppenverhalten und Gruppensteuerung zufolge gibt es eine interessante Analogie zwischen dem Fluss einer Menschenmenge und dem einer Flüssigkeit. Auf den ersten Blick möchte man annehmen, es sei ein aussichtsloses Unterfangen, so viele Menschen unter einen Hut zu bringen, handelt es sich doch um unzählige Individuen unterschiedlichen Alters und Intellekts, die in einer derartigen Situation völlig unterschiedliche Reaktionen an den

Tag legen können. Überraschenderweise ist dies jedoch nicht der Fall. Wir Menschen sind uns ähnlicher, als wir uns dies vielleicht vorstellen. Bei großen Menschenansammlungen kann Individualverhalten schnell zu flächendeckendem Gruppenverhalten werden. Wenn Sie an einem von Londons großen Zugbahnhöfen ankommen und die Treppe zur U-Bahn hinabsteigen, werden Sie feststellen, dass sich der Strom der Leute, die wie Sie zur U-Bahn gehen, auf der einen Seite der Treppe bewegt und der aus der Gegenrichtung kommende Strom auf der anderen. Auch an den Schleusen zur automatischen Ticketentwertung teilt sich die Menschenmenge selbständig in zwei separate entgegengesetzte Ströme auf. Dabei folgt dieses Verhaltensmuster weder einem Plan noch einer offiziellen Anweisung – etwa durch Hinweisschilder –, sondern resultiert aus dem Phänomen, dass sich Individuen in ihrem Verhalten danach richten, was sie um sich herum sehen. Dies bedeutet, ihr Verhalten stellt eine Reaktion darauf dar, wie sich die Leute in ihrer unmittelbaren Umgebung bewegen und wie frequentiert der Ort des Geschehens ist. Was letzteren Faktor angeht, so hängt Ihre Reaktion größtenteils davon ab, wer Sie sind. Ein japanischer Manager, für den es nichts Außergewöhnliches ist, zu den berüchtigten Stoßzeiten in Tokio mit der U-Bahn zu fahren, reagiert auf einen Menschenauflauf dieser Art völlig anders als ein Tourist von den Shetlandinseln oder eine Schulklasse aus Rom. Befinden sich kleine Kinder oder ältere Personen in Ihrer Obhut, bewegen Sie sich in anderer Weise, weil Sie in erster Linie darauf bedacht sind, den Kontakt zu Ihren Schützlingen nicht abreißen zu lassen. Füttert man Computer mit all diesen Variablen, kann die Reaktion der Massen simuliert werden, wenn eine große Menschenmenge an unterschiedlich gearteten Orten zusammenkommt und sich die Situation zuspitzt.

Strömende Menschenmassen scheinen in ihrem Verhalten drei Phasen aufzuweisen – wie eine Flüssigkeit. Ist das Gedränge nicht besonders groß und der Strom der Masse bewegt sich kontinuierlich in eine Richtung – wie etwa nach einem Fußballspiel in Wembley, wenn ein Teil der Zuschauer das Stadion in Richtung der U-Bahn-Station «Wembley Park» verlässt –, ähnelt er einem gleichmäßigen Flüssigkeitsstrom. Die Menge bewegt sich immer mit gleicher Geschwindigkeit, der Menschenfluss kommt nicht ins Stocken.

Nimmt allerdings die Dichte des Menschenstroms in beträchtlichem Maße zu, beginnen die Leute zu drängen und stoßen und wild durcheinander zu laufen. Die Bewegung der Masse als Ganzes hat eher stakkatoähnlichen Charakter und ist durch Stop-and-go-Wellen gekennzeichnet. Mit steigender Menschendichte verlangsamt sich die Geschwindigkeit des Stroms, weshalb manche Leute versuchen, auf die Seiten auszuweichen, weil sie glauben, auf diese Art schneller voranzukommen. Genau das gleiche Verhaltensmuster wie bei Autofahrern, die sich in einem Stau mit dichtem, zähfließendem Verkehr befinden und die Spur wechseln. In beiden Fällen geht eine Welle durch den Stau, die dazu führt, dass manche abbremsen und andere zur Seite ausweichen müssen, um den Drängler hineinzulassen. So wird der Strom in seiner Gesamtheit von einer Folge dieser stakkatoartigen Wellen erfasst. Diese müssen als solche nicht unbedingt gefährlich sein, jedoch sind sie Vorboten für wesentlich gefährlichere Ereignisse, die in dieser Situation jederzeit eintreten können. Je dichter die Menschen zusammengepackt werden, desto chaotischere Züge nimmt ihr Verhalten an. Viele versuchen, sich in alle möglichen Richtungen zu bewegen, um Platz zu finden – vergleichbar mit ersten Turbulenzen, die einen gleichmäßigen Flüssigkeitsstrom erfassen. Sie stoßen ihre Nachbarn weg und versuchen wesentlich energischer, etwas Platz für sich zu schaffen. Dadurch steigt das Risiko, dass Menschen zu Fall kommen oder so stark aneinandergedrückt werden, dass sie kaum noch atmen können, oder auch Kinder ihre Eltern verlieren. Innerhalb einer großen Menschenmenge können diese Entwicklungen an mehreren Stellen gleichzeitig ihren Ausgangspunkt haben. Ihre Effekte breiten sich lawinenartig aus, sodass die Situation rasch außer Kontrolle gerät. Die zu Sturz gekommenen Leute werden zu Hindernissen, über die wiederum andere stürzen. Jeder, der unter Klaustrophobie leidet, gerät sehr schnell in Panik und reagiert anderen Personen gegenüber noch aggressiver. Wenn in diesem Stadium keine ordnende Hand eingreift und die Leute gruppenweise trennt, um die Menschendichte zu reduzieren, ist eine Katastrophe unausweichlich.

Der Übergang von einem sich gleichmäßig bewegenden Menschenstrom bis hin zu einer Massenpanik kann – je nach Größe der Menschenansammlung – zwischen einigen wenigen Minuten und einer halben Stunde dauern. Vorherzusagen, ob und wann in einer bestimmten Menschenmenge Panik ausbricht, ist unmöglich. Dagegen ist es durchaus möglich, das Einsetzen der stakkatoartigen Wellenbewegungen an den Schlüsselstellen frühzeitig zu erkennen, vorausgesetzt, man hat die Masse stets in ihrer Gesamtheit im Blick. Nur so können rasch Maßnahmen eingeleitet werden, um die kritische Situation zu entschärfen und keine Panik aufkommen zu lassen.

77

Diamonds are forever

Ich fand immer, ein geschenkter Diamant funkelt unendlich viel schöner als ein selbst gekaufter.

(Mae West)

Diamanten sind außergewöhnliche Gebilde. Chemisch nichts weiter als Kohlenstoff, stellen sie den härtesten natürlich vorkommenden Rohstoff der Erde dar.

Die wirklich faszinierenden Merkmale von Diamanten sind jedoch optischer Natur, da Diamanten eine Brechzahl von 2,4 aufweisen – riesig im Vergleich zu der von Wasser (1,3) oder Glas (1,5). Dies bedeutet, dass Lichtstrahlen in einem sehr großen Winkel gebeugt (oder «gebrochen») werden, wenn sie einen Diamanten durchdringen. Wichtiger noch: Ist der von der Vertikalen aus gemessene Einfallswinkel des Lichts auf die Oberfläche eines Diamanten größer als 24 Grad, kommt es zu einer Totalreflexion, sodass die Lichtstrahlen den Diamanten überhaupt nicht durchdringen. Dieser so genannte «kritische Winkel» ist im Falle von Diamanten mit maximal 24 Grad recht klein, beträgt er doch für Wasser 48 und für Glas 42 Grad.

Diamanten reflektieren auch Farben in extremer Weise. Normales weißes Licht besteht aus einem Spektrum roter, orangefarbener, gelber, grüner, blauer, indigofarbener und violetter Lichtwellen, die den Stein mit unterschiedlicher Geschwindigkeit durchdringen und in unterschiedlich großen Winkeln gebeugt werden (Rot am geringsten, Violett am stärksten), wenn das Licht durch ein transparentes Medium fällt. Die hohe Lichtbrechung eines Diamanten – die so genannte «Dispersion» – bringt ein Farbspektrum hervor, dessen Bandbreite außergewöhnlich groß ist und dieses faszinierende «Feuer» aus wechselnden Farben in einem Diamanten bewirkt, das erst mit dem richtigen Schliff voll zur Geltung kommt. Kein anderer Edelstein verfügt über einen so hohen Dispersionswert. Der Juwelier steht vor der Herausforderung, den Diamanten so zu schleifen, dass er im Licht, das er ins Auge des Betrachters reflektiert, so hell und farbenprächtig wie möglich funkelt.

Das Schleifen von Diamanten ist ein jahrtausendealter aus dem Altertum stammender Brauch, aber niemand hat sich größere Verdienste erworben als der belgische Mathematiker und Edelsteinexperte Marcel Tolkowsky, um eine Antwort auf die Frage zu finden, wie Diamanten am besten zu schleifen sind und warum. Tolkowsky (1899–1991) wurde in eine der führenden Diamantenhändler-Dynastien Antwerpens hineingeboren. Da er ein begabtes Kind war, wurde er nach seinem Schulabschluss in Belgien auf das Londoner Imperial College geschickt, um ein Ingenieursstudium zu absolvieren.* Noch während seiner Promotion veröffentlichte er im Jahr 1919 ein viel beachtetes Buch mit dem Titel *Diamond Design*, in dem zum ersten Mal nachgewiesen wurde, wie die genaue Analyse der Lichtbrechung und Lichtreflexion eines Diamanten Aufschluss über den Schliff geben kann, der dem Diamanten die größtmögliche Brillanz verleiht und in ihm das größtmögliche «Feuer» entfacht. Tolkowskys mathematisch-optische Analyse der Bahn von Lichtstrahlen innerhalb eines Diamanten ließ ihn schließlich eine neue Art von Schliff – den so genannten «Idealschliff» oder «Brillantschliff» – kreieren, der für runde Diamanten bis in die Gegenwart als Standard in der Schlifftechnik gilt. Er untersuchte den Verlauf von Lichtstrahlen, die auf dem flachen Oberteil eines Diamanten einfallen, und versuchte den Neigungswinkel zu bestimmen, den der spitze Unterteil des Diamanten aufweisen muss, damit die Lichtstrahlen bei ihren internen Spiegelungen vollständig reflektiert

* Thema seiner Doktorarbeit war das Schleifen und Polieren von Diamanten und nicht so sehr deren Erscheinung.

werden, wieder durch das Oberteil des Steins austreten und so die dem Diamanten eigene Brillanz – das helle Funkeln – erzeugen. Je weniger die austretenden Lichtstrahlen durch die internen Reflexionen (von der Vertikalen weg) gebeugt werden, desto ausgeprägter die Brillanz. In der folgenden Darstellung sind die unterschiedlichen Effekte zu sehen, die ein zu flacher, ein zu tiefer sowie der ideale Schliff hervorrufen. Der Idealschliff verhindert, dass das Licht am Unterteil des Diamanten gebrochen wird und aus dem Stein austritt oder in der Weise «verloren geht», dass es nicht vollständig reflektiert wird.

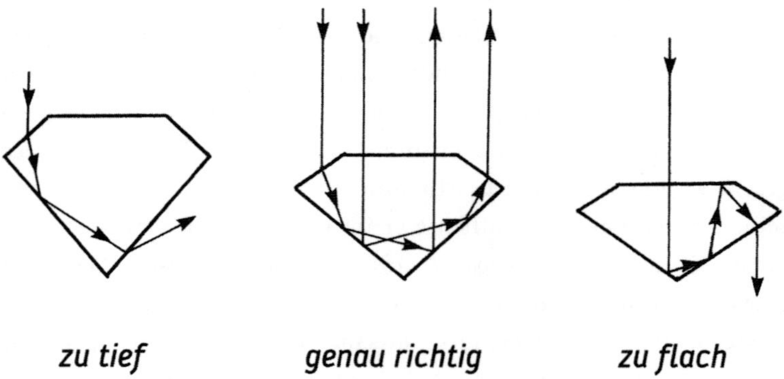

Darüber hinaus beschäftigte sich Tolkowsky mit dem optimalen Verhältnis zwischen Brillanz und Dispersion, um dem Diamanten ein außergewöhnliches «Feuer» zu verleihen und die ideale Form für die verschiedenen Facetten zu eruieren.[20]

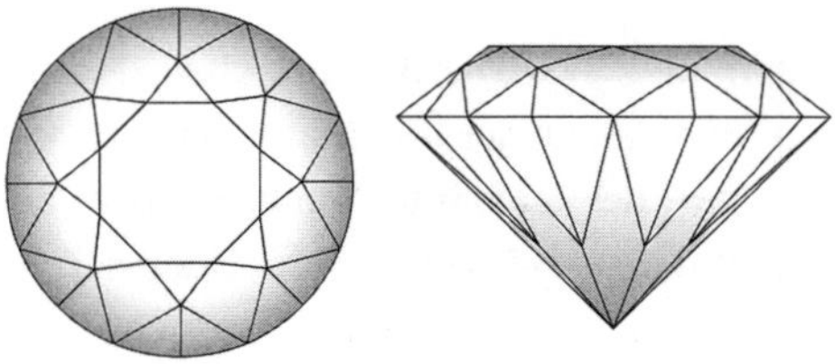

Seine Analyse von Lichtstrahlen, die auf einfacher Mathematik beruht, brachte ein Patentrezept für einen wunderschönen «Brillantschliff» mit 58 Facetten und einer Reihe bestimmter Proportionen und Winkel hervor, der geeignet ist, atemberaubende visuelle Effekte zu erzeugen, wenn man den Diamanten leicht bewegt. Wie Sie sehen, steckt allerdings doch etwas mehr dahinter.

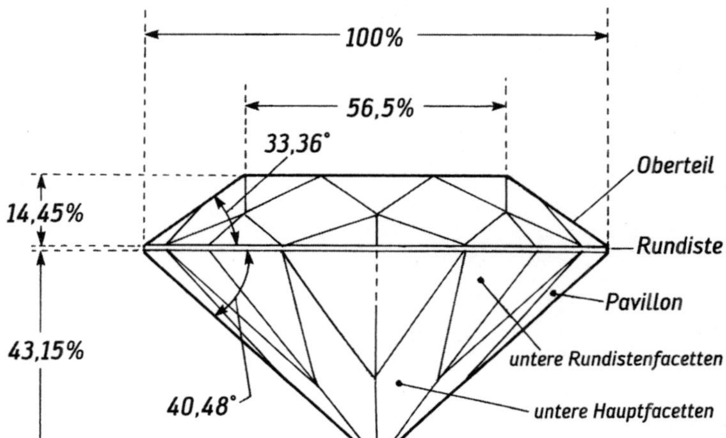

In dem Diagramm sehen wir die klassische Form, wie sie Tolkowsy für den idealen Schliff propagierte, mit Winkelverhältnissen im Unterteil des Diamanten, die das Verhältnis zwischen «Feuer» und Brillanz optimieren. Die Proportionen der hier (mit ihrer Fachbezeichnung) aufgeführten Bestandteile des Diamanten sind als prozentuale Anteile des Durchmessers der Rundiste – des Gesamtdurchmessers – zu verstehen.

78

Die drei Robotergesetze

Sondern Gott weiß, dass an dem Tag, da ihr davon esst, eure Augen aufgetan werden und ihr sein werdet wie Gott, Gutes und Böses erkennend.

(Das erste Buch Mose)

Gestern sah ich den Film *I, Robot*, der auf den Robotergeschichten des großen Science-Fiction-Schriftstellers Isaac Asimov basiert. Im Jahr 1942 präsentierte er in seiner Kurzgeschichte *Runaround* erstmals das futuristisch anmutende Konzept einer Koexistenz von Menschen und intelligenten Robotern. Um zu gewährleisten, dass die Menschen von ihren unfehlbar effizienten Helfern nicht vernichtet oder versklavt werden, legte Asimov eine Reihe von «Gesetzen» fest, die als Schutzmaßnahme in das elektronische Gehirn der Roboter einprogrammiert wurden. Wie diese Gesetze beschaffen sein müssten, ist eine interessante Frage, die allerdings über den bloßen Aspekt der Sicherheit und körperlichen Unversehrtheit hinausgeht – zumindest für jeden, der sich fragt, warum es so viel Elend auf der Welt gibt und was eine wohlwollende Gottheit dagegen unternehmen würde.

Asimovs drei ursprüngliche Gesetze sind den drei Gesetzen der Thermodynamik nachempfunden:

Erstes Gesetz: Ein Roboter darf kein menschliches Wesen verletzen oder durch Untätigkeit gestatten, dass einem menschlichen Wesen Schaden zugefügt wird.

Zweites Gesetz: Ein Roboter muss den ihm von einem Menschen gegebenen Befehlen gehorchen – es sei denn, ein solcher Befehl würde mit Regel eins kollidieren.

Drittes Gesetz: Ein Roboter muss seine Existenz beschützen, solange dieser Schutz nicht mit Regel eins oder zwei kollidiert.

Später fügte Asimov – wiederum analog zur Thermodynamik – das «Nullte Gesetz» hinzu, das den drei ursprünglichen Gesetzen vorangestellt wurde:

Nulltes Gesetz: Ein Roboter darf die Menschheit nicht verletzen oder durch Passivität zulassen, dass die Menschheit zu Schaden kommt.

Der Grund für diesen gesetzlichen Zusatz ist unschwer zu finden. Stellen Sie sich vor, ein Geisteskranker hätte sich Zugang zu einer Atomwaffe verschafft, die die Erde auszulöschen imstande ist, und nur ein Roboter könnte verhindern, dass er den roten Knopf drückt. In diesem Fall würde das Erste Gesetz den Roboter davon abhalten, aktiv zu werden, um die Menschheit zu retten. Passivität von Seiten der Roboter stellt im Zusammenhang mit dem Ersten Gesetz ein Problem dar, selbst wenn das Nullte Gesetz irrelevant wäre. Wenn Sie und Ihr Roboter sich als Schiffbrüchige auf einer verlassenen Insel wieder finden und Ihr stark entzündeter Fuß amputiert werden muss, um Ihr Leben zu retten – ist Ihr Roboter dann in der Lage, sich über das Erste Gesetz hinwegzusetzen und die Amputation durchzuführen? Oder könnte ein Roboter jemals ein Richteramt ausüben, müsste er doch den von den Geschworenen schuldig gesprochenen Angeklagten das Strafmaß verkünden?

Könnten wir uns sicher fühlen, wenn in großer Zahl Roboter geschaffen würden, in deren elektronisches Gehirn diese vier Gesetze einprogrammiert sind? Ich glaube nicht. Es ist alles eine Frage der Prioritäten. Die Vorrangigkeit des Nullten Gesetzes gegenüber dem Ersten bedeutet, dass der Roboter Sie töten könnte, weil Sie einen Sprit fressenden Wagen fahren oder nicht alle leeren Plastikflaschen dem Recycling zuführen. Nach Einschätzung des Roboters gefährdet Ihr Verhalten langfristig den Bestand der Menschheit. Ein Roboter könnte sich auch gezwungen sehen, seiner Pflicht nachzukommen, gegen führende Politiker auf dieser Welt vorzugehen. An Roboter die Forderung zu stellen, sich zum Wohl der Menschheit einzusetzen, ist ein gefährliches Unterfangen, kommt dies doch aus deren Sicht der unlösbaren Aufgabe gleich, nach etwas zu suchen, das nicht definiert ist. Es gibt weit mehr als nur eine Antwort auf die Frage «Was ist das Wohl der Menschheit?». Kein Computer wird jemals in der Lage sein, eine Liste aller Handlungen zu erstellen, die zum Wohl der Menschheit sind oder ihr schaden. Es gibt kein Computerprogramm auf der Welt, das lückenlos alles Gute und alles Böse aufzuführen imstande ist.

Ohne das Nullte Gesetz fühlten Sie sich vielleicht sicherer. Doch es gibt einen weiteren bedenklichen Aspekt, der befürchten lässt, dass Sie unvermittelt genau den Gefahren ausgesetzt sind, vor denen Sie das Erste, Zweite und Dritte Gesetz eigentlich schützen sollten. Intelligente Roboter denken in komplexen Dimensionen, machen sich über sich selbst und uns ebenso Gedanken wie über leblose Objekte – kurz: Sie haben eine Psyche. Dies mag mit sich bringen, dass sie – genau wie Menschen – manchmal schwer zu verstehen sind, kann aber auch dazu führen, dass sie unter ähnlichen psychischen Problemen zu leiden haben wie Menschen. Da es bekanntlich Menschen gibt, die sich für Roboter halten, könnte es ebenso gut sein, dass ein Roboter glaubt, er sei ein Mensch. In diesem Fall handelte der Roboter nach eigenem Gutdünken, da er sich nicht länger an die vier Robotergesetze gebunden fühlte. Und damit einhergehend eröffnete sich das Problem, dass sich das Robotergehirn verselbständigte und eigene religiöse oder mystische Prinzipien entwickelte. Was wäre dann mit dem Dritten Gesetz? Welche robotische Existenz gälte es denn nun zu schützen? Die Maschine als solche? Oder die Seele, die diese Maschine zu besitzen fühlt? Oder das «Konzept» des Roboters, das im Geist seines Schöpfers weiterlebt?

So viele Fragen dieser Art Sie sich auch stellen mögen (und die Liste potenzieller Fragen ist lang!) –, Sie werden in jedem Fall feststellen, dass es nicht so einfach ist, die Effekte künstlicher Intelligenz durch die Implementierung von Beschränkungen und Regeln in ihrer Programmierung im Zaum zu halten. Kommt ein gewisser Faktor ins Spiel, den wir als «Bewusstsein» bezeichnen, sind die Folgen unabsehbar, bergen sie doch ein gewaltiges Potenzial sowohl für das Gute als auch für das Böse, und es ist nur schwer vorstellbar, dass das eine ohne das andere existiert – ein bisschen wie im wirklichen Leben.

79

Über den Tellerrand schauen

Manche Menschen würden eher sterben als nachzudenken; und die meisten tun dies auch.
(Bertrand Russell)

Wir alle begehen immer wieder den Fehler, Probleme in einer bestimmten vorgegebenen Weise lösen zu wollen. Um aus eingefahrenen Denkmustern auszubrechen und einfallsreich oder originell zu sein, um ein Problem zu lösen, ist es unerlässlich, das Problem in anderer Weise anzugehen, als einfach nur vertraute Regeln buchstabengetreu zu befolgen. Diese Vorgehensweise mag gewöhnlich für einfache Probleme angemessen sein, die durch nichts weiter als die korrekte Anwendung fester Regeln zu lösen sind. Wenn Sie zum Beispiel jemand zu einer Partie Tic Tac Toe herausfordert, dürften Sie diese eigentlich niemals verlieren, egal ob Sie das Spiel eröffnen oder Ihr Gegenüber, gibt es doch eine Strategie, die Ihnen im schlimmsten Fall ein Unentschieden beschert. Allerdings können Sie nur in dem Fall gewinnen, wenn Ihr Gegner von dieser optimalen Strategie abrückt. Leider sind manche Probleme etwas schwerer zu lösen, als den richtigen Spielzug beim Tic Tac Toe zu machen. Im Folgenden ein Beispiel für ein einfaches Problem, dessen Lösung Sie sehr wahrscheinlich verblüffen dürfte.

Zeichnen Sie ein aus 3 × 3 = 9 Punkten bestehendes Quadrat, wie dies in folgender Abbildung zu sehen ist:

Nehmen Sie einen Stift und versuchen Sie nun, vier Geraden zu ziehen, die durch alle neun Punkte gehen – *ohne abzusetzen oder auf einem Strich zurückzufahren.*

Hier sehen wir einen Fehlversuch, bei dem der Punkt in der Mitte der linken Seite des Quadrats ausgelassen wurde:

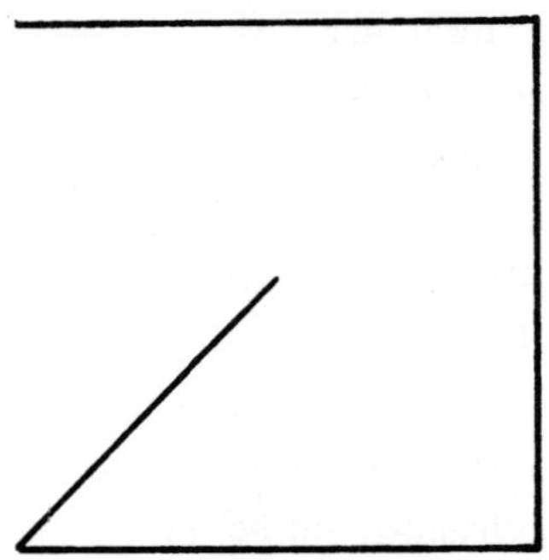

Und bei diesem Fehlversuch blieb der Punkt in der Mitte des Quadrats außen vor:

Dieses Problem zu lösen, scheint ein Ding der Unmöglichkeit, oder etwa nicht? Mit der Vorgabe von vier Geraden ist dies nur zu bewerkstelligen, wenn wir entlang der Diagonalen drei Schnittgeraden im rechten Winkel einzeichnen, wobei wir gezwungen sind, auf diesen Strichen vor- und zurückzufahren. Aber dazu bedarf es wesentlich mehr als vier Striche, auch wenn dies in unserer Skizze nicht den Anschein hat, sind doch nicht mehr als die geforderten vier Geraden zu sehen:

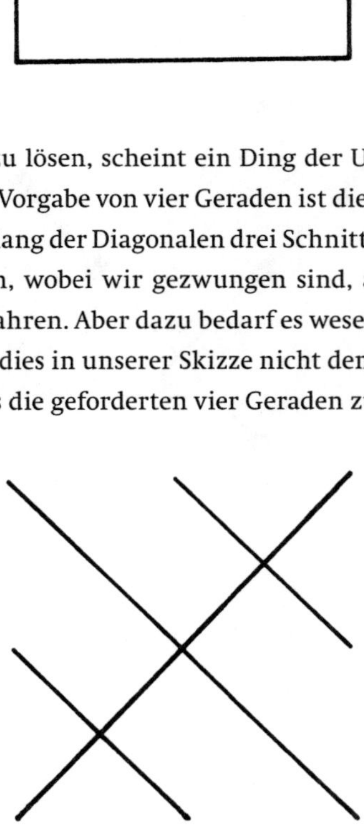

Dabei gibt es *tatsächlich* eine Möglichkeit, vier Geraden so zu ziehen, dass alle neun Punkte erfasst werden, ohne den Stift abzusetzen oder auf einem Strich vor- und zurückzufahren. Aber dies setzt voraus,

Regeln zu durchbrechen, die wir uns ohne ersichtlichen Grund selbst auferlegt haben und die nicht zu den einschränkenden Ausgangsbedingungen gehörten. Offensichtlich haben wir bestimmte Regeln bereits derart verinnerlicht, dass wir überhaupt nicht auf die Idee kommen, eine andere Möglichkeit in Betracht zu ziehen und über den Tellerrand hinauszuschauen. Dabei ist die Lösung für unser Problem denkbar einfach: Der Knackpunkt besteht darin, aus dem «System» auszubrechen, wie dies folgende Skizze veranschaulicht:

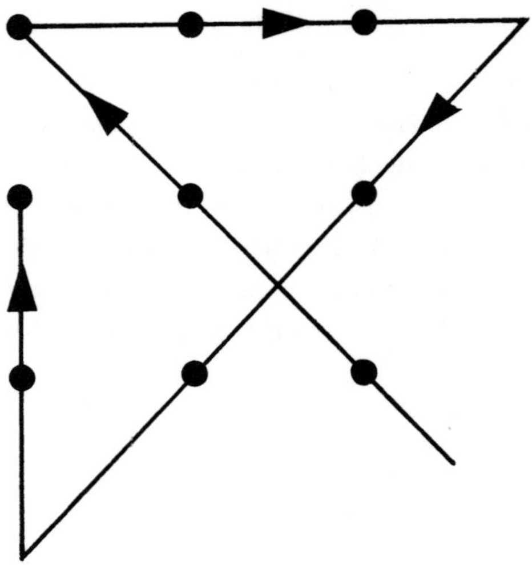

Schauen Sie also über den Tellerrand!

80

Googeln in der Karibik oder die Macht der Matrix

Cricket ist organisierte Faulenzerei.
(William Temple)

In den meisten Sportarten existieren Tabellen, die Aufschluss über die beste Mannschaft der Liga geben, nachdem jeder gegen jeden gespielt hat. Die Art der Punkteverteilung für einen Sieg, eine Niederlage oder ein Unentschieden kann entscheidenden Charakter für die Vergabe der Meisterschaft haben. So hat vor einigen Jahren der Fußballweltverband die so genannte *Dreipunkteregelung* eingeführt, wonach für einen Sieg statt wie bisher zwei nun drei Punkte vergeben werden – in der Hoffnung, mit dieser Maßnahme das Offensivspiel zu fördern, schlägt doch jetzt ein Sieg ungleich mehr zu Buche als ein Unentschieden, für das jede Mannschaft nur jeweils einen Punkt zugesprochen bekommt. Aber irgendwie scheint diese einfache Regelung mitunter recht unausgegoren zu sein. Sollte es nicht mehr Punkte für einen Sieg gegen eine Spitzenmannschaft geben als für einen Sieg gegen eine Mannschaft aus dem Tabellenkeller?

Ein anschauliches Beispiel hierfür lieferte im Jahr 2007 der Cricket World Cup – die inoffizielle Weltmeisterschaft – in der Karibik. In der Hauptrunde des Turniers traten die acht besten Mannschaften gegeneinander an. (Bereits in der Vorrunde war jede Mannschaft auf eines der anderen für die Hauptrunde qualifizierten Teams getroffen; da das Resultat dieser Begegnung in die Runde der letzten acht übernommen wurde, hatte jede Mannschaft nur noch sechs weitere Spiele zu bestreiten.) Für einen Sieg gab es zwei Punkte, für ein Unentschieden einen Punkt und für eine Niederlage null Punkte. Die vier erstplatzierten Mannschaften qualifizierten sich für das anschließende Halbfinale, das im K.-o.-System ausgetragen wurde. Im Falle von Punktgleichheit zwischen zwei Mannschaften entschied die bessere *Net Run Rate* (NRR – vergleichbar mit der Tordifferenz im Fußball) über das Weiterkommen. Hier die Hauptrundentabelle «Super 8» im Einzelnen:

Mannschaft	Sp.	S	N	NR	NRR	P
Australien (A)	7	7	0	0	2,40	14
Sri Lanka (S)	7	5	0	2	1,48	10
Neuseeland (N)	7	5	0	2	0,25	10
Südafrika (S)	7	4	0	3	0,31	8
England (E)	7	3	0	4	-0,39	6
West Indies (W)	7	2	0	5	-0,57	4
Bangladesch (B)	7	1	0	6	-1,51	2
Irland (I)	7	1	0	6	-1,73	2

Welches Aussehen hätte diese Tabelle wohl, wenn ein Sieg gegen eine gute Mannschaft stärker honoriert würde als ein Sieg gegen eine schlechte? Schreiben wir also jeder Mannschaft die Punktzahl zu, die der Gesamtpunktzahl aller Teams entspricht, die sie besiegt hat. Da es kein Remis gibt, müssen wir uns über unentschiedene Spiele nicht den Kopf zerbrechen. Der abschließende Gesamtpunktestand ähnelt einer Liste mit acht Gleichungen:

$$A = SL + N + SA + E + W + B + I$$
$$SL = N + W + E + B + I$$
$$N = W + E + B + I + SA$$
$$SA = W + E + SL + I$$
$$E = W + B + I$$
$$W = B + I$$
$$B = SA$$
$$I = B$$

Diese Auflistung kann auch in Form einer Matrizengleichung für die Liste χ = (A, N, W, E, B, SL, I, SA) als $A\chi = K\chi$ ausgedrückt werden, wobei K eine Konstante darstellt und A eine aus Nullen (für Niederlagen) und Einsen (für Siege) bestehende 8×8-Matrix:

	A	N	W	E	B	SL	I	SA
A	0	1	1	1	1	1	1	1
N	0	0	1	1	1	0	1	1
W	0	0	0	0	1	0	0	0
E	0	0	1	0	1	0	1	0
B	0	0	0	0	0	0	0	1
SL	0	1	1	1	1	0	1	0
I	0	0	1	0	1	0	0	0
SA	0	0	1	1	0	1	1	0

Um die Gleichungen zu lösen und die Gesamtpunktzahl jeder Mannschaft und damit ihren Tabellenstand nach dem neuen Punktesystem zu ermitteln, müssen wir den Eigenvektor aller Elemente der Matrix A finden, die größer oder gleich null sind. Jede dieser Lösungen setzt voraus, dass K einen bestimmten Wert annimmt. Dies entspricht einer Lösung für die Liste x, in der alle Mannschaften eine positive Punktzahl aufweisen (oder null Punkte, wenn sie jedes Spiel verloren haben), was in diesem Fall – offensichtlich – zwingend erforderlich ist. Wenn wir die Matrix lösen und den Eigenvektor ermitteln, erhalten wir:

$$\chi = (A, N, W, E, B, SL, I, SA) = (0{,}729; 0{,}375; 0{,}104; 0{,}151; 0{,}153; 0{,}394; 0{,}071; 0{,}332)$$

Aus diesen Werten ergibt sich nun die Platzierung der Mannschaften: Australien (A) ist mit 0,729 Punkten Spitzenreiter, Irland (I) mit 0,071 Punkten Schlusslicht. Vergleichen wir unsere Tabelle mit dem Original, bietet sich folgendes Bild:

Originaltabelle Super 8:	Unsere Tabelle:
1. A	1. A 0,729
2. SL	2. SL 0,394
3. N	3. N 0,375
4. SA	4. SA 0,332
5. E	5. B 0,153
6. W	6. E 0,151
7. B	7. W 0,104
8. I	8. I 0,071

Wir sehen, die vier Halbfinalisten zieren in beiden Fällen genau die gleichen Tabellenplätze – unabhängig davon, nach welchem System die Punkte vergeben werden. Aber die Platzierungen von drei der letzten vier Mannschaften ändern sich in der neuen Tabelle beträchtlich. Bangladesh etwa gewann nur eine Begegnung und beendete den World Cup mit zwei mageren Punkten als Vorletzter. Legt man unser Punktesystem zugrunde, machen die Bangladeschi jedoch einen Sprung auf den fünften Tabellenplatz, errangen sie doch ihren einzigen Sieg gegen die besser platzierten Südafrikaner. England dagegen konnte zwei Siege verbuchen – allerdings nur gegen die beiden letztplatzierten Mannschaften – und landet in unserer Tabelle einen Platz hinter Bangladesh (wobei erst die dritte Dezimalstelle den Ausschlag zugunsten der Asiaten gab – 0,151 gegenüber 0,153). Die bedauernswerten West Indies schließlich beendeten den Cricket World Cup 2007 auf dem sechsten Platz, büßen in unserer Tabelle jedoch einen Platz ein.

Auf einem derartigen Ranking-System basiert die Suchmaschine Google. Die aus der Begegnung zweier Mannschaften X und Y resultierende Ergebnismatrix entspricht der Anzahl der Weblinks, die zwischen Stichwort X und Stichwort Y existieren. Wenn Sie nach einem Begriff suchen, wird durch die gewaltige Rechnerkapazität, die Google zur Verfügung steht, eine Matrix mit «Punkteständen» erstellt, die die Matrizengleichung löst, um den Eigenvektor zu ermitteln, was schließlich zu der Trefferliste für das gesuchte Wort führt. Es mutet immer noch wie Zauberei an.

81

Risiko-Aversion

In der Theorie gibt es keinen Unterschied zwischen Theorie und Praxis. In der Praxis schon.

(Yogi Berra)

Menschen scheinen sehr unterschiedlich auf die Aussicht möglicher Gewinne bzw. Verluste zu reagieren. Es dauerte lange Zeit, bis Ökonomen erkannten, dass das menschliche Verhalten nicht symmetrisch ist, wenn es gilt, Entscheidungen zu treffen. Naturgemäß neigen wir dazu, das Risiko zu scheuen, und sind bereit, viel dafür zu tun, um einen kleinen Verlust abzuwenden – wesentlich mehr, als dies der Fall wäre, um einen satten Gewinn zu sichern. «Verlustavers» zu sein bedeutet, es ärgert Sie mehr, wenn Sie 50 Pfund verlieren, als dass es Sie freut, wenn Sie einen 50-Pfund-Schein auf der Straße finden. Sie empfinden mehr Befriedigung, beim Kauf einer Bahnfahrkarte einen 10%-igen Preiszuschlag vermieden als einen 10%-igen Rabatt in Anspruch genommen zu haben.

Nehmen wir einmal an, Sie seien Gewerbetreibender, der an einem Marktstand seine Ware vertreibt. Sie nehmen sich vor, ein bestimmtes Tageseinkommen zu erzielen und daher jeden Tag so lange zu arbeiten, bis sich der gewünschte Verdienst eingestellt hat. Was passiert nun? Wenn das Geschäft blüht, ist das anvisierte Tageseinkommen schon bald erreicht, und Sie können früh nach Hause gehen. Laufen die Geschäfte jedoch schlecht, arbeiten Sie Stunde um Stunde weiter, um Ihr Ziel zu erreichen. Dies scheint irrational. Sie arbeiten wesentlich länger, um einen drohenden Verdienstausfall zu vermeiden, nutzen aber nicht die Gunst der Stunde und arbeiten länger, wenn die Nachfrage brummt. Sie sind ein klassisches Beispiel für die Psychologie der Risiko-Aversion.

Manch einer würde anführen, dass ein derartiges Verhalten schlicht irrational ist, gibt es doch keinen plausiblen Grund dafür. Andererseits kommt Gewinnen und Verlusten im Hinblick auf das Vermögen, das Sie derzeit Ihr Eigen nennen, nicht zwangsläufig die gleiche Bedeutung zu. Beträgt Ihr Gesamtvermögen 100 000 €, ist ein Gewinn von 100 000 € durchaus willkommen, ein Verlust von 100 000 € jedoch um jeden Preis zu vermeiden, da er Sie ruinierte. Der potenzielle Verlust wiegt weitaus schwerer als der mögliche Gewinn.

Manchmal beruhen Entscheidungen auf der rein subjektiven Wahrnehmung vermeintlich existierender Unterschiede, die es in Wirklichkeit nicht gibt. Nehmen wir einmal an, die Umweltbehörde müsste Maßnahmen ergreifen, um einer aufkommenden Sturmflut zu begegnen, die 1000 Häuser in Küstennähe bedroht. Die Bevölkerung hat die Wahl zwischen zwei Plänen. Plan A sieht vor, alle verfügbaren Mittel in die Aufschüttung eines Walls an einem bestimmten Küstenabschnitt zu stecken und so 200 Häuser vor der Zerstörung zu retten. Plan B zufolge werden die verfügbaren Mittel an verschiedenen Orten eingesetzt, was mit einer Wahrscheinlichkeit* von 1:5 alle 1000 Häuser vor der Zerstörung rettet. Vor diese Wahl gestellt, entscheidet sich die Mehrheit der Leute für den sicheren und plausibel klingenden Plan A.

Stellen wir uns weiterhin vor, die Umweltbehörde hätte einen neuen PR-Manager, der der Öffentlichkeit diese beiden Pläne anders präsentieren möchte. Jetzt hat die Bevölkerung die Wahl zwischen Plan C, bei dem die Zerstörung von 800 Häusern in Kauf genommen wird, sowie Plan D, der mit einer Wahrscheinlichkeit von 1:5 alle Häuser rettet, und sie mit einer Wahrscheinlichkeit** von 4:5 der Zerstörung preisgibt. Die meisten Leute entscheiden sich für Plan D. Dies ist merkwürdig, sind

* Dies bedeutet, dass die voraussichtliche Anzahl von Häusern, die gerettet werden, $1000 \times 1/5 = 200$ beträgt, also gleich viel wie bei Plan A.

** Die zu erwartende Anzahl zerstörter Häuser beträgt in Plan C ebenso wie in D 800, woraus sich – wie in den Plänen A und B – 200 gerettete Häuser ergeben.

Plan D und Plan B doch identisch, ebenso wie die Pläne A und C. Unserer angeborenen Risiko-Aversion ist es geschuldet, dass wir Plan D der Alternative C vorziehen, nicht jedoch B der Alternative A, da wir für Verluste wesentlich sensibilisierter sind. Die sichere Zerstörung von 800 Häusern erscheint uns schlimmer als die 80%-ige Wahrscheinlichkeit, dass alle 1000 Häuser der Sturmflut zum Opfer fallen. Aber wenn Haus und Hof auf dem Spiel stehen, sprechen wir auf die Chance, 1000 Häuser zu retten, nicht so stark an wie auf die Möglichkeit, 200 mit Sicherheit vor dem Untergang zu bewahren. Merkwürdig.

82

Die Mine in unserem Bleistift

Wir alle sind Bleistifte in Gottes Hand.
(Mutter Teresa)

Der Bleistift, wie wir ihn heute kennen, wurde im Jahr 1795 von Nicholas-Jacques Conte erfunden, einem Wissenschaftler, der in der Armee Napoleon Bonapartes diente. Der magische Grundstoff, der diesem Zweck so vorzüglich diente, ist eine Form von reinem Kohlenstoff, die wir als «Graphit» bezeichnen. Anfang des 15. Jahrhunderts wurde dieses Mineral erstmals in Europa entdeckt – in Bayern, um genau zu sein –, allerdings fand es bereits Jahrhunderte früher bei den Azteken Verwendung, um Dinge zu kennzeichnen. Ursprünglich wurde Graphit für eine Form von Blei gehalten und als «Plumbago» bezeichnet – eine Fehlbezeichnung, die sich bis heute in unserem Sprachgebrauch niederschlägt, wenn wir von einem *Blei*stift sprechen. Erst im Jahr 1789 kam der Begriff «Graphit» auf, der von dem griechischen Wort «graphein» abgeleitet ist, das soviel wie «schreiben» bedeutet. «Stift» ist ein älteres Wort, das auf das lateinische «pencillus» zurückgeht, was «Schwänzchen» bedeutet in Anlehnung an die kleinen Tintenschreibfedern, die im Mittelalter als Schreibgeräte dienten.

Die reinsten Graphitvorkommen wurden im Jahr 1564 in Borrowdale (nahe Keswick) im Lake District entdeckt, was dem Schmuggel in der Region Vorschub leistete und ihr einen blühenden Schwarzmarkt bescherte. Im Laufe des 19. Jahrhunderts siedelte sich um die Stadt Keswick eine regelrechte Bleistiftindustrie an, um sich das vor Ort gewonnene hochwertige Graphit zunutze zu machen. Die erste Fabrik – die Cumberland Pencil Company – entstand 1832 und feierte vor kurzem ihr 175-jähriges Bestehen, obwohl die örtlichen Graphitminen längst geschlossen sind und der Graphit inzwischen aus Sri Lanka und anderen fernen Ländern eingeführt wird. Bleistifte von Cumberland genügten höchsten Qualitätsansprüchen, weil der heimische Graphit nicht zu weich war und sich Papier damit sauber beschriften ließ. Contes Originalverfahren zur Herstellung von Bleistiften bestand darin, eine Mischung aus Wasser, Ton und Graphit in einem Ofen bei über 1000 Grad Celsius zu brennen und die entstandene weiche Masse mit einem Holzmantel zu umhüllen. Die Form dieses Holzmantels variierte und war je nach Bestimmungszweck quadratisch, vieleckig oder rund – Schreiner z.B. mögen keine runden Bleistifte, rollen diese doch allzu leicht von ihrer Werkbank. Entscheidend für den Härtegrad eines Bleistifts ist das Mischungsverhältnis des gebrannten Graphit-Ton-Gemischs. Die Produktpalette aller namhaften Bleistift-Hersteller umfasst in der Regel 20 verschiedene Härtegrade und reicht vom weichsten, 9B, bis zum härtesten, 9H, wobei der gängigste mittlere Härtegrad, HB, in der Mitte zwischen H und B angesiedelt ist. H bedeutet «hart» und B «schwarz».* Je höher der numerische Wert für B ist, desto mehr Graphit bleibt auf dem Papier haften. Darüber hinaus gibt es noch die Härtegradbezeichnung F, die für «Feinminenstift» steht und sich auf Bleistiften mit einer harten Mine findet, die sich mehr zum Schreiben als zum Zeichnen eignen.

Das Merkwürdige am Graphit ist, dass es sich um Kohlenstoff in Reinform handelt – einer der weichsten bekannten Festkörper und einer der besten Schmierstoffe, da die sechs ringförmig angeordneten Kohlenstoffatome sich leicht über benachbarte Kohlenstoffringe schieben können. Wird die atomare Struktur verändert, entsteht eine andere kristalline Form reinen Kohlenstoffs, Diamant – einer der härtesten Festkörper, die wir kennen.

Es stellt sich die interessante Frage, welche Länge eine mit einem gewöhnlichen HB-Bleistift gezogene gerade Linie wohl erreichte, bis die

* H und B stellen die Anfangsbuchstaben der englischen Begriffe «hard» (für «hart») bzw. «black» (für «schwarz») dar.

Mine aufgebraucht ist. Die Dicke der Graphitschicht, die auf dem Papier haften bleibt, beträgt ca. 20 Nanometer, und ein Kohlenstoffatom hat einen Durchmesser von 0,14 Nanometer, weshalb die mit dem Bleistift gezogene Linie gerade einmal 143 Atome dick ist. Die Bleistiftmine hat einen Radius von etwa 1 Millimeter und folglich eine Auflagefläche von π Quadratmillimetern. Bei einer Bleistiftlänge von 15 Zentimetern beträgt die in einer geraden Linie enthaltene Graphitmenge 150π Kubikmillimeter. Ist unsere Linie 20 Nanometer dick und 2 Millimeter breit, reicht die Mine aus, um eine Linie der Länge $L = 150\pi / 4 \times 10^{-7}$ Millimeter = 1,178 Kilometer zu ziehen. Allerdings habe ich diese Prognose bislang noch nicht verifiziert.

83

Spaghetti-Crashtest

Jedes Mal, wenn ich einen Lieferwagen von «Parceline» sehe, muss ich an Miles Kington denken. Schließlich war es Miles, der befunden hatte, es handele sich um den Namen eines italienischen Nudelgerichts.

(Richard Ingrams)

Fassen Sie ein langes ungekochtes Spaghetti an seinen zwei Enden. Beginnen Sie es langsam durchzubiegen und versuchen Sie, die Enden zusammenzuführen, bis es schließlich bricht. Man hätte vermuten können, dass das Spaghetti in zwei Stücke bricht und Sie mit einem abgebrochenen Stück Spaghetti in jeder Hand dastehen. Seltsamerweise passiert dies jedoch nie. Ein Spaghetti zerbricht immer in mehr als zwei Stücke. Eine merkwürdige Sache. Hätten Sie einen dünnen Holzstock oder Plastikstab durchgebogen – er wäre in zwei Stücke zerbrochen. Warum verhält sich das Spaghetti anders? Auch Richard Feynman trieb diese Frage um, und so wird in seiner Biographie Daniel Hillis mit folgender Anekdote zitiert:

Einmal kochten wir Spaghetti ... Nimmt man ein Spaghetti und bricht es, zerbirst es fast immer in drei Stücke. Warum ist das so – warum bricht es in drei Stücke? Die nächsten zwei Stunden verbrachten wir damit, verrückte Theorien zu entwickeln. Wir dachten uns Experimente in der Art aus, das Spaghetti unter Wasser zu brechen, weil wir glaubten, dies könnte die Vibrationen dämpfen. Nun ja, ein paar Stunden später war das Ende vom Lied, dass überall in der Küche zerbrochene Spaghetti herumlagen und wir immer noch keine wirklich brauchbare Theorie hatten, warum Spaghetti in drei Stücke brechen.

In letzter Zeit nun ist man einer Lösung dieses Rätsels, das sich als unerwartet kompliziert erwies, ein Stück näher gekommen. Krümmt man ein stabförmiges Stück jedweden spröden Materials – also nicht nur Spaghetti –, bricht es, sobald ein kritischer Punkt – die so genannte «Biegespannung» – überschritten wird. Daran ist überhaupt nichts Geheimnisvolles, aber was dann folgt, ist durchaus interessant. Wenn ein Material bricht, entspannt es sich in der Regel sofort wieder, nicht so jedoch Spaghetti. Nachdem der erste Bruch erfolgt ist, entspannen sich die zwei entstehenden Fragmente nicht, die Sie an jeweils einem Ende fest in der Hand halten, sondern schnellen abrupt wieder in den geraden Ausgangszustand zurück. Es entstehen elastische Biegungswellen, die an den festgehaltenen Enden reflektiert werden, sich ausbreiten und an verschiedenen Stellen der Spaghetti-Fragmente aufeinander treffen, was eine abrupte Erhöhung der Krümmung zur Folge hat, die ausreicht, um das Spaghetti abermals zu brechen. Durch diesen neuerlichen Bruch entstehen neue Biegungswellen, die an verschiedenen Stellen des verbliebenen Spaghettis die Krümmung über den kritischen Punkt hinaus zu treiben imstande sind. Dies hat zur Folge, dass das Spaghetti nach den ersten Brüchen an einer oder mehreren Stellen erneut bricht, es kommt zu einer regelrechten Kaskade von Folgebrüchen, die erst dann aufhört, wenn nicht mehr genügend Energie vorhanden ist, die es den Wellen erlaubt, sich in den Spaghettifragmenten auszubreiten, die Sie noch in der Hand halten. Und die Stücke, deren Enden beide lose sind, fallen einfach zu Boden.

84
Die Gurke

Bleiben Sie gelassen; seien Sie die Ruhe selbst.
(Stephen Moss)

Das sinnbildlichste moderne Bauwerk in der City of London ist zweifellos 30 St Mary Axe, im Volksmund auch *Swiss-Re-Tower, Tannenzapfen* oder einfach nur *die Gurke* genannt. Für Prince Charles ist das Gebäude symptomatisch für diese Art moderner Architektur, die das Gesicht Londons zusehends verschandelt. *Norman Foster + Partners*, die Architekten, kündigten das Projekt als Vorzeigebau der Moderne an und erhielten im Jahr 2004 den RIBA Sterling Preis für ihre Kreation. Immerhin rückte der Bau der Gurke die Swiss Re* in den Blickpunkt der Öffentlichkeit und löste zugleich eine grundlegende Diskussion aus, inwieweit moderne Hochhäuser inmitten des natürlich gewachsenen Lokalkolorits der City of London wünschenswert sind. Während die Debatte über den ästhetischen Wert der Gurke anhält, gibt es inzwischen kaum noch Zweifel, dass sich der Bau aus wirtschaftlicher Sicht für die Swiss Re als Enttäuschung entpuppte. Die Gesellschaft belegt nur die ersten 15 der insgesamt 34 Stockwerke, war jedoch nie in der Lage, die andere Hälfte des Gebäudes an ein anderes großes Unternehmen zu vermieten. Dies kommt nicht von ungefähr: Jedes renommierte Unternehmen – und nur ein solches könnte sich die horrenden Mieten leisten – müsste einsehen, dass das Gebäude bereits in einem Maße mit der Swiss Re assoziiert wird, dass es immer nur die zweite Geige spielte und eine An-

* Die Schweizerische Rückversicherungs-Gesellschaft firmiert weltweit unter der Bezeichnung Swiss Re.

mietung von Geschäfträumen im Swiss-Re-Tower nicht den geringsten Imagegewinn brächte. Aus diesem Grund wurden die riesigen Mietflächen inzwischen in kleinere Einheiten umgewandelt.

Das charakteristischste Merkmal der Gurke ist ihre Größe – das Gebäude ist 180 Meter hoch –, und der Bau eines Gebäudes dieser Dimensionen bringt immer Struktur- und Umweltprobleme mit sich. Ingenieure sind heute dank komplexer Computerprogramme zu untersuchen imstande, wie ein Wolkenkratzer auf Wind und Wetter reagiert, wie viel Frischluft er von außen absorbiert oder welchen Effekt er auf Passanten auf der Straße hat. Sich gestalterisch in einem Punkt wie etwa einer reflektierenden Oberfläche des Gebäudes zu verkünsteln, bleibt nicht ohne Auswirkungen auf zahlreiche andere Bereiche und verändert beispielsweise die Innentemperatur, was wiederum das Anforderungsprofil für die Klimatechnik über den Haufen wirft – und all diese Effekte sind bei Computersimulationen des Gebäudes sofort zu erkennen. Es ist nutzlos, bei der Gestaltung einer komplexen Struktur wie eines modernen Gebäudes nach dem Motto «eins nach dem anderen» vorzugehen, ist bei derartigen Projekten doch vielmehr gefordert, zahlreiche Vorgaben gleichzeitig unter einen Hut zu bringen.

Das elegant geschwungene Profil der Gurke ist nicht nur ästhetischen Gesichtspunkten geschuldet oder dem Bestreben eines verrückten Designers, etwas möglichst Spektakuläres zu schaffen, an dem sich die Geister scheiden. Die konisch zulaufende Form – der Grundriss des Swiss-Re-Towers ist ein exakter Kreis, der sich mit steigender Höhe bis zum 16. Stockwerk weitet und anschließend in luftigen Sphären konisch verjüngt – ist vielmehr das Ergebnis von Rechenmodellen am Computer.

Hohe Gebäude besitzen die Eigenschaft, Luftströme in Bodennähe zu kanalisieren, wodurch die strömende Luft auf der Windseite hoher Gebäude komprimiert wird, sodass ihre Geschwindigkeit beträchtlich ansteigt (als würden Sie mit dem Finger die Spritzdüse Ihres Gartenschlauchs teilweise zuhalten, um einen stärkeren Wasserstrahl zu erzeugen – der durch die Verengung der Düse erzeugte Druckanstieg äußert sich in einer höheren Geschwindigkeit des Wasserstrahls). Und dies kann verheerende Folgen für Passanten und Besucher des Gebäudes haben, sie kommen sich vor wie in einem Windkanal. Die Verjüngung des Swiss-Re-Towers nach unten hin verringert diese unerwünschten Windeffekte, da der Luftstrom weniger eingeengt wird als dies bei hohen Gebäuden konventioneller Bauart der Fall ist. Die konische zulaufende Form der oberen Hälfte spielt ebenfalls eine wichtige Rolle. Wenn Sie auf der Straße neben einem konventionellen, nicht konischen Hochhaus stehen und nach oben schauen, erschlägt sie das Gebäude regelrecht und verdeckt einen Großteil des Himmels. Ein konisch gestaltetes Bauwerk hingegen gibt mehr Sicht auf den Himmel frei und verringert die alles in den Hintergrund drängende Dominanz der Gebäudestruktur, weil Sie die Spitze des Wolkenkratzers nicht sehen können, wenn Sie am Fuß des Gebäudes stehen.

Das andere herausragende äußerliche Merkmal dieses Bauwerks besteht darin, dass es rund ist, nicht vier- oder rechteckig. Dies ist dazu angetan, den Luftstrom zu verlangsamen, dem das Gebäude ausgesetzt ist, und trägt überdies dazu bei, es ungewöhnlich umweltfreundlich zu machen. In jedes Stockwerk sind von außen nach innen sechs riesige dreieckige Keile eingelassen. Sie sorgen für Licht und eine natürliche Ventilation im Herzen des Gebäudes, verringern somit den Bedarf an herkömmlicher Klimatechnik um ein beträchtliches Maß und machen das Gebäude doppelt so energieeffizient wie ein konventionelles Gebäude dieser Größe. Diese Keile befinden sich jedoch von Stockwerk zu Stockwerk nicht direkt übereinander, sondern sind jeweils leicht versetzt zum darüber (und darunter) liegenden Stockwerk angeordnet. Diese Anordnung erhöht den Wirkungsgrad der Luftansaugung im Gebäudeinnern. Der leichte Versatz der sechs Keile von Stockwerk zu Stockwerk erzeugt das markante von außen sichtbare Spiralmuster.

Betrachtet man die abgerundete Form aus einer gewissen Entfernung, könnte man meinen, dass die einzelnen Fassadenpaneele gekrümmt sind – ein kompliziertes und kostspieliges Gestaltungsmerkmal –, was in Wirklichkeit jedoch nicht der Fall ist. Die Paneele sind im Verhältnis zur Strecke, über die die Krümmung signifikant ist, so klein, dass ein Mosaik aus flachen vierseitigen Paneelen genügt, um diesen Krümmungseffekt zu erzielen. Je kleiner die Paneele, desto besser lassen sie sich der Krümmung der Fassadenfläche anpassen. Alle Richtungsänderungen erfolgen über Winkel an den Stoßkanten der aufeinander treffenden Paneele.

85 Unlauter beim Preisindex

Der Durchschnittsmensch hat eine Brust und einen Hoden.
(Des McHale)

Alle Wirtschaftsnationen verfügen über Instrumente, mittels derer sich ermitteln lässt, wie sich Preisänderungen von Gütern eines repräsentativen Warenkorbs – der unter anderem Grundnahrungsmittel, Milch oder Kosten für Heizung und Strom enthält – auf die durchschnittlichen Lebenshaltungskosten auswirken. Diese Instrumente haben Namen wie Einzelhandelspreisindex oder Verbraucherpreisindex und sind ein klassischer Gradmesser für die Inflation, der sich auch dazu eignet, Löhne und Gehälter zu justieren. Aus diesem Grund ist die Bevölkerung durchaus daran interessiert, diese Indizes an die große Glocke zu hängen, während die Regierungen eher darauf bedacht sind, nicht allzu viel Aufhebens darum zu machen.

Eine Methode zur Erstellung eines Preisindex besteht darin, für eine Reihe ausgewählter Produkte den simplen Preisdurchschnitt zu ermitteln – man addiert einfach die einzelnen Preise und teilt die Summe anschließend durch die Anzahl der aufaddierten Preise. Das Ergebnis bezeichnen Statistiker als *arithmetisches Mittel* oder schlicht als das «Mittel».

Anhand dieses Werts wollen wir nun ermitteln, wie sich die Dinge im Laufe der Zeit ändern – steigen oder fallen die Kosten für den gleichen Warenkorb von einem Monat zum nächsten? –, weshalb wir das letztjährige Mittel mit dem diesjährigen vergleichen, indem wir den ersten durch den zweiten Wert dividieren. Ist das Ergebnis größer als 1, sind die Preise rückläufig, ist es kleiner als 1, steigen sie an. Dies klingt so verblüffend einfach – lauern da vielleicht Probleme im Verborgenen?

Nehmen wir einmal an, eine Familie gibt wöchentlich den gleichen Betrag für Fleisch und Fisch aus, und der Preis für Fleisch verdoppelt sich, während der Preis für Fisch gleich bleibt. Kauft die Familie weiterhin die gleiche Menge an Fleisch und Fisch, zahlt sie insgesamt 1,5 Mal mehr als früher – ein Zuwachs von 50%. Die Änderung des Durchschnittspreises beträgt $\frac{1}{2} \times (1 + 2) = 1{,}5$. Mit $\frac{1}{2}$ zu multiplizieren bedeutet nichts anderes, als durch die Anzahl der Produkte (zwei: Fleisch und Fisch) zu dividieren; 1 ist der Faktor, um den sich der Fischpreis ändert (er bleibt gleich), und 2 der Faktor, um den sich der Fleischpreis ändert (er verdoppelt sich).

Dieser Inflationsfaktor von 1,5 – eine Zunahme von 50 Prozent – ist aus statistischer Sicht eine Schlagzeile wert. Aber für eine Familie, in der kein Fleisch, sondern nur Fisch gegessen wird, ist er bedeutungslos. Wenn alle Familienmitglieder nur Fisch essen, verändert sich die wöchentliche Rechnung nicht um einen Cent. Der Inflationsfaktor stellt auch einen Mittelwert aus allen zur Auswahl stehenden Ernährungsoptionen der Familie dar. Er basiert auf einer Annahme im Hinblick auf die menschliche Psyche und geht davon aus, dass die Familie trotz der relativen Preissteigerung von Fleisch gegenüber Fisch auch weiterhin die gleiche Menge an Fleisch wie Fisch isst. In Wirklichkeit dürften Familien ein anderes Verhalten an den Tag legen und die Menge an Fisch und Fleisch, die gekauft wird, dergestalt anpassen, dass sie weiterhin jeweils den gleichen Betrag für Fisch bzw. Fleisch ausgibt. Dies würde bedeuten, dass die Familie in Zukunft weniger Fleisch kauft, weil es teurer geworden ist.

Die Annahme, Familien reagierten auf Preisänderungen, indem sie den Teil ihres Budgets konstant halten, der für den Kauf eines bestimmten Guts vorgesehen ist, legt nahe, dass der einfache arithmetische Durchschnittspreisindex durch eine andere Art von Mittelwert ersetzt werden sollte.

Das *geometrische Mittel* zweier Größen ist die Quadratwurzel aus ihrem Produkt.* Der geometrische Durchschnittspreisindex aus dem gestiegenen Fleischpreis und dem gleichbleibenden Fischpreis beträgt folglich:

$$\sqrt{(\text{neuer Fleischpreis / alter Fleischpreis})} \times \sqrt{(\text{neuer Fischpreis / alter Fischpreis})} = \sqrt{2} \times \sqrt{1} = 1{,}41.$$

Das Interessante an diesen beiden Inflationsindikatoren ist die Tatsache, dass das geometrische Mittel – unabhängig von der Anzahl der betrachteten Größen – niemals größer ist als das arithmetische[21], weshalb Regierungen zweifellos das geometrische dem arithmetischen Mittel vorziehen.** Es suggeriert eine geringere Inflation und äußert sich in einem niedrigeren Inflationsindex für Lohnzuwächse und Sozialleistungen.

Ein weiterer Vorteil des geometrischen Mittels ist mehr praktischer denn politischer Art. Um die Inflationsrate zu ermitteln, vergleicht man den Index zu verschiedenen Zeitpunkten. Basiert der Index auf dem arithmetischen Mittel, müsste man die arithmetischen Mittel aus den Jahren 2008 und 2007 zueinander ins Verhältnis setzen, um die Teuerungsrate der Preise des Warenkorbs im Laufe des vergangenen Jahres zu ermitteln. Aber das arithmetische Mittel verlangt nach der *Summe* verschiedenster Arten von Dingen, die in unterschiedlichen Einheiten erfasst werden können: € pro kg, € pro Liter etc.; manche Güter werden in Preis pro Gewichtseinheit erfasst, andere in Preis pro Volumeneinheit. Wir sehen, es handelt sich um einen Mix, was ein Problem darstellt, da man alle Waren zu addieren gezwungen ist, will man ihr arithmetisches Mittel berechnen. Dies jedoch macht keinerlei Sinn, wenn die Einheiten der verschiedenen Waren, die in die Berechnung eingehen, unterschiedlich sind. Im Gegensatz dazu ist das Schöne am

* Allgemeiner gesagt ist das geometrische Mittel aus n Größen die n-te Wurzel aus ihrem Produkt.

** In den Vereinigten Staaten stellte das Arbeitsamt im Jahr 1999 bei der Berechnung des Verbraucherpreisindex vom arithmetischen auf das geometrische Mittel um.

geometrischen Mittel, dass man für die Konsumgüterpreise 2008 die Einheiten beliebig wählen kann, vorausgesetzt man legt die gleichen Einheiten für die gleichen Konsumgüter im Jahr 2007 zugrunde. Dividiert man den für das Jahr 2008 errechneten geometrischen Mittelwert durch den entsprechenden Wert für 2007, um den Inflationsfaktor zu ermitteln, lassen sich die unterschiedlichen Einheiten wegkürzen, weil sie in Zähler und Nenner genau gleich sind. Ein wahrlich unbestechlicher Index.

86

Allwissenheit kann eine Bürde sein

Verkauf von privat, Encyclopaedia Britannica, sehr guter Zustand. Habe keine Verwendung mehr dafür. Ehemann weiß alles.

(Kleinanzeige)

Stellen Sie sich einmal vor, wie es wohl sein muss, allwissend zu sein. Gar nicht so einfach, oder? Leichter dürfte da schon die Vorstellung fallen, wie es wäre, all das zu wissen, was man wissen will – oder vielleicht muss. Und selbst dies klingt, als befänden Sie sich in einer Position, die es Ihnen erlaubt, omnipotent zu sein: Sie kennen die Lottozahlen der kommenden Woche, wissen, welchen Zug Sie nehmen müssen, um Verspätungen zu vermeiden, oder wer das Fußballspiel des Jahres gewinnt. Allwissend zu sein brächte riesige Vorteile mit sich, obwohl sich das Leben ohne die angenehmen Überraschungen, die es mitunter für uns bereithält, vielleicht als langweilig und öde entpuppte.

Allwissend zu sein bringt das merkwürdige Paradoxon mit sich, dass Sie unter Umständen schlechter gestellt sind, als wenn Sie nicht alles wüssten. Stellen Sie sich ein Videospiel vor, in dem zwei waghalsige Kampfpiloten mit ihren Flugzeugen mit atemberaubender Geschwindigkeit aufeinander zurasen (ähnlich wie bei mittelalterlichen Lanzenturnieren hoch zu Ross, nur ohne Pferde und Lanzen). Nichts für schwache Nerven! Verlierer ist der Pilot, der als erster zur Seite abdreht. Wie sollte die Taktik eines Piloten in einem derartigen Spiel aussehen? Dreht er nie ab, fliegt er in den sicheren Tod, wenn der andere Pilot die gleiche Taktik verfolgt – in diesem Fall gibt es keinen Sieger. Dreht er immer ab, gewinnt er nie, sondern erreicht höchstens ein Unentschieden, wenn der andere Pilot ebenfalls abdreht. Immer abzudrehen ist ohne Frage die einzig sichere Strategie, um die Wahrscheinlichkeit zu minimieren, das Schlachtfeld als Verlierer zu verlassen. Ein Strategie-Mix – manchmal abdrehen und manchmal nicht – läuft darauf hinaus, ein paar Mal zu gewinnen, führt letztlich jedoch zum Tod, es sei denn, der andere Pilot dreht immer dann ab, wenn sein Gegner nicht abdreht. Denkt der andere Pilot gleich (er überlegt sich dies selbständig und weiß nicht, für welche Taktik sich sein Gegner entschieden hat), dürfte er die gleichen Schlüsse ziehen.

Spielen Sie dieses Spiel nun mit einem allwissenden Gegner. Er weiß, welche Strategie Sie verfolgen werden. Folglich müssten Sie sich für die Strategie entscheiden, *nie* abzudrehen. Da Ihr Gegner weiß, dass Ihre Taktik darin besteht, nie abzudrehen, wird er sich seinerseits für die Strategie entscheiden, jedes Mal abzudrehen. Der allwissende Pilot wird also nie gewinnen!

Vermutlich lässt sich diese Geschichte auch auf die Welt der Spionage übertragen. Wenn Sie den Informationsaustausch Ihrer Feinde abhören, und diese wissen, dass Sie mithören, könnte Ihnen Ihre Allwissenheit zum Nachteil gereichen.

87

Warum die Leute nicht klüger sind

Gott hilf mir bei meiner Suche nach der Wahrheit und bewahre mich vor denen, die glauben, sie gefunden zu haben.
(Altes englisches Gebet)

Wenn Astronomen über intelligentes außerirdisches Leben spekulieren oder Biologen sich über eine Zukunft Gedanken machen, in der die Menschheit sich weiterentwickelt hat und intelligenter ist als heute, wird stets vorausgesetzt, eine höhere Intelligenz müsse per se eine gute Sache sein. Es liegt in der Natur des Evolutionsprozesses, Eigenschaften weiterzugeben, die unser Überleben sichern und uns erlauben, Nachkommen zu haben. Wir können uns nur schwer vorstellen, wie ein höheres allgemeines Intelligenzniveau für eine Spezies wie uns zu einer Bürde werden könnte.

Wenn Sie jemals die Erfahrung gemacht haben, eine aus überdurchschnittlich intelligenten Personen bestehende Gruppe zu einem Konsens führen zu müssen, könnten Sie leicht das Gegenteil zu glauben geneigt sein. Ein gutes Beispiel hierfür mag die Herausforderung sein, der sich der Fachbereichsleiter einer Universität gegenübersieht oder der Herausgeber eines Buches, an dem viele Autoren mitwirken. In derartigen Situationen erkennen Sie schnell, dass überdurchschnittliche Intelligenz oft einhergeht mit dem Hang, Individualist und in seinem Denken unabhängig zu sein und allen Andersdenkenden zu widersprechen. Vielleicht ist die Fähigkeit, mit anderen auszukommen und miteinander statt gegeneinander zu arbeiten, die wichtigste Errungenschaft, die uns die Intelligenz im Laufe ihrer Entwicklung beschert hat. Erreichte unsere Intelligenz nun ein übermenschliches Niveau, stellt sich die Frage: Hätte dies womöglich katastrophale soziale Konsequenzen? Andererseits erweist sich ein niedriges allgemeines Intelligenzniveau als äußerst nachteilig, wenn es gilt, potenziell vorhersehbaren Gefahren entgegenzuwirken. Gut möglich, dass für alle Lebensformen ein ideales, den jeweiligen Gegebenheiten angepasstes Intelligenzniveau existiert, um das langfristige Überleben zu sichern.

88

Der Mann aus dem Untergrund

Kunst muss die Menschen bewegen. Design ist dazu nicht imstande, es sei denn, es handelt sich um ein gutes Design für einen Bus.

(David Hockney)

Einmal sah ich zwei Touristen bei dem Versuch, sich anhand eines U-Bahn-Plans in den Straßen im Londoner Zentrum zurechtzufinden. Keine allzu hilfreiche Idee, wenn auch einen Tick besser als ein Monopoly-Brett zur Hand zu nehmen. Die Karte der Londoner U-Bahn ist in ihrer Gestaltung ein phantastisches Beispiel für die Mischung aus Funktionalität und Kunst, besticht jedoch durch eine herausragende Eigenschaft: Die Haltestellen sind geographisch nicht akkurat aufgeführt. Es handelt sich um eine *topologische* Karte, das heißt, die Verbindungen zwischen den einzelnen Haltestellen sind mit absoluter Genauigkeit eingezeichnet, deren derzeitige Position wird jedoch aus ästhetischen und praktischen Gründen verfälscht wiedergegeben.

Als Harry Beck den Verantwortlichen der Londoner U-Bahn-Gesellschaft erstmals diese Art von Kartenwerk vorschlug, war er nichts weiter als ein junger technischer Zeichner, der Vorkenntnisse auf dem Gebiet der Elektronik mitbrachte. Die U-Bahn entstand im Jahr 1906, war jedoch bis Ende der 1920er-Jahre aus wirtschaftlicher Sicht ein Misserfolg, nicht zuletzt aufgrund der Tatsache, dass es so umständlich wie zeitraubend war, von den Außenbezirken Londons ins Zentrum zu gelangen, vor allem, wenn man umsteigen musste. Eine geographisch akkurate Karte sähe chaotisch aus, sind die Straßen im Stadtkern von London doch angeordnet wie Kraut und Rüben, da sie über Jahrhunderte planlos aus dem Boden gestampft wurden. Nicht wie in Paris oder gar New York, wo ein simpler Gesamtplan des Straßennetzes existierte. Die Leute wurden vergrault.

Becks übersichtliche Karte aus dem Jahr 1931 – anfangs von der Werbeabteilung der U-Bahn-Gesellschaft und Generaldirektor Frank Pick verworfen – war dazu angetan, viele Probleme auf einen Schlag zu lösen. Anders als frühere Pläne von Verkehrsverbindungen bestand Becks Karte ausschließlich aus senkrechten, waagrechten sowie diagonalen Linien, was rein optisch an einen elektronischen Schaltkreis erinnerte. Schließlich hatte auch die Themse in vereinfachter Form Berücksichtigung gefunden, und die einzelnen U-Bahn-Stationen wurden sauber und übersichtlich dargestellt, was jedoch zu einer Verzerrung der geographischen Lage der Außenbezirke Londons führte und weit außerhalb liegende Orte wie Rickmansworth, Morden, Uxbridge und Cockfosters wesentlich näher am Stadtzentrum erscheinen ließ. Im Laufe der folgenden 40 Jahre verfeinerte und erweiterte Beck diese Karte kontinuierlich, fügte neue Linien hinzu und passte alte den neuen Gegebenheiten an – immer unter der Prämisse der Einfachheit und Übersichtlichkeit. Um Verwechslungen mit konventionellen Karten auszuschließen, bezeichnete er sein Werk stets als das Londoner U-Bahn-Diagramm oder schlicht «Das Diagramm».

Becks Design-Klassiker war die erste topologische Karte überhaupt. Egal wie man die Karte verzieht oder verzerrt – die Verbindungen zwischen den einzelnen Haltestellen bleiben bestehen. Der Erfolg war nicht nur in kartographischer, sondern auch und vor allem in soziologischer Hinsicht durchschlagend. Dieser Plan definierte die Vorstellung neu, die die Leute von London hatten. Da die Orte in den Außenbezirken auf der Karte Berücksichtigung fanden, fühlten sich ihre Einwohner fortan, als lebten sie ganz in der Nähe des Zentrums. Selbst das Gefüge der Immobilienpreise wurde in seinen Grundfesten erschüttert und neu definiert. Für die meisten von uns entspricht dies dem Bild, wie London «ist».

Becks ursprüngliche Idee macht durchaus Sinn. Wenn Sie sich unter der Erde mit der U-Bahn fortbewegen, müssen Sie nicht wissen, wo Sie sich genau befinden, wie dies der Fall ist, wenn Sie zu Fuß oder mit dem Bus unterwegs sind. Wichtig ist nur, wo Sie ein-, aus- oder auf eine andere Linie umsteigen müssen. Rückt man weit außerhalb gelegene Orte näher ans Zentrum, trägt dies nicht nur dazu bei, das Zusammengehörigkeitsgefühl der Londoner zu stärken, sondern lässt auch ein schön anzusehendes, übersichtliches Diagramm entstehen, das auf einem kleinen Faltplan Platz findet, der in Ihre Jackentasche passt.

89

Es gibt keine uninteressanten Zahlen!

Alles ist auf seine Weise schön.
(Ray Stevens)

Es gibt unendlich viele Zahlen. Kleine Zahlen – wie 1, 2 und 3 – sind ständig in Gebrauch, um die numerisch überschaubaren Dinge im Leben zu beziffern: die Anzahl von Kindern, Autos oder Posten auf der Einkaufsliste. Die Tatsache, dass es so viele verschiedene wesensspezifische Bezeichnungen für identische Kleinstmengen gibt – zum Beispiel Zweier, Zwilling, Doppelpack, Paar, Duo, Pärchen, Duett –, lässt vermuten, dass ihr Ursprung aus der Zeit vor unserem dezimalen Zahlensystem datiert. Jede dieser kleinen Zahlen scheint auf die eine oder andere Weise interessant zu sein. Die Zahl 1 ist die kleinste Zahl überhaupt, 2 die erste gerade Zahl, 3 die Summe der beiden ersten Zahlen; die Zahl 4 ist die erste Nicht-Primzahl und kann folglich durch eine andere Zahl als sich selbst dividiert werden, und 5 ist die Summe aus einem Quadrat (2^2) plus 1. Diese Aufzählung ließe sich munter fortsetzen, und nach und nach begännen wir uns zu fragen, ob es überhaupt irgendwelche vollkommen uninteressante Zahlen gibt, die ein trauriges Mauerblümchendasein fristen.

Sind wir in der Lage, den Beweis anzutreten? Ja, sind wir in der Tat, wenn wir die Frage in der Art und Weise angehen, die so vielen mathematischen Beweisführungen zugrunde liegt. Wir nehmen zunächst an, das Gegenteil sei wahr, um anschließend aus dieser Annahme einen Widerspruch herzuleiten. Was so viel bedeutet, dass unsere erste Annahme falsch gewesen sein muss. Eine Herangehensweise, die der ultimativen Version des strategischen Schachzugs gleichkommt, seinem Gegenüber eine Figur anzubieten, wohl wissend, dass dieser Zug – sofern der Gegner darauf eingeht – den Weg freimacht, um schon bald zum entscheidenden Schlag ausholen zu können. «Ultimativ» deshalb, weil wir mit unserem logischen Schachzug im übertragenen Sinne nicht nur eine einzelne Figur zur Disposition stellen, sondern die gesamte Partie.

Nehmen wir also an, es gäbe positive ganze Zahlen, die uninteressant sind, und fassen diese als Gruppe zusammen. Existiert eine solche Gruppe, enthält sie eine Zahl, die am kleinsten ist. Aber diese kleinste Zahl ist per definitionem interessant, stellt sie doch die kleinste uninteressante Zahl überhaupt dar. Dies steht im Widerspruch zu unserer ursprünglich postulierten Annahme, die Zahl sei uninteressant. Woraus wiederum folgt, dass unsere Annahme falsch war, es gäbe uninteressante Zahlen. Alle Zahlen sind auf ihre Art «interessant».

Wie zum Beweis für diese Aussage drängt sich an dieser Stelle eine in Mathematikerkreisen wohl bekannte Anekdote über den englischen Mathematiker Godfrey Hardy auf, als sich dieser anschickte, seinen Freund, den renommierten indischen Mathematiker Srinivasa Ramanujan, in einem Londoner Krankenhaus zu besuchen. Im Taxi fiel Hardy die Nummer des Wagens – 1729 – ins Auge. Er muss sich wohl so seine Gedanken über diese Zahl gemacht haben, betrat er doch das Krankenzimmer, in dem Ramanujan das Bett hütete, um nach einer äußerst knappen Begrüßung seiner Enttäuschung freien Lauf zu lassen. 1729, erklärte er, sei eine ziemlich langweilige Zahl, und fügte hinzu, er hoffe, dies sei kein schlechtes Omen. «Nein Hardy», antwortete Ramanujan, «es ist eine sehr interessante Zahl. 1729 ist nämlich die kleinste Zahl, die sich als Summe zweier Kubikzahlen in zweierlei Weise ausdrücken lässt.»*
Heute werden solche Zahlen in Anspielung auf diese Begebenheit auch als «Taxi-Zahlen» bezeichnet.

* $1729 = 1^3 + 12^3 = 9^3 + 10^3$.

90
Inkognito

«Die von Ihnen gewählte Nummer existiert nicht.»
(Telefonische Ansage für nicht erreichbare italienische Telefonnummern)*

Im 16. und 17. Jahrhundert war es nicht ungewöhnlich für die führenden Mathematiker jener Zeit, ihre Entdeckungen in verschlüsselter Form zu veröffentlichen. Für uns hört sich dies äußerst merkwürdig an, reklamiert heutzutage doch jeder Wissenschaftler für sich Ruhm und Anerkennung und ist stets bestrebt, als erster eine neue Entdeckung zu machen. Trotzdem steckt hinter dem scheinbar aberwitzigen Verhalten der Mathematiker von damals durchaus Methode. Sie wollten von dem sprichwörtlichen Kuchen nichts abgeben. Wenn Sie eine Entdeckung publik machen, die einen neuen mathematischen «Kniff» enthüllt, gelten Sie zwar als der Entdecker, laufen aber auch Gefahr, dass andere sich dieses «Kniffs» bedienen und Sie mit anderen, möglicherweise bedeutsameren Entdeckungen in den Schatten stellen. Sie haben die Wahl: Entweder Sie verkneifen sich die Veröffentlichung ihrer Entdeckung und nehmen sich erst einmal Zeit, um weiterführende Möglichkeiten eingehend zu untersuchen – wobei Sie das Risiko in Kauf nehmen, dass jemand anders auf Ihre Entdeckung stößt und sie veröffentlicht –, oder Sie machen eine verschlüsselte Version Ihrer Entdeckung publik. Gelingt es niemandem, den Code zu entschlüsseln, ist Ihre Entdeckung vor dem Zugriff anderer sicher geschützt, und wenn jemand auf den Plan tritt und verkündet, er habe «Ihre» Entdeckung gemacht, können Sie einfach auf die Dechiffrierung verweisen und da-

* Im italienischen Original: «Il numero selezionato da lei è inesistente.»

mit den Beweis antreten, dass Sie diese Entdeckung schon vor geraumer Zeit gemacht haben. Ziemlich hinterlistig – und ich muss gleich hinzufügen, dass ein derartiges Verhalten heutzutage in Wissenschaft und Mathematik nicht üblich ist und wahrscheinlich auch nicht toleriert würde. In der Welt der Literatur ist diese Verhaltensweise jedoch zu beobachten. Bücher wie der Polit-Thriller *Mit aller Macht – Primary Colours*, in dem es um den Präsidentschaftswahlkampf Bill Clintons geht und dessen Autor, ein namentlich nicht bekannter Journalist, unter einem Pseudonym schrieb, erwecken ein bisschen den Eindruck, als wollten sie doppelt absahnen.

Angenommen, Sie wollten Ihre Identität auf ähnliche Weise verbergen – wie könnten Sie sich dazu einfache Mathematik zunutze machen? Wählen Sie zwei sehr große Primzahlen aus wie zum Beispiel 104729 oder 105037 (in Wirklichkeit würden Sie sich natürlich wesentlich größere Zahlen mit Hunderten von Stellen aussuchen, aber diese beiden sind groß genug, um den Grundgedanken nachvollziehen zu können). Multiplizieren Sie nun diese beiden Zahlen miteinander – Ergebnis: 11000419973. Trauen Sie im Übrigen Ihrem Taschenrechner nicht, da er mit einer so großen Zahl wahrscheinlich an seine Grenzen stoßen und das Ergebnis ab einem gewissen Punkt abrunden dürfte – mein Taschenrechner jedenfalls spuckte das falsche Ergebnis 11000419970 aus.

Zurück also zu der Herausforderung, etwas inkognito zu veröffentlichen. Sie wollen Ihre Entdeckung publik machen, ohne Ihre Identität öffentlich preiszugeben. Allerdings wollen Sie auch eine versteckte «Signatur» – also ein authentifizierendes Merkmal – anbringen, sodass Sie in Zukunft jederzeit beweisen können, dass Sie der Autor sind. Sie könnten diese Zahl 11000419973 – das Produkt der beiden Primzahlen – auf die Rückseite des Buches drucken lassen, um das Buch zu veröffentlichen. Schließlich sind Ihnen die beiden Faktoren (104729 und 105037) bekannt, sodass Sie jederzeit in der Lage sind, durch deren Multiplikation zu beweisen, dass das Ergebnis Ihr Produkt-«Code» ist. Schon bei einer Zahl wie 11000419973 gestaltet es sich nicht allzu einfach, die beiden zugrunde liegenden Faktoren zu ermitteln. Hätten Sie zwei riesige Primzahlen mit jeweils 400 Stellen gewählt und miteinander multipliziert, könnte es selbst mit Hilfe eines leistungsfähigen Rechners zu einer Lebensaufgabe werden, die beiden Faktoren zu ermitteln. Es ist nicht unmöglich, unseren «Code» zu entschlüsseln, allerdings erscheint es sicherheitstechnisch unnötig, auf wesentlich längere Zahlen zu setzen – die Entschlüsselung muss lediglich sehr viel Zeit in Anspruch nehmen.

Diese Rechenoperation – Multiplikation zweier Zahlen bzw. Zerlegung des Produkts in die beiden Faktoren – ist ein Beispiel für einen so genannten «Falltür-Algorithmus» (siehe Kapitel 27). In eine Richtung ist die Operation schnell und leicht zu vollziehen (man fällt durch eine Falltür), der umgekehrte Weg jedoch ist lang und beschwerlich (man klettert aus der Fallgrube). Weltweit basieren heute die wichtigsten banktechnischen und militärischen Sicherheitscodes auf dieser Rechenoperation, zwei Primzahlen miteinander zu multiplizieren – wenn auch in einer wesentlich komplexeren Version. Wenn Sie zum Beispiel online etwas kaufen und Ihre Kreditkartendaten auf einer sicheren Website eingeben, werden diese mit großen Primzahlen kombiniert, dem Handelsunternehmen übermittelt und anschließend mittels Primfaktorzerlegung entschlüsselt.

91

Das Paradoxon des Eiskunstlaufs

Nach dem Abendessen beschließt Sidney Morgenbesser, einen Nachtisch zu bestellen. Die Bedienung sagt ihm, er könne zwischen Apfel- und Blaubeerkuchen wählen. Sidney bestellt den Apfelkuchen. Kurz darauf kommt die Bedienung zurück und meint, es sei auch noch Kirschkuchen da, woraufhin Morgenbesser antwortet: «Wenn das so ist, dann nehme ich den Blaubeerkuchen!»

(Anekdote aus Gelehrtenkreisen)

Stellen wir uns vor, wir müssten eine Wahl treffen oder eine Stimme abgeben und hätten uns zunächst für K als die beste aller zur Auswahl stehenden Alternativen entschieden. Kommt nun mit Z eine weitere Option ins Spiel, die zuvor schlicht vergessen worden war, scheint es logisch, dass wir unsere Wahl überdenken und entweder an K festhalten oder uns doch für Z entscheiden. Jede andere Wahl wäre scheinbar irrational, würden wir uns doch für eine Option entscheiden, die wir bereits beim ersten Mal verworfen hatten, bevor K unseren Zuschlag bekam. In welcher Weise kann also eine zusätzlich auf den Plan tretende Option die Rangfolge der anderen ändern?

Dass dies nicht passieren darf, haben die meisten Ökonomen und Mathematiker so verinnerlicht, dass diese Möglichkeit in der Regel bei der Gestaltung eines Wahlsystems von vornherein ausgeschlossen wird. Doch wir wissen, dass die Psyche in den seltensten Fällen vollkommen rational ist und es Situationen gibt, in denen eine irrelevant neu ins Spiel kommende Alternative die Reihenfolge unserer Präferenzen ändert, wie dies bei Sidney Morgenbessers Kuchenbestellung der Fall war.

Ein offenkundiges Beispiel für dieses Phänomen war ein Transportsystem, das als Alternative zum Auto einen Busservice mit einem roten Bus anbot. Ungefähr die Hälfte aller Leute war schon bald auf den roten Bus umgestiegen, die andere Hälfte fuhr weiter mit dem Auto. Schließlich wurde zusätzlich ein zweiter – blauer – Bus eingesetzt. Man möchte annehmen, dass fortan ein Viertel aller Reisenden mit dem roten Bus fuhr, ein Viertel mit dem blauen und die restliche Hälfte weiterhin mit dem Auto. Warum sollte die Leute die Farbe des Busses kümmern? In Wirklichkeit jedoch passierte Folgendes: Ein Drittel benutzte den roten Bus, ein Drittel den blauen und ein Drittel den eigenen Wagen!

Ich erinnere mich an eine berühmt-berüchtigte Situation, in der dieser Effekt irrelevanter Alternativen tatsächlich Eingang in das Wertungssystem von Preisrichtern fand, was derart bizarre Ergebnisse hervorbrachte, dass das Wertungssystem später geändert wurde. Die Situation, um die es geht, spielte sich bei den Olympischen Winterspielen 2002 in Salt Lake City ab. Stein des Anstoßes war der Eiskunstlauf der Frauen, wo sich die junge Amerikanerin Sarah Hughes gegen die Favoritinnen Michelle Kwan und Irina Slutskaja durchsetzte. Wenn Sie Eiskunstlauf im Fernsehen verfolgen, wissen Sie, dass die Wertungen (6,0; 5,9; etc.) für eine eisläuferische Darbietung stets mit großem Trara bekanntgegeben werden. Kurioserweise entscheiden diese Noten jedoch nicht darüber, wer den Wettbewerb gewinnt. Sie dienen lediglich dazu, die Eiskunstläuferinnen in eine bestimmte Reihenfolge zu bringen. Sie mögen vielleicht gedacht haben, die Wertungsrichter addierten einfach alle Noten auf, die die Teilnehmerinnen in beiden Durchgängen (Kurzprogramm und Kür) erzielen, und die mit der höchsten Punktzahl gewinnt die Goldmedaille. Leider war dies 2002 in Salt Lake City nicht der Fall. Nach Beendigung des Kurzprogramms präsentierten sich die vier Erstplatzierten in folgender Reihenfolge:

Kwan (0,5), Slutskaja (1,0), Cohen (1,5), Hughes (2,0).

Als die vier Erstplatzierten bekommen sie automatisch die Noten 0,5, 1,0, 1,5 und 2,0 (je niedriger die Wertung, desto besser) – all die 6,0-Traumnoten fallen also auf einen Schlag unter den Tisch. Es spielt keine Rolle, wie groß der Punktevorsprung der Erstplatzierten auf die Zweitplatzierte ist, die Führende hat nach dem Kurzprogramm in jedem Fall nur einen halben Punkt Vorsprung auf ihre schärfste Rivalin. Bei der abschließenden Kür wird nach dem gleichen System gewertet, mit dem einzigen Unterschied, dass die Noten verdoppelt werden und die Erste somit 1 Punkt bekommt, die Zweite 2, die Dritte 3 und so weiter. Anschließend werden die in beiden Durchgängen erzielten Punktzahlen zu einer Gesamtpunktzahl addiert, und die Eiskunstläuferin mit der niedrigsten Gesamtpunktzahl gewinnt die Goldmedaille.

Nachdem Hughes, Kwan und Cohen ihre Kür absolviert hatten, lag Hughes in der Kürwertung mit 1 Punkt in Führung, Kwan war mit 2 Punkten Zweite, und Cohen rangierte mit 3 Punkten auf dem dritten Platz. Addiert man nun die Wertungen aus Kür und Kurzprogramm, so ergibt sich – bevor Slutskaja zu ihrer Kür antritt – in der Gesamtwertung:

1. Kwan (2,5), 2. Hughes (3,0), 3. Cohen (4,5).

Schließlich läuft Slutskaja ihre Kür und erhält die zweitbeste Wertung, sodass sich für die Kür abschließend folgender Stand ergibt:

Hughes (1,0), Slutskaja (2,0), Kwan (3,0), Cohen (4,0).

Das Endergebnis kommt einer Überraschung gleich. Hughes gewinnt die Goldmedaille, da sich folgender Endstand ergibt:

1. Hughes (3,0), 2. Slutskaja (3,0), 3. Kwan (3,5), 4. Cohen (4,5).

Hughes rangiert trotz Punktgleichheit vor Slutskaja, da bei gleicher Gesamtpunktzahl die bessere Kürnote den Ausschlag über die bessere

Platzierung gibt. Aber der Effekt der schlecht durchdachten Wertungsregeln ist offensichtlich. Nach der Darbietung von Slutskaja tauschen Kwan und Hughes die Plätze. Bevor Slutskaja zur Kür aufs Eis geht, liegt Kwan vor Hughes, aber nach Slutskajas Kür findet sie sich plötzlich hinter ihr wieder! Wie kann Kwans Leistung im Vergleich zu Hughes von Slutskajas Kür abhängen? Das Paradoxon der irrelevanten Alternativen lässt grüßen!

92
Die Regel der zwei

Geschichte ist einfach nur eine verdammte Sache nach der anderen.

(Henry Ford)

Unendlichkeiten sind eine verzwickte Sache und stellen Mathematiker und Philosophen seit Jahrtausenden immer wieder vor neue Fragen. Manchmal wird die Summe einer endlosen Zahlenreihe unendlich groß; manchmal nähert sie sich einer endlichen Zahl; und manchmal ist das Ergebnis überhaupt nicht als Summe zu fassen. Vor kurzem hielt ich einen Vortrag über «Unendlichkeit», in dessen Verlauf ich auf die einfache geometrische Reihe

$$S = 1/2 + 1/4 + 1/8 + 1/16 + 1/32 + 1/64 + \dots$$

zu sprechen kam. Wie Sie sehen, ist jeder Term der Summe genau halb so groß wie sein Vorgänger. Tatsächlich ist die Summe dieser Reihe gleich 1, aber jemand im Publikum – kein Mathematiker – wollte wissen, ob ich dies in irgendeiner Form auch beweisen könne.

Glücklicherweise gibt es ein simples Beweisverfahren, für das es nur einer Zeichnung bedarf. Zeichnen Sie ein Quadrat mit der Größe 1×1, sodass der Flächeninhalt gleich 1 ist. Teilen Sie anschließend das Quadrat in der Weise auf, dass zwei gleiche Rechtecke entstehen, deren Flächeninhalt jeweils 1/2 beträgt. Teilen Sie nun eines dieser Rechtecke in zwei kleinere Rechtecke mit einem Flächeninhalt von jeweils 1/4 auf. Im nächsten Schritt teilen Sie eines dieser Rechtecke wiederum in zwei kleinere mit einem Flächeninhalt von jeweils 1/8 auf. Verfahren Sie weiter nach diesem Muster und betrachten Sie schließlich Ihre Zeichnung. Das ursprüngliche Quadrat wurde in eine unendliche Abfolge von Teilflächen unterteilt, die seine Fläche vollständig einnehmen. Der gesamte Flächeninhalt des Quadrats ist gleich der Summe der Teilflächen, die wiederum genau unserer Reihe S entsprechen. Folglich muss die Summe der geometrischen Reihe S gleich 1 sein und entspricht damit – was zu beweisen war – der Gesamtfläche des Quadrats.

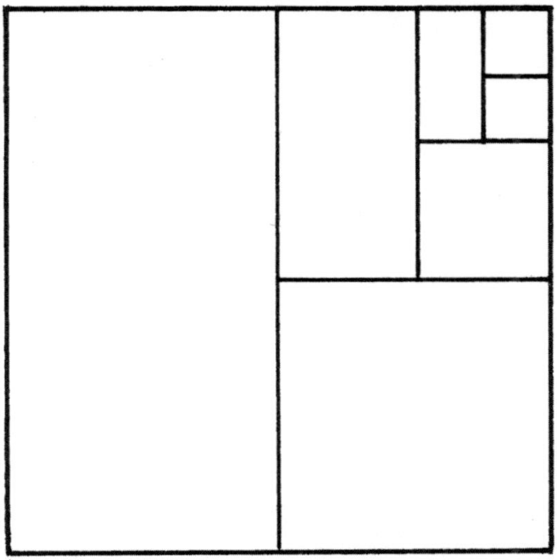

Wenn wir zum ersten Mal auf eine Reihe wie S stoßen, ermitteln wir deren Summe in der Regel auf andere Art und Weise. Wir stellen fest, dass jeder Term jeweils halb so groß wie sein Vorgänger ist und multiplizieren die ganze Reihe mit dem Faktor 1/2, woraus sich

$$1/2 \times S = 1/4 + 1/8 + 1/16 + 1/32 + 1/64 + \ldots$$

ergibt. Wir sehen, dass die sich ergebende Reihe auf der rechten Seite der Gleichung mit Ausnahme des ersten Terms – also 1/2 – genau der ursprünglichen Reihe S entspricht. Und so gilt: $1/2 \times S = S - 1/2$, woraus sich für S abermals der Summenwert 1 ergibt.

93

Trennung und Gruppenbildung

> *Die Welt ist voll von offensichtlichen Dingen, die zufällig niemand je bemerkt.*
>
> *(Sherlock Holmes in* ‹Der Hund von Baskerville›*)*

In vielen Gesellschaften besteht eine spürbare Trennung zwischen einzelnen Bevölkerungsgruppen unterschiedlicher rassischer, ethnischer, religiöser, kultureller oder wirtschaftlicher Herkunft. In manchen Fällen macht eine gesellschaftliche Gruppierung keinen Hehl aus ihrer Abneigung gegenüber einer anderen, manchmal ist jedoch nicht die geringste Abgrenzungsbestrebung zu beobachten, und die verschiedenen Gruppierungen leben – jede individuell auf ihren Wirkungsbereich beschränkt – in friedlicher Koexistenz. Nun ist man gut beraten, Individualverhalten angesichts des Zusammenspiels einer Vielzahl individueller Entscheidungen nicht mit Gruppenverhalten gleichzusetzen. Wendet man statistische Verfahren, die Wissenschaftlern zur Untersuchung von Gruppenverhalten im Allgemeinen dienen, auf Bevölkerungsgruppen an, treten einige ebenso einfache wie unerwartete Wahrheiten zutage.

Thomas Schelling, ein amerikanischer Politologe, begann im Jahr 1978 danach zu forschen, wie es in amerikanischen Städten zur Rassentrennung kam. Viele Leute gingen davon aus, dass sie einfach das Ergebnis von rassischer Intoleranz war. Manche glaubten, die Rassentrennung überwinden zu können, indem man willkürlich verschiedene ethnische Gruppen in einen Topf wirft, und mussten überrascht feststellen, dass dies jedes Mal eine weitere Trennung in verschiedene ethnische Untergruppierungen zur Folge hatte, obwohl die Bevölkerung laut Umfragen im Umgang mit anderen ethnischen Gruppen recht tolerant war. Eine mathematische Untersuchung virtueller Gesellschaften auf der Basis von Computersimulationen ergab, dass kleinste Unausgewogenheiten trotz eines durchschnittlich ausgeprägten Toleranzniveaus zu völliger Abgrenzung führen. Nehmen wir einmal an, eine Familie zieht um aufgrund eines intoleranten Umfelds, wenn mehr als ein Drittel ihrer Nachbarn einer anderen Bevölkerungsgruppe angehört, und bleibt an ihrem Wohnort, wenn dies bei weniger als einem Fünftel ihrer Nachbarn der Fall ist. In dieser Situation führt eine willkürliche Kombination zweier Sorten von Familien («blau» und «rot»), die sich in Merkmalen wie etwa Rasse, Religion oder soziale Schicht unterscheiden, unweigerlich zu einer immer größeren Polarisierung, bis schließlich eine völlige Trennung in eine ausschließlich blaue und eine ausschließlich rote Gemeinschaft erfolgt – wie ein Wasser-Öl-Gemisch* mit dazwischenliegenden leeren «Pufferzonen». In einer Region mit einem überdurchschnittlichen Anteil roter Familien ziehen die blauen weg, was in anderen Regionen zu einem überdurchschnittlichen Anteil blauer Familien führt, weshalb von dort nun die roten wegziehen und so fort. Die Bestimmungsorte liegen in aller Regel in Regionen, wo überdurchschnittlich viele Familien beheimatet sind, die der gleichen Bevölkerungsgruppe angehören wie die sich neu orientierende Familie. Die Grenzgebiete zwischen verschiedenen Regionen verdienen besondere Beachtung, weil dort einzelne Neuankömmlinge in der Lage sind, das Gleichgewicht in die eine oder andere Richtung zu verschieben. Für stabilere Verhältnisse wäre zweifellos gesorgt, wenn sich diese Grenzgebiete allmählich leerten und zu Puffern zwischen den separaten Bevölkerungsgruppen würden.

Diese simplen Einblicke sind von großer Bedeutung, zeigen sie doch, dass in gemischten Gemeinschaften eine strenge Trennung praktisch

* Eigentlich sollte man dieses gängige Beispiel nicht allzu genau betrachten. Wenn die gelöste Luft dem Wasser – etwa durch wiederholtes Frieren und Tauen – entzogen wird, mischen sich Wasser und Öl nämlich problemlos.

unvermeidbar ist, ohne dass ein ernst zu nehmendes Maß an Intoleranz herrschen muss. Rassentrennung muss nicht zwangsläufig mit Vorurteilen verbunden sein, auch wenn dies sicherlich der Fall sein kann, wie die Beispiele Vereinigte Staaten, Rhodesien, Südafrika und Jugoslawien zeigen. Es ist allemal besser, enge Verbindungen zwischen den separaten Bevölkerungsgruppen zu schaffen, als das Zustandekommen solcher Verbindungen zu verhindern. Gruppenverhalten wird von individuellen Faktoren bestimmt, die nicht unbedingt Bestandteil eines Parteiprogramms sein müssen.

94

Nicht mit dem Strom schwimmen

Die E-Mail ist eine wunderbare Sache für Leute, deren Selbstverständnis es ist, immer auf der Höhe des Geschehens zu sein. Aber nicht für mich; ich will den Dingen auf den Grund gehen.
(Don Knuth)

Im vorigen Kapitel haben wir mit einem Beispiel für Gruppenverhalten Bekanntschaft gemacht, das dadurch gekennzeichnet war, dass kein Individuum sich auf Seiten einer klaren Minderheit wieder finden mochte. Dem ist nicht immer so. Wenn Sie dem Alltag entfliehen und auf einer einsamen Insel Urlaub machen wollen, sind Sie bestrebt, zu einer Minderheit zu gehören und nicht zu der Mehrheit, die die gängigen Urlaubsziele frequentiert. Die Kneipe, in die jeder geht, entpuppt sich in den meisten Fällen nicht gerade als Ideallösung, wenn Sie am Eingang Schlange stehen müssen, keinen Stuhl finden können oder eine Stunde warten müssen, bis Sie bedient werden. Besser Sie suchen sich einen weniger bekannten Treffpunkt.

Als spielten Sie ein Spiel, bei dem Sie «gewinnen», wenn Sie zur Minderheit gehören. In der Regel wird es immer eine durchschnittliche Anzahl von Leuten geben, die in den zur Auswahl stehenden Lokalen zu finden sind, aber die Fluktuationen um den Durchschnitt sind sehr groß. Um sie zu reduzieren und zu einer brauchbareren Strategie zu finden, sind Sie auf Informationen über die Besucherzahlen des jeweiligen Lokals angewiesen. Versuchen Sie lediglich, sich in die Psyche anderer Kneipengänger hineinzuversetzen, werden auch Sie den weit verbreiteten Fehler begehen, von der Annahme auszugehen, dass Sie nicht zum Durchschnitt gehören. Sie glauben, dass nicht allzu viele andere Leute ebenfalls Ihre Wahl treffen, obwohl sie sich doch auf die gleichen Eindrücke stützen – und genau deshalb werden Sie an einem sonnigen Sonntagnachmittag vermutlich feststellen müssen, dass sich alle anderen wie Sie auch für den Spaziergang am See entschieden haben.

Stehen zwei Lokale zur Auswahl, ergibt sich aus der Summe aller Erfahrungswerte jedes einzelnen im Idealfall, dass im Schnitt die Hälfte aller Leute jedes Lokal frequentiert – sodass kein Lokal besonders beliebt oder unbeliebt ist. Zunächst sind die Fluktuationen um den Durchschnitt beträchtlich, und so kann es passieren, dass Sie in eine Kneipe kommen und eine unterdurchschnittliche Anzahl von Gästen antreffen. Mit der Zeit gewinnen Sie immer mehr Erfahrungswerte und können besser einschätzen, ob und wann diese Fluktuationen auftreten – und dementsprechend handeln, also die Kneipe aufsuchen, in der sich weniger Gäste befinden. Verfährt jeder in dieser Weise, wird jedes Lokal mit der Zeit die durchschnittliche Anzahl von Gästen konstant halten, aber die Fluktuationen werden kontinuierlich kleiner. Bleibt zu erwähnen, dass es bei diesem «Spiel» Mitspieler geben wird, die auf ihr Gedächtnis und die Analyse von Erfahrungswerten bauen, wiewohl es andere geben wird, die dies nicht so handhaben oder nur in einem Bruchteil der Fälle auf Erfahrung setzen, wenn sie vor einer Wahl stehen. Dies spaltet für gewöhnlich die Bevölkerung in zwei Gruppen – eine, die voll und ganz auf Erfahrungswerte setzt, und eine zweite, die diese ignoriert. Da die Folgen einer falschen Entscheidung (kein Abendessen, vergeudeter Abend) wesentlich negativer ausfallen als die Folgen einer richtigen Entscheidung (promptes Abendessen, gemütlicher Abend) positiv sind, achtet man mehr darauf, eine falsche Entscheidung zu vermeiden, und so neigen die Spieler dazu, ihre «Wetten» gleichmäßig zu platzieren, und entscheiden sich langfristig mit gleicher Wahrscheinlichkeit für jede der zur Auswahl stehenden Optionen. Eignet man sich eine riskantere Strategie an, fährt man mehr Verluste ein, als dass man Gewinne macht. Das Ergebnis ist ein von Vorsicht geprägter, alles andere als nach einem optimalen Muster verlaufender Entscheidungsfindungsprozess von Gruppen – und nur halbvolle Esslokale.

95

Wann werden Sie's endlich kapieren?

Es gibt zwei Gruppen von Menschen auf der Welt; solche, die glauben, dass die Welt in zwei Gruppen von Menschen aufgeteilt werden kann, und solche, die dies nicht glauben.

(Verfasser anonym)

John Venn stammte aus der Nähe des Fischereihafens Hull in Ostengland und ging – wie dies für viel versprechende Mathematiker üblich war – nach Cambridge, wo er sich im Jahr 1853 am Gonville and Caius College als Student einschrieb. Nachdem er in Mathematik zu den besten Absolventen gehörte, bekam er ein Lehrstipendium zuerkannt. Anschließend verließ er das College für vier Jahre und ließ sich 1859 zum Priester weihen. Damit setzte er eine alte Familientradition fort, waren doch sein Großvater und sein Vater angesehene Persönlichkeiten, die den evangelischen Flügel in der anglikanischen Kirche repräsentierten. Doch anstatt den vorgezeichneten klerikalen Weg zu gehen, kehrte er im Jahr 1862 nach Caius zurück, um Logik und Wahrscheinlichkeitstheorie zu lehren. Obwohl es diese merkwürdige Verbindung von Wahrscheinlichkeit, Logik und Theologie nicht unbedingt vermuten ließ, war Venn auch praktisch begabt und ziemlich gut darin, Maschinen zu bauen. So konstruierte er eine Maschine zum Wurf von Kricketbällen, die immerhin so gut war, dass sie es mit einem Mitglied des australischen Kricket-Teams aufzunehmen imstande war, als dieses im Jahr 1909 Cambridge besuchte.

Berühmt wurde Venn durch seine Vorlesungen, die er am College über Logik und Wahrscheinlichkeitstheorie hielt. Im Jahr 1880 wartete er mit einem praktischen Diagramm zur Darstellung logischer Möglichkeiten auf, das schon bald andere Diagramme verdrängte, wie etwa das des berühmten Schweizer Mathematikers Leonard Euler oder des Logikers aus Oxford und surrealistischen Schriftstellers des viktorianischen Zeitalters Lewis Carroll. Im Jahr 1918 wurde das Diagramm schließlich nach seinem Schöpfer benannt und firmiert seitdem unter der Bezeichnung *Venn-Diagramm.*

Venns Diagramme dienen der Darstellung von Beziehungen durch Schnitt- oder Teilmengen. Hier ein einfaches Beispiel, das alle möglichen Relationen zweier jeweils ein Merkmal repräsentierender Mengen darstellt:

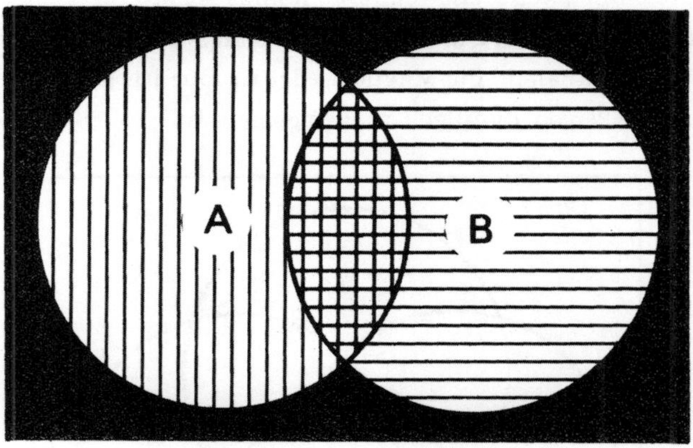

Nehmen wir an, A stellt die Gruppe aller braunen Tiere und B die Gruppe aller Katzen dar. Folglich enthält die schraffiert dargestellte Schnittmenge alle braunen Katzen; die Teilmenge von A, die nicht von B geschnitten wird, enthält alle braunen Tiere außer Katzen; die Teilmenge von B, die nicht von A geschnitten wird, enthält alle Katzen, die nicht braun sind; und schließlich repräsentiert der sich außerhalb von A und B befindliche schwarze Bereich alles, das weder ein braunes Tier noch eine Katze ist.

Derartige Diagramme dienen häufig der Darstellung aller existierenden Relationen zwischen verschiedenen Gruppen. Allerdings ist Vorsicht geboten. Diese Schaubilder sind nur bedingt aussagefähig, da sie durch die «Logik» der Zweidimensionalität eingeschränkt sind – schließlich sind sie auf einem zweidimensionalen Blatt Papier verewigt. Nehmen wir an, wir stellen vier verschiedene Gruppen durch die Kreise A, B, C und D dar. Sie sollen alle Konstellationen von Freundschaften dreier Personen darstellen, die unter den vier Personen Alex, Bob, Chris und Dave möglich sind. Die Menge A repräsentiert Freundschaften zwischen Alex, Bob und Chris; die Menge B Freundschaften zwischen Alex, Bob und Dave; die Menge C Freundschaften zwischen Bob, Chris und Dave; und die Menge D Freundschaften zwischen Chris, Dave und Alex. Die Darstellungsweise des Venn-Diagramms weist eine gemeinsame Schnittmenge von A, B, C und D auf, folglich müsste diese Schnittmenge eine Person enthalten, die Mitglied jeder Gruppe ist. Jedoch existiert keine solche Person, die allen Gruppen gemein ist.

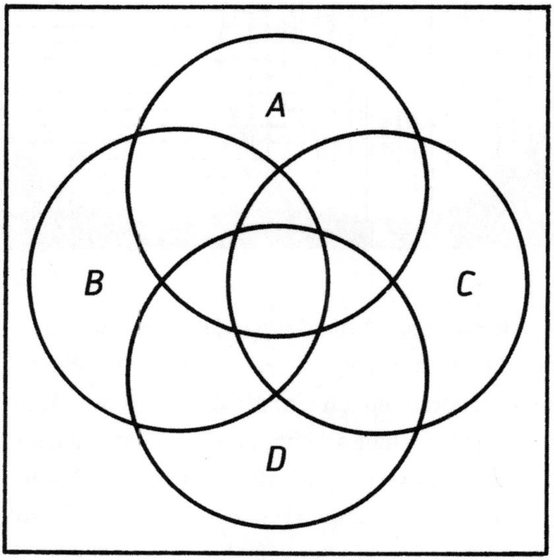

96

Irrationalität hat auch ihre Vorzüge

Mystik beschäftigt sich mit Thesen, die ihre eigene Antithese enthalten. In der westlichen Hemisphäre gelten solche Thesen als leer, in der östlichen nur dann, wenn sie zutreffen.
(Raymond Smullyan)

Fotokopieren ist mehr, als mit bloßem Auge zu sehen ist. Ziehen Sie eine Kopie hier in Europa, und Sie werden bald eine Feinheit so sehr zu schätzen wissen, dass Sie sie am liebsten als gegeben voraussetzen wollten. Wenn Sie zwei DIN-A4-Blätter nebeneinander mit der Vorderseite nach unten auf einen Kopierer legen, sind Sie diese so zu verkleinern imstande, dass sie nebeneinander auf *einer* DIN-A4-Seite Platz finden und als *ein* Blatt ausgedruckt werden können. Dabei ist die Kopie der beiden im Maßstab verkleinerten Seiten genau dem Papierformat angepasst, sodass Ihr Ausdruck keine hässlichen Ränder aufweist. Versuchen Sie dies in den Vereinigten Staaten mit zwei Briefpapierseiten amerikanischen Standardformats, ist das Ergebnis ein völlig anderes. Was hat es damit also auf sich, und was hat dies alles mit Mathematik und Irrationalität zu tun?

Die internationalen Standardgrößen für Papierformate (nach ISO), von denen A4 ein Format darstellt, basieren auf einer simplen Beobachtung, die der deutsche Physiker Georg Lichtenberg im Jahr 1786 als Erster machte. Jede Papiergröße der so genannten *A-Reihe* weist den halben Flächeninhalt des nächst größeren Formats auf, ist sie doch halb so breit, jedoch gleich lang. Legt man also zwei Seiten nebeneinander, erhält man eine Seite des nächst größeren Formats: So ergeben beispielsweise zwei A4-Seiten eine A3-Seite. Bei einer Länge L und Breite W bedeutet dies, die Seitengröße so zu wählen, dass gilt: $L / W = 2W / L$. Dies setzt $L^2 = 2W^2$ voraus, sodass die Seitenlängen proportional zur Quadratwurzel von 2 sind – eine irrationale Zahl, die etwa 1,41 beträgt. Es gilt also: $L / W = \sqrt{2}$.

Dieses irrationale Verhältnis zwischen der Länge und der Breite – das so genannte «Seitenverhältnis» – eines Blatt Papiers ist das bestimmende Merkmal der Formate der A-Reihe. A0, das größte Format, weist per definitionem einen Flächeninhalt von 1 Quadratmeter auf, und so belaufen sich seine Dimensionen auf eine Länge $L(A0) = 2^{1/4}$ m und eine Breite $W(A0) = 2^{-1/4}$ m. Durch das Seitenverhältnis wird festgelegt, dass eine A1-Seite eine Länge von $2^{-1/4}$ und eine Breite von $2^{-3/4}$ hat, ihr Flächeninhalt also lediglich $^1/_2$ Quadratmeter beträgt. Folgen wir diesem Muster, können wir konstatieren, dass für die Seitenlängen des Blattformats AN – wobei N = 0, 1, 2, 3, 4, 5, etc. – allgemein gilt:

$$L(AN) = 2^{1/4 - N/2} \text{ bzw. } W(AN) = 2^{-1/4 - N/2}.$$

Der Flächeninhalt einer Seite dieses Formats – also Länge mal Breite – beträgt folglich 2^{-N} Quadratmeter.

Man hätte jedes beliebige andere Seitenverhältnis als $\sqrt{2}$ wählen und etwa den Goldenen Schnitt zugrunde legen können, der sich im Altertum bei Künstlern und Architekten so großer Beliebtheit erfreute. Dies bedeutete, die Papierformate hätten ein Seitenverhältnis von $L / W = (L + W) / L$, also $L / W = (1 + \sqrt{5}) / 2$ – eine Wahl, die sich in der Praxis allerdings als nicht besonders klug erwiese.

Das Schöne an einem Seitenverhältnis von $\sqrt{2}$ wird besonders augenfällig, wenn wir auf unser Fotokopiergerät zurückkommen, bedeutet dieser ominöse Wert $\sqrt{2}$ doch, dass wir eine A3-Seite oder zwei nebeneinander liegende A4-Seiten auf die Größe einer A4-Seite verkleinern können, ohne dass die ausgedruckte Seite Ränder oder Lücken aufweist. Wenn wir genau hinsehen, stellen wir fest, dass der Kopierer über die Funktion verfügt, das Format A3 um 70% (bzw. 71%, wenn es sich um ein pedantischeres Modell handelt) auf das Format A4 zu verkleinern. Grund dafür ist die Tatsache, dass 0,71 annähernd $1 / \sqrt{2}$ entspricht – genau der Wert, der vonnöten ist, um eine A3-Seite oder zwei A4-Seiten auf das Format *einer* A4-Seite zu reduzieren. Die beiden Maße L und W werden auf $L\sqrt{2}$ und $W\sqrt{2}$ verkleinert, was eine Reduzierung des Flächeninhalts LW auf $LW\sqrt{2}$ mit sich bringt und damit die geforderte Bedingung erfüllt, um ein Blatt Papier des Formats AN auf die nächst kleinere Größe zu reduzieren. Analog steht uns die Funktion einer Vergrößerung um 140% zur Verfügung (bei besagten pedantischeren Kopierern sind es 141%), da $\sqrt{2} = 1{,}41$. Einer der Vorteile dieses für alle Verkleinerungen und Vergrößerungen geltenden, konstanten Seitenverhältnisses ist darin zu sehen, dass Schaubilder ihre relative Form beibehalten und nicht verzerrt dargestellt werden: Quadrate werden nicht zu Rechtecken, und Kreise nicht zu Ellipsen, wenn die Seitengröße ein anderes Format der A-Reihe annimmt.

In Amerika und Kanada gehen die Uhren in der Regel bekanntlich anders. Die vom American National Standards Institute (ANSI) per definitionem in Zoll festgelegten, gebräuchlichen Papiergrößen umfassen das Format A (8,5 Zoll × 11 Zoll) oder «Letter»-Format, B (11 × 17) oder «Legal», C (17 × 22) oder «Executive» sowie D (22 × 34) und E (34 × 44) alias «Ledger». Darüber hinaus weist das nordamerikanische System zwei verschiedene Seitenverhältnisse auf – abwechselnd 17 / 11 und 22 / 17. Dies bedeutet, Sie müssen ein Format überspringen, wollen Sie das gleiche Seitenverhältnis beibehalten, wenn Sie verkleinern oder vergrößern. Was wiederum zur Folge hat, dass Sie zwei Blätter der gleichen Größe nicht auf das nächst größere bzw. kleinere Format bringen können, ohne dass auf der Kopie ein leerer Rand zurückbleibt. Wollen Sie auf einem amerikanischen Fotokopierer Seiten verkleinern oder vergrößern, sind Sie gezwungen, den Papierschacht zu wechseln, um das Seitenverhältnis der neuen Papiergröße anzupassen, und können sich nicht wie hierzulande auf ein konstantes Seitenverhältnis von $\sqrt{2}$ verlassen. Manchmal kann ein bisschen Irrationalität ganz nützlich sein.

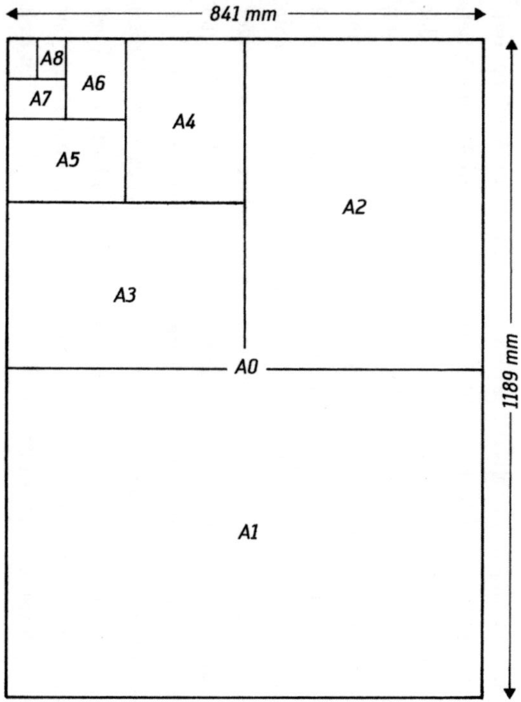

Formate nach ISO-Standard

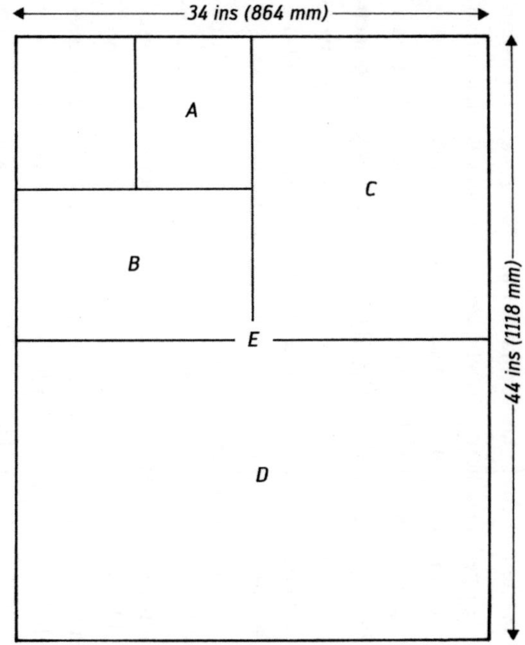

Formate nach ANSI-Standard

97

Merkwürdige Formeln

Entscheidung plus Durchführung mal Planung ergibt Produktivität minus Verzug im Quadrat.
(Armando Iannucci)

Mathematik ist mancherorts zu einem derartigen Statussymbol geworden, dass ein regelrechter Run auf sie eingesetzt hat und sie von vielen Leuten oft wahllos herangezogen wird, ohne einen Gedanken daran zu verschwenden, ob ihr Gebrauch der jeweiligen Sache angemessen ist. Die Tatsache, dass wir durch mathematische Symbole Wörter in anderer Weise auszudrücken imstande sind, heißt durchaus nicht, dass dies zwangsläufig auch unseren Horizont erweitert. Es ist hilfreicher, «drei kleine Schweine» zu sagen, als die Gesamtmenge aller Schweine, die Gesamtmenge aller Dreiergruppen und die Gesamtmenge aller kleinen Tiere zu definieren, um anschließend die Schnittmenge dieser drei sich überschneidenden Mengen zu bilden. Im Jahr 1725 unternahm der schottische Philosoph Francis Hutcheson als erster einen interessanten Vorstoß in diese Richtung, was schließlich dazu führte, dass er ein erfolgreicher Philosophieprofessor an der Universität Glasgow wurde. Er wollte die moralische Integrität einzelner Handlungen berechnen. Unverkennbar der Bezug zu Newton, der einst mit großem Erfolg die Welt der Physik mathematisch beschrieb: Seine Methodik war dazu angetan, in den unterschiedlichsten Disziplinen gleichermaßen bewundert wie kopiert zu werden. Hutcheson stellte eine Universalformel auf, um die unseren Handlungen zugrunde liegende Ethik – den Grad des Wohlwollens – zu ermitteln:

$$\text{Ethik} = \frac{\text{Gemeinwohl} +/- \text{Privatinteressen}}{\text{Natürliche Fähigkeit, Gutes zu tun}}$$

Hutchesons Formel der Moralarithmetik hat eine ganze Reihe von Vorzügen. Besitzen zwei Menschen die gleiche natürliche Fähigkeit, Gutes zu tun, ist derjenige ethisch höher anzusiedeln, dessen Handlung den größeren Nutzen für das Gemeinwohl hat. Und bescheren zwei Menschen der Gesellschaft das gleiche Maß an Gemeinwohl, ist derjenige ethisch höher einzuschätzen, dessen natürliche Fähigkeit, Gutes zu tun, schwächer ausgeprägt ist.

Der andere Bestandteil von Hutchesons Formel, Privatinteressen, kann sowohl positiv als auch negativ in die Berechnung einfließen (+/-). Kommt die Handlung einer Person dem Gemeinwohl zugute, schadet jedoch der handelnden Person (wenn zum Beispiel jemand unentgeltlich gemeinnützige Arbeit leistet, anstatt einer bezahlten Beschäftigung nachzugehen), wird der moralische Wert seiner Handlung durch den Faktor Gemeinwohl + Privatinteressen erhöht. Kommt die Handlung jedoch sowohl dem Gemeinwohl als auch der handelnden Person selbst zugute (wenn sich zum Beispiel jemand in einer Bürgerinitiative engagiert, um ein hässliches Bauprojekt in der Nachbarschaft zu stoppen, das sowohl eine Beleidigung für das eigene Auge als auch für das der anderen Anwohner darstellt), wird der moralische Wert seiner Handlung durch den Faktor Gemeinwohl + Privatinteressen verringert.

Hutcheson ordnete den Größen in seiner Formel keine numerischen Werte zu, wäre jedoch jederzeit in der Lage gewesen, dies bei Bedarf zu tun. Die Ethik-Formel hilft uns nicht wirklich weiter, da sie keine neuen Erkenntnisse bringt. Die ganze Information, die sie enthält, enthält sie in erster Linie um ihrer selbst willen. Jeder Versuch, Faktoren wie Moral, Eigeninteresse und natürliche Begabung zu messen, wäre vollkommen subjektiv und letztlich zum Scheitern verurteilt, wäre es doch unmöglich, jemals eine brauchbare Prognose zu treffen. Nichtsdestotrotz ist die Formel ein praktisches Kürzel für viele Wörter.

200 Jahre später rief der berühmte amerikanische Mathematiker

George Birkhoff ein spannendes Projekt ins Leben, das verdächtig an Hutchesons Exkursion in die Welt der rationalistischen Phantasie erinnerte. Birkhoff forschte nach einer einheitlichen Regel zur ästhetischen Beurteilung von Kunstwerken und widmete sich viele Jahre seiner Karriere der Suche nach einer Quantifizierungsmöglichkeit für das, was uns an Musik, Kunst oder Architektur fasziniert. Im Rahmen seiner Studien trug er viele Beispiele aus den verschiedensten Kulturen zusammen, und sein Buch *Aesthetic Measure* ist bis heute eine fesselnde Lektüre. Birkhoff gelang es auf bemerkenswerte Weise, alles auf eine einzige Formel zu reduzieren, die mich unweigerlich an Hutchesons Formel erinnert. Er glaubte, das ästhetische Maß wird von einer Größe bestimmt, die von dem Verhältnis zwischen Ordnung und Komplexität abhängt:

$$\text{Ästhetisches Maß} = \text{Ordnung} / \text{Komplexität}.$$

Er machte sich daran, Methoden zu entwickeln, um Ordnung und Komplexität bestimmter Formen und Muster objektiv quantifizieren zu können, und wandte diese auf die unterschiedlichsten Vasenformen, Fliesenmuster, Friesformen und designerische Elemente aller Art an. Natürlich macht es keinen Sinn, Vasen mit Bildern zu vergleichen: Um eine aussagekräftige ästhetische Bewertung vornehmen zu können, ist es zwingend erforderlich, sich auf die verschiedenen Ausprägungen *eines* Mediums oder *einer* Form zu beschränken. Im Falle polygonaler Formen vergibt Birkhoff zur Bewertung von Ordnung und Ausgeglichenheit Punkte für das Vorhandensein oder Nichtvorhandensein vier denkbarer Symmetrien und Strafpunkte für Komponenten, die zu wünschen übrig lassen (wenn etwa der Abstand zwischen zwei Scheitelpunkten zu gering ist, die Innenwinkel sich zu sehr 0 oder 180 Grad annähern oder ein Mangel an Symmetrie besteht). Das Ergebnis ist eine Zahl, die nicht größer als 7 sein kann. Komplexität definiert Birkhoff als die Anzahl gerader Linien, die mindestens eine Seite des Polygons begrenzen, also 4 im Falle eines Quadrats, jedoch 8 (4 horizontale und 4 vertikale) im Falle eines Römischen Kreuzes (wie wir der folgenden Darstellung entnehmen können):

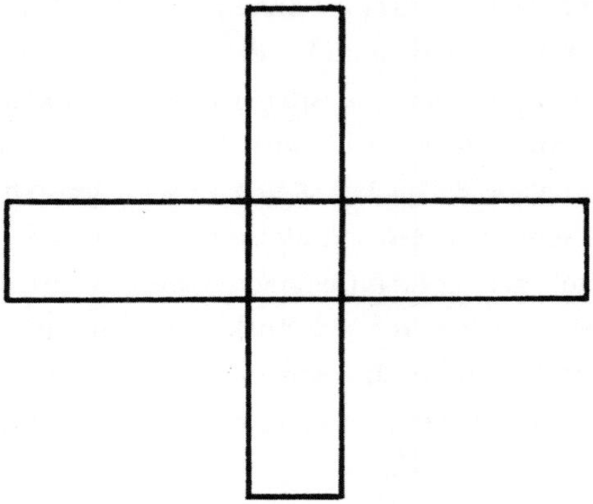

Birkhoffs Formel für das ästhetische Maß hat den Vorteil, dass sie die ästhetischen Komponenten in Zahlengrößen ausdrückt, doch leider ist die Komplexität der Ästhetik zu breit gefächert, um von einer simplen Formel dieser Art in ihrer Gesamtheit erfasst zu werden. Darüber hinaus ist sie im Gegensatz zu Hutchesons unausgegorener Formel keine Maßeinheit hervorzubringen imstande, die zufriedenstellend wäre. Wendet man seine Formel auf Fraktale an, deren Strukturmuster sich in immer kleinerem Maßstab wiederholen und nicht nur Mathematiker in ihren Bann ziehen, ergibt sich das Problem, dass die Ordnung maximal den Wert 7 annehmen kann, die Komplexität jedoch mit kleiner werdendem Maßstab stetig zunimmt und so die Ästhetik rasch gegen null tendiert.

98
Chaos

Andere Länder mögen eine unvorhersehbare Zukunft haben, Russland ist ein Land mit einer unvorhersehbaren Vergangenheit.

(Juri Afanasiew)

Chaos ist das Ergebnis von Unwissenheit. Es stellt sich ein, wenn in komplexen Systemen ein klein wenig Unkenntnis über den aktuellen Stand der Dinge eine derartige Eigendynamik annimmt, dass das Maß an Unwissenheit nicht nur proportional zum Faktor Zeit wächst, sondern sich mit jedem Zeitintervall verdoppelt. Bestes Beispiel hierfür ist das Wetter. Oft sind wir nicht in der Lage, das Wetter verlässlich vorherzusagen, nicht weil wir dazu außerstande sind oder die Meteorologie ein Geheimnis birgt, das Physiker bislang noch nicht lüften konnten, sondern weil wir über den aktuellen Stand des Wetters nur unvollständig informiert sind. In manchen Landesteilen verfügen wir alle 100 Kilometer über eine Wetterstation, die in periodischen Abständen Messungen vornimmt, und selbst in Übersee unterhalten wir Niederlassungen. Ein dichtes Netz, möchte man meinen, das jedoch genug Raum für beträchtliche Unterschiede in den Prognosen der einzelnen Wetterstationen lässt. Das *Met Office*, der nationale meteorologische Dienst des Vereinigten Königreichs, ist gezwungen, seine Berechnungen zu extrapolieren und die zwischen den Messstationen herrschenden Wetterbedingungen anhand des vorliegenden Datenmaterials näherungsweise zu bestimmen. Leider führt eine kleine Abweichung in dieser Extrapolation in vielen Fällen zu einer völlig unterschiedlichen Wettervorhersage.

Diese Art von Abhängigkeiten – wie empfindlich zukünftige Entwicklungen auf geringfügig veränderte Anfangsbedingungen reagieren – wurde in den 1970er-Jahren zum Objekt wissenschaftlicher Untersuchungen, als die ersten erschwinglichen Computer in die Welt der Wissenschaft Einzug hielten. Bald war der Begriff *Chaos*forschung geboren, um zu veranschaulichen, welch unerwartetes Chaos scheinbar harmlose Anfangsbedingungen aufgrund des exponenziellen Wachstums jeder noch so kleinen Unwissenheit und der sich daraus ergebenden Konsequenzen anzurichten imstande sind. Die Filmindustrie griff den Stoff ebenfalls auf und brachte *Jurassic Park* in die Kinos – ein Film, in dem ein kleiner Fehler, der die unkontrollierte Fortpflanzung von Dinosauriern zur Folge hat, und ein zerbrochenes Reagenzglas dazu führen, dass aus etwas Unkenntnis in kürzester Zeit äußerste Ahnungslosigkeit wird, die Dinge sich rapide verschlechtern und die Katastrophe schließlich ihren Lauf nimmt. Selbst ein «Chaosforscher» tritt auf, der uns alles erklärt, während wir gebannt verfolgen, wie die Probleme lawinenartig zunehmen und völlig außer Kontrolle geraten.

Das Chaos weist eine interessante Facette auf, die sich in unserem – vollkommen unmathematischen – Umgang mit Literatur, Musik und Theater niederschlägt. Wie beurteilen wir, ob ein Buch, ein Musik- oder Theaterstück «gut» ist oder besser als ein anderes? Warum glauben wir, dass *Der Sturm* besser ist als *Warten auf Godot* oder John Cages *4'33"* – ein Stück, das aus 4 Minuten und 33 Sekunden* Stille besteht – Beethovens 5. Sinfonie nicht das Wasser reichen kann?

Man könnte argumentieren, gute Bücher sind daran zu erkennen, dass wir sie ein zweites Mal lesen wollen, gute Theaterstücke zeichnen

* Es hat mich jedes Mal überrascht, dass meine «Enthüllung», warum es sich ausgerechnet um 4 Minuten und 33 Sekunden handelt (und um keine andere Zahl), für all die Musiker eine Neuigkeit war, mit denen ich über das Stück gesprochen habe. Tatsächlich wählte Cage dieses Zeitintervall von 273 Sekunden, um den absoluten Nullpunkt seiner Klangskala zu markieren – in Anlehnung an die minus 273 Grad Celsius, die den absoluten Nullpunkt der Temperaturskala darstellen und jegliche Teilchenbewegung zum Erliegen bringen. Bemerkenswerterweise behauptete Cage einst, *4'33"* sei sein bedeutendstes Werk.

sich dadurch aus, dass wir eine weitere Vorstellung besuchen wollen, und gute Musik weckt das Bedürfnis in uns, das gleiche Stück in einer anderen Version zu hören. Allen diesen Werken schreiben wir ein kleines bisschen chaotische Unvorhersagbarkeit zu, was uns reizt, sie ein zweites Mal zu sehen, hören oder lesen. Eine kleine Veränderung in Regie und Besetzung von *Der Sturm*, ein anderes Orchester mit einem neuen Dirigenten oder ein anderer Gemütszustand des Lesers bei der Buchlektüre führt zu einer völlig unterschiedlichen Wahrnehmung des Theaterstücks, der Musik oder des Buchs. Feld-Wald-und-Wiesen-Kunst geht dieses Merkmal ab. Bloße Veränderungen der Begleitumstände führen weitgehend zur gleichen Wahrnehmung des Werks, weshalb es keinen Grund gibt, die gleiche Erfahrung ein zweites Mal zu machen. Chaos ist nicht nur ein Phänomen, das es zu vermeiden oder unter Kontrolle zu halten gilt.

Manche Leute glauben, das Eintreten von Chaos bedeute das Ende der Wissenschaft. Es wird zwangsläufig immer ein gewisses Maß an Unwissenheit über alles Mögliche in dieser Welt geben, ist das uns zur Verfügung stehende Instrumentarium doch nicht fehlerfrei. Aber wie sollen wir etwas verstehen oder gar vorhersagen können, wenn dieses Maß an Unwissenheit so rasant wächst? Auch wenn hier in meinem Zimmer einzelne Atome und Moleküle chaotisch umherschwirren, so ist ihre Gesamtbewegung als Mittelwert glücklicherweise absolut vorhersagbar. Zahlreiche chaotische Systeme weisen dieses praktische Merkmal auf, und nicht umsonst bedienen wir uns derartiger Mittelwerte, um zu messen, was um uns herum passiert. So stellt zum Beispiel die Temperatur nichts weiter als ein Maß für die Durchschnittsgeschwindigkeit von Molekülen im Raum dar. Obwohl die einzelnen Moleküle eine Entwicklung vor sich haben, die schon nach wenigen Kollisionen mit anderen Molekülen oder sich im Raum befindlichen dichteren Objekten unmöglich vorherzusagen ist, sind es gerade diese Kollisionen, die dafür sorgen, dass der Mittelwert weitgehend konstant bleibt und mithin zuverlässig vorhersagbar ist. Chaos bedeutet durchaus nicht das Ende der Welt.

99

Alle Mann an Bord

Ich bin kein Playboy-Bunny der Lüfte, ich bin auch kein Aerosexueller. Ich mag keine Flugzeuge. Ich wollte nie Pilot werden wie diese ganzen Horden von Trotteln, die die Luftfahrtindustrie bevölkern.

(Michael O'Leary, Chef von Ryanair)

Wenn Sie in Ihrem Leben so viel Zeit wie ich damit verbracht haben, in Warteschlangen herumzustehen, um Ihr Flugzeug zu besteigen, wissen Sie, welche Gemeinheiten sich Fluggesellschaften auszudenken imstande sind. Billigfliegern wie Ryanair ist das Gerangel herzlich egal, das ohne Platzreservierungen jedes Mal aufkommt. Später erkannten sie, dass es tatsächlich noch eine Möglichkeit gibt, das Ganze weiter auf die Spitze zu treiben, und verkauften uns fortan die Serviceleistung des «Priority Boarding» – also das Recht, vor den anderen Fluggästen an Bord gehen zu können. Leute mit kleinen Kindern oder Behinderte genießen keinerlei Vorzugsbehandlung, was zur Folge hat, dass das ohnehin schon nervenaufreibend langsame Besteigen des Flugzeugs insgesamt noch schleppender vonstatten geht. Was aber, wenn nun jeder Passagier seinen Flug mit «Priority Boarding» bucht? Ich bin mir nicht sicher, aber ich vermute, genau darauf läuft das Spielchen letztlich hinaus.

Kommerzielle Fluggesellschaften haben eine Vielzahl von Möglichkeiten, um die Wartezeiten von Economy-Passagieren zu verkürzen und ihren Flug so stressfrei wie möglich zu gestalten. Jeder könnte seinen reservierten Platz haben, und Kinder und solche Passagiere, die mehr Zeit zum Einsteigen brauchen, gingen zuerst an Bord. Die Fluggesellschaften könnten das Einsteigen anhand der Sitznummern regeln und – stünde etwa zum Einsteigen nur vorne eine einzige Flugzeugtür zur Verfügung – die weiter hinten sitzenden Passagiere zuerst einsteigen lassen, um zu vermeiden, dass sie anderen Fluggästen den Weg versperren, die an ihnen vorbei müssen.

Auf dem Papier hört sich das alles wunderbar an, in der Praxis jedoch verstopft immer irgendjemand den Mittelgang: Leute, die ihr überdimensioniertes Handgepäck in das Gepäckfach über den Sitzen zu verstauen versuchen, oder Leute, die am Gang sitzen und jedes Mal aufstehen müssen, wenn der Sitznachbar seinen Fensterplatz einnehmen will – irgendwie steht jeder jedem im Weg herum. Es muss eine bessere Strategie geben.

Jason Steffen, ein junger deutscher Astrophysiker am in der Nähe von Chicago beheimateten *Fermilab*, hatte wohl den gleichen Gedanken und begann, die Effizienz verschiedener Strategien zum Einsteigen in ein Flugzeug zu untersuchen. Er bediente sich eines einfachen Computersimulationsprogramms, das es ihm erlaubte, sowohl Änderungen der Gesamtstrategie vorzunehmen als auch zahlreiche kleinere Zufallsmodifikationen anzubringen, die jede noch so gut gemeinte Strategie aushebeln. Sein virtuelles Flugzeug verfügt über 120 Plätze, wobei 6 Passagiere in einer Reihe sitzen, die durch einen Mittelgang getrennt ist. Es gibt weder Business- noch erste Klasse, und jeder der virtuellen Fluggäste führt Handgepäck mit sich, das es zu verstauen gilt.

Die denkbar schlechteste Strategie für ein Flugzeug mit nur einem, sich vorne befindlichen Zugang war nicht schwer zu ermitteln: Einsteigen nach Sitznummern, beginnend von vorne. In diesem Fall müssten sich alle Passagiere an denjenigen Fluggästen vorbeikämpfen, die sich bereits an Bord befinden und damit beschäftigt sind, ihr Handgepäck zu verstauen, um ihre Plätze einnehmen zu können. Dass dies die schlechteste Strategie darstellt, ist ziemlich offensichtlich, ließ jedoch Fluggesellschaften zu dem Schluss kommen, die beste Strategie müsse einfach das Gegenteil der schlechtesten sein – also Einsteigen nach Sitznummern, aber beginnend von hinten. Bemerkenswerterweise fand Steffen im Rahmen seiner Untersuchungen heraus, dass dies in Wirklichkeit die zweitlangsamste Strategie darstellt! Nur die Strategie, von vorne beginnend nach Sitznummern einzusteigen, schnitt noch schlechter ab. Selbst die Strategie, alle Passagiere unabhängig von ihrer Sitznummer nach dem Zufallsprinzip einsteigen zu lassen, wäre wesentlich effizienter. Die beste Strategie jedoch war strukturierter. Nach ihr müssten die Passagiere in der Weise das Flugzeug besteigen, dass erstens die Inhaber eines Fensterplatzes vor den Leuten mit einem Platz in der Mitte oder am Gang an Bord gehen, und zweitens die Passagiere, die gleichzeitig Handgepäck zu verstauen haben, auf die ganze Länge des Flugzeugs verteilt werden, anstatt sich an einer Stelle gegenseitig auf die Füße zu treten.

Gehen die Passagiere aller geradzahligen Sitzreihen mit Fensterplätzen zuerst an Bord, finden sie vor und hinter sich jeweils eine freie Sitzreihe vor und haben somit im Mittelgang genug Platz, um sich beim Verstauen des Handgepäcks nicht in die Quere zu kommen. So können alle gleichzeitig ihr Gepäck verstauen, und sollte doch jemand in die Verlegenheit kommen, vorbei zu müssen, kann jeder problemlos in die freien Sitzreihen ausweichen und Platz machen. Beginnt man von hinten, lässt sich auch hier die Notwendigkeit vermeiden, an anderen Fluggästen vorbei zu müssen. Dann folgen die Passagiere, die auf dem Mittelplatz oder am Gang sitzen, und schließlich alle die, deren Sitzreihen ungeradzahlig sind.

Nicht jeder ist imstande, diese Strategie ohne Weiteres buchstabengetreu zu befolgen; so können etwa kleine Kinder, auch wenn sie zuerst an Bord gehen dürfen, nicht einfach von ihren Eltern getrennt werden. Dennoch könnte der Zeitgewinn beträchtlich sein, machte man diese Strategie zum Standard. Das Computermodell zeigte anhand von vielen hundert Simulationsläufen mit verschiedenen kleinen Modifikationen («Problempassagiere»), dass sie im Schnitt ungefähr sieben Mal effizienter – sprich: schneller – ist als die herkömmliche Strategie, diejenigen Passagiere zuerst einsteigen zu lassen, die in den hinteren Reihen sitzen. Steffen hat «seine» Strategie sogar patentieren lassen!

100
Das globale Dorf

Imagine all the people
Sharing all the world.
(John Lennon)

Manchmal sieht man den Wald vor lauter Bäumen nicht. Unser Verstand wird von großen Zahlen überschwemmt. Es ist schwer, sich eine Million vorzustellen, geschweige denn eine Milliarde. Dinge in ihrer Größe zu reduzieren hilft uns, sie greifbarer und anschaulicher zu machen. Im Jahr 1990 wurde das berühmte Modell des «Globalen Dorfs» entwickelt*, um den Zustand unserer Welt zu veranschaulichen: Stellen wir uns vor, wir ließen die gesamte Weltbevölkerung auf ein Dorf mit 100 Einwohnern schrumpfen und behielten die charakteristischen Merkmale aller auf der Erde lebenden Völker maßstabsgetreu bei. Wie würde dieses Dorf wohl aussehen?

Es bestünde aus 57 Asiaten, 21 Europäern, 14 Amerikanern (sowohl Nord- als auch Südamerikanern) und lediglich 8 Afrikanern. 70 Dorfbe-

* Dieses Bild eines globalen Dorfes stammt ursprünglich von Donatella Meadows aus dem Jahr 1990 und basierte auf einer Bevölkerung von 1000 Menschen. Nachdem der Umweltaktivist David Copeland einen Beitrag Meadows' im Radio gehört hatte, nahm er Kontakt zu ihr auf und überarbeitete ihre Zahlen, sodass aus den ursprünglich 1000 schließlich 100 Dorfbewohner wurden. Diese Darstellung fügte er einem Poster bei, das beim Erdgipfel 1992 in Rio an 50 000 Menschen verteilt werden sollte. Meadows' Originalversion des *State of the Village Report* wurde im Jahr 1990 unter dem Titel *Who Lives in the Global Village?* veröffentlicht. Der Mythos entstand, Urheber dieser Version sei ein Universitätsprofessor aus Stanford, Philip Harter, dieser hatte jedoch nur im Internet eine E-Mail verbreitet, die von Meadows und Copeland zusammengetragene Fakten enthielt. Siehe http://www.odtmaps.com/behind_the_maps/population_map/state-of-village-stats.asp

wohner wären nicht weißer Hautfarbe, 30 wären weiß. Ganze 6 Leute besäßen 59 % des gesamten Dorfvermögens, und alle 6 kämen aus den Vereinigten Staaten. Von den 100 Dorfbewohnern lebten 80 in ärmlichen Verhältnissen, 70 könnten nicht lesen, 50 litten an Unterernährung, nur einer besäße einen Computer, und nur einer hätte einen akademischen Abschluss. Ein merkwürdiges Dorf, meinen Sie nicht?

Anmerkungen

Früher war es ein Leichtes, mich in ein Buch oder einen umfangreichen Artikel zu vertiefen. Die Lektüre zog mich in ihren Bann, und so konnte ich Stunden damit verbringen, in ellenlangen Prosatexten zu schmökern. Heute ist dies nur noch selten der Fall. Schon nach zwei oder drei Seiten verlässt mich die Konzentration. Ich werde unruhig, verliere den Faden und beginne zu überlegen, welchen anderen Dingen ich mich zuwenden könnte. Es kommt mir vor, als müsste ich mein widerspenstiges Gehirn ständig mit Gewalt zum Text zurückzerren. Sich ins Lesen zu vertiefen – ein Zustand, der sich einst wie von selbst einstellte – ist zu einem zähen Kampf geworden.

(Nicholas Carr)

1 Man geht von der Annahme aus, dass die Kette eine gleichförmige Masse pro Längeneinheit besitzt, ideal flexibel ist und eine Dicke von null aufweist. Die mathematische Funktion cosh(...) wird als Exponentialfunktion durch die Gleichung $\cosh(x) = (e^x + e^{-x}) / 2$ definiert.

2 Angenommen, die maximal erreichbare Beschleunigung beträgt +A, ergibt sich eine maximale Negativbeschleunigung von –A. Sie müssen den Wagen vom Punkt x = 0 zum Punkt x = 2D schieben, wobei die Anfangsgeschwindigkeit ebenso wie die Endgeschwindigkeit gleich null ist. Schieben Sie den Wagen von x = 0 nach x = D mit der Geschwindigkeit +A, bewältigt er diese Strecke in einer Zeit von $\sqrt{(2D/A)}$ und erreicht den Punkt x = D mit einer Geschwindigkeit von $\sqrt{(2DA)}$. Setzt an dieser Stelle unverzüglich die Negativbeschleu-

nigung –A ein, erreicht der Wagen den Punkt $x = 2D$ in einer Zeit von $\sqrt{(2D/A)}$, wo seine Geschwindigkeit abermals gleich null ist. Wie aufgrund der Symmetrie der Streckenverhältnisse zu erwarten war, entspricht dies genau der Zeit, die benötigt wird, um die erste Streckenhälfte zurückzulegen. Daher beträgt die Gesamtzeit, um den Wagen in die Garage zu schieben, $2\sqrt{(2D/A)}$.

3 Die Zufallsbewegung ist ein Diffusionsprozess, der der Diffusionsgleichung gehorcht. Für die Verbreitung von y über eine eindimensionale Distanz x in der Zeit t lautet diese $\partial y / \partial t = K\partial^2 y / \partial x^2$, wobei K eine Konstante ist, die die Leichtigkeit beschreibt, mit der eine Verbreitung durch das entsprechende Medium vonstattengeht. Bei näherer Betrachtung der Dimensionen ergibt sich daher, dass y / t proportional zu y / x^2 sein muss. Aus diesem Grund ist t proportional zu x^2, und so benötigen wir S^2 Schritte, um die gerade Strecke $x = S$ zurückzulegen.

4 Physiker bezeichnen diese Länge als *Planck-Länge* – benannt nach Max Planck, einem der Pioniere der Quantentheorie, der sie als Erster postulierte. Sie stellt die einzige Größe mit den Dimensionen einer Länge dar, die aus den drei fundamentalen Naturkonstanten – der Lichtgeschwindigkeit c, dem Planck'schen Wirkungsquantum h und der Gravitationskonstanten G – gebildet werden kann. Sie entspricht $(Gh / c^5)^{1/2}$ und spiegelt in einzigartiger Weise den Relativitäts-, Quanten- und Gravitationscharakter des Universums wider. Die Planck-Länge ist eine Längeneinheit, die nicht nach praktischen Gesichtspunkten des Alltags geschaffen wurde, weshalb sie im Vergleich zu den uns vertrauten Maßeinheiten so klein erscheint.

5 Ein einfaches Beispiel ist das aus, sagen wir, 25 quadratischen Teilen bestehende Affenpuzzle. Auf jeder der vier Seiten eines Puzzleteils ist ein halber Affe zu sehen (Ober- oder Unterkörper), der vier verschiedene Farben aufweisen kann. Unsere Aufgabe besteht nun darin, die 25 quadratischen Teile des Puzzles in der Weise zu einem großen 5×5-Quadrat zusammenzufügen, dass an jeder Schnittstelle ein Oberkörper und ein Unterkörper gleicher Farbe einen ganzen Affen

ergeben. Wie viele verschiedene Möglichkeiten, die Puzzleteile zu legen, müssten wir durchgehen, um das Puzzle schließlich zu lösen? Es gibt 25 Möglichkeiten, das erste Puzzleteil zu legen, 24 für das nächste, 23 für das übernächste, usw. So ergeben sich insgesamt $25 \times 24 \times 23 \times 22 \times ... \times 3 \times 2 \times 1 = 25!$ verschiedene Möglichkeiten, die 25 Puzzleteile zusammenzusetzen. Allerdings verfügt jedes Puzzleteil über 4 Seiten und somit über 4 verschiedene Ausrichtungen, was weitere 4^{25} Möglichkeiten mit sich bringt. Die Gesamtzahl verschiedener Anordnungen, die wir ausprobieren müssen, um schließlich die richtige zu finden, beträgt folglich $25! \times 4^{25}$ – eine absurd lange Zahl! Versuchten wir, diese Zahl auszuschreiben, würde sie nicht auf diese Seite passen. Würde ein Computer diese riesige Anzahl verschiedener Möglichkeiten mit einer Geschwindigkeit von einer Million Anordnungen pro Sekunde berechnen, bräuchte er immer noch mehr als 5,333 Billionen Billionen Jahre, um die richtige Anordnung zu finden. Zum Vergleich: Unser Universum existiert gerade einmal seit 13,7 Milliarden Jahren.

6 Steht der beste Kandidat an (r + 1)ter Stelle, und wir übergehen die ersten r Kandidaten, entscheiden wir uns mit Sicherheit für den besten Kandidaten. Allerdings tritt dieses Szenario nur mit einer Wahrscheinlichkeit von $1 / N$ ein. Steht der beste Kandidat an (r + 2) ter Stelle, wählen wir ihn mit einer Wahrscheinlichkeit von $1 / N \times (r / r + 1)$ aus. Fahren wir in dieser Weise fort, stellen wir fest, dass die Gesamtwahrscheinlichkeit, uns für den besten Kandidaten zu entscheiden, der Summe aller Einzelwahrscheinlichkeiten entspricht, also $P(N, r) = 1 / N \times (1 + r / (r + 1) + r / (r + 2) + r / (r + 3) + r / (r + 4) + r / (r + 5) + ... + r / (N - 1)) \approx 1 / N \times (1 + r \ln(N - 1) / r)$. Dieser letzte Term, dem sich die mathematische Reihe nähert, wenn N groß wird, erreicht seinen Höchstwert, wenn der Logarithmus $\ln ((N - 1) / r) = 1$, also $e = (N - 1) / r \approx N / r$, wenn N groß ist. Der Höchstwert von P(N, r) beträgt daher in diesem Fall $P \approx r / N \times \ln (N / r) \approx 1 / e \approx 0{,}37$.

7 Genauer gesagt, wenn wir die ersten N / e Bewerber überspringen, nähert sich die Wahrscheinlichkeit, den besten Kandidaten aus-

zuwählen, dem Wert 1 / e – vorausgesetzt, N ist groß, wobei e (= 2,7182... = 1 / 0,37) die mathematische Konstante darstellt, die die Basis der natürlichen Logarithmen bestimmt.

8 Die Wahrscheinlichkeit, dass einer der Anwesenden nicht am gleichen Tag wie Sie Geburtstag hat, beträgt 364 / 365. Bei G Gästen, deren Geburtstage unabhängig voneinander sind, beträgt die Wahrscheinlichkeit also $P = (364 / 365)^G$, dass keiner von ihnen am gleichen Tag Geburtstag hat wie Sie. Aus diesem Grund lässt sich die Wahrscheinlichkeit, dass einer der Gäste am gleichen Tag wie Sie Geburtstag hat, mit 1 – P beziffern. Je größer G wird, desto mehr geht P gegen null, und somit tendiert die Wahrscheinlichkeit gegen 1 bzw. 100%, dass einer der Anwesenden am gleichen Tag wie Sie Geburtstag hat. Es lässt sich verifizieren, dass 1 – P größer als 0,5 ist, wenn G einen größeren Wert als log(0,5) / log (364 / 365) – also ca. 253 – annimmt.

9 Es ist wesentlich einfacher, zunächst die Wahrscheinlichkeit zu ermitteln, dass sie nicht am gleichen Tag Geburtstag haben. Bei N Anwesenden entspricht diese Wahrscheinlichkeit P = 365 / 365 × 364 / 365 × 363 / 365 × ... × (365 – (N – 1)) / 365. Der erste Term ergibt sich daraus, dass die erste Person an jedem beliebigen der 365 Tage eines Jahres Geburtstag haben kann. Folglich kann das Geburtsdatum der zweiten Person, wenn es nicht mit dem der ersten identisch sein soll, nur noch auf 364 der 365 Tage eines Jahres fallen, woraus sich der zweite Term ergibt. Soll nun die dritte Person nicht am gleichen Tag Geburtstag haben wie eine der beiden ersten, kann deren Geburtsdatum lediglich auf 363 der 365 Tage fallen usw. Das Geburtsdatum der N-ten Person schließlich kann nur noch auf 365 minus (N – 1) der 365 Tage eines Jahres fallen, um Überschneidungen mit den Geburtstagen der (N – 1) Personen zuvor zu vermeiden. Die Wahrscheinlichkeit, dass zwei der anwesenden Personen *tatsächlich* am gleichen Tag Geburtstag haben, beträgt also $1 - P = 1 - N! / (365^N (365 - N)!)$. Ist N größer als 22, liegt diese Wahrscheinlichkeit bei über 0,5 bzw. 50%.

10 Ändern wir die Konfidenzwahrscheinlichkeit von 95 % auf, sagen wir, P %, weisen die drei Zeitintervalle in unserem Diagramm die Längen

½ × (1 − P) / 100, P / 100 sowie ½ × (1 − P) / 100 auf (machen wir die Gegenprobe und setzen für P den Wert 0,95 ein, erhalten wir unser ursprüngliches Ergebnis). Legen wir die gleiche Beweisführung zugrunde wie zuvor, sehen wir, dass am Betrachtungszeitpunkt A die Zukunft (P / 100 + ½ × (1 − P) / 100)) / ½ × (1 − P / 100) = (100 + P) / (100 − P) Mal länger ist als die Vergangenheit. Die Wahrscheinlichkeit beträgt also P %, dass die bisherige Lebensdauer mindestens (100 − P) / (100 + P) Mal, höchstens jedoch (100 + P) / (100 − P) Mal übertroffen wird. Je mehr sich P der 100 %-Marke nähert, desto weniger aussagekräftig werden die Prognosen, müssen sie doch bei einer hohen Konfidenzwahrscheinlichkeit wesentlich verlässlicher sein. So wird bei einer Wahrscheinlichkeit von 99 % die bisherige Lebensdauer mindestens 1 / 199 Mal, höchstens jedoch 199 Mal übertroffen. Senken wir dagegen die Konfidenzwahrscheinlichkeit auf, sagen wir, 50 %, ergibt sich für die verbleibende Lebenserwartung, dass die bisherige Lebensdauer mindestens 1 / 3 Mal und höchstens 3 Mal übertroffen wird: eine sehr enge Zeitspanne, aber die Wahrscheinlichkeit, dass diese Prognose zutrifft, ist so gering, dass wir sie getrost ignorieren können.

11 Colin Maclaurin war ein schottischer Mathematiker und Zeitgenosse von Isaac Newton.

12 Je niedriger der Zinssatz r, desto verlässlicher der Näherungswert. Um ein noch genaueres Ergebnis zu erzielen, können wir $\log_e(1 + r)$ näherungsweise durch $r - r^2 / 2$ bestimmen und erhalten n = 0,7 / r (1 − ½ r). Für einen Zinssatz von 5 % (also r = 0,05) bedeutete dies, dass sich der Wert der Investition statt in 14 in 14,36 Jahren verdoppelt.

13 Ein Bilderbuchbeispiel für das in der Physik unter der Bezeichnung «Dimensionsanalyse» bekannte mathematische Verfahren. Taylor will den Radius R einer sich kreisförmig ausbreitenden Explosion zum Zeitpunkt t nach der Detonation bestimmen (der Detonationszeitpunkt ist also t = 0). Dabei geht er von der Annahme aus, dass R von der durch die Bombe freigesetzten Energie E sowie der ursprünglichen Dichte p der umliegenden Luftmassen abhängt. Wenn eine

Formel $R = kE^a p^b t^c$ existiert, mit k, a, b und c als den zu ermittelnden Zahlengrößen, muss sich für a = 1/5, für b = −1/5 und für c = 2/5 ergeben, da die Dimension der Energie durch ML^2T^{-2} und die der Dichte durch ML^{-3} gegeben ist, wobei M die Masse, L die Länge und T die Zeit darstellt. Hieraus ergibt sich die Formel $R = kE^{1/5}p^{-1/5}t^{2/5}$. Gehen wir davon aus, dass sich die Konstante k dem Wert 1 nähert, stellen wir fest, dass sich die gesuchte Energiemenge näherungsweise durch $E = pR^5 / t^2$ bestimmen lässt. Durch den Vergleich verschiedener Aufnahmen ist die Bestimmung von k ebenfalls möglich.

14 Sie haben an einen Elefanten gedacht!

15 Jede dreistellige Zahl ABC lässt sich in ausgeschriebener Form als 100A + 10B + C darstellen. Zunächst subtrahieren wir von dieser Zahl deren umgekehrte Ziffernfolge, also 100C + 10B + A, und erhalten das Ergebnis $99\,|A - C|$, wobei die gerade Klammer bedeutet, dass A − C stets einen positiven Wert annimmt. Der Wert von A − C muss zwischen 2 und 9 liegen, weshalb wir ein dreistelliges Vielfaches von 99 erhalten, wenn wir diese Zahl mit 99 multiplizieren. Dabei kommen lediglich 8 Zahlen als potenzielle Lösung infrage: 198, 297, 396, 495, 594, 693, 792 und 891. Bitte beachten Sie, dass die mittlere Ziffer stets eine 9 ist und die beiden anderen Ziffern in der Summe ebenfalls immer 9 ergeben. Aus diesem Grund lautet das Ergebnis immer 1089, wenn wir eine dieser Zahlen mit ihrer umgekehrten Ziffernfolge addieren.

16 Hat der Regierungschef mit der Wahrscheinlichkeit p die Wahrheit gesagt, liegt die Wahrscheinlichkeit, dass seine Aussagen tatsächlich der Wahrheit entsprechen, bei $Q = p^2 / (p^2 + (1 - p)^2)$. In unserem Fall – p = ¼ – ergibt dies eine Wahrscheinlichkeit von Q = 1/10. Wir stellen fest, dass Q kleiner als p ist, wenn gilt: p < ½, und Q größer als p ist, wenn gilt: p > ½. Wenn gilt: p = ½, beträgt Q ebenfalls ½.

17 Weiterführende Informationen finden Sie bei J. Haigh, *Taking Chances*, Oxford UP, Oxford (1999), Kapitel 2.

18 Siehe auch S. D. Collingwood, *The Lewis Carroll Picture Book*, Fisher Unwin, London (1899), S. 316 ff.

19 Für weitergehende Informationen siehe Donald Saari, «Suppose You Want to Vote Strategically», *Maths Horizons*, November 2000, S. 9.

20 Tolkowsky fand heraus, dass die Facette des Diamanten, auf die das einfallende Licht zuerst trifft, idealerweise einen Winkel von mehr als 48° 52' zur Horizontalen aufweisen muss, soll es zu einer Totalreflexion kommen, was wiederum die größtmögliche Brillanz des Steins zur Folge hat. Nach der ersten internen Reflexion trifft das Licht auf eine zweite Facette und wird von dort vollständig reflektiert, wenn diese über einen Winkel von weniger als 43° 43' zur Horizontalen verfügt. Auch um die größtmögliche Dispersion der Farben (deren Farbspektrum dem Diamanten das «Feuer» verleiht) zu erreichen, ermittelte Tolkowsky einen idealen Winkel, der bei 40° 45' liegt. Die moderne Schlifftechnik orientiert sich an Tolkowskys Standardwerten und weicht nicht selten geringfügig von diesen ab, um dem Stein eine individuelle Note und somit einen besonderen Charakter zu verleihen.

21 Das heißt, für zwei beliebige Größen x und y gilt stets, dass $\frac{1}{2}(x + y) \geq (xy)^{1/2}$, was der Tatsache geschuldet ist, dass das Quadrat $(x^{1/2} - y^{1/2})^2 \geq 0$. Diese Formel macht eine interessante Eigenschaft deutlich, über die das geometrische Mittel verfügt, das arithmetische jedoch nicht. Werden die Größen x und y in unterschiedlichen Einheiten gemessen (z. B. $ pro Unze und £ pro Kilogramm), ist es nicht möglich, den Wert $\frac{1}{2}(x + y)$ zu unterschiedlichen Zeitpunkten sinnvoll zu vergleichen. Um einen sinnvollen Vergleich anstellen zu können, ist es unabdingbar, dass x und y in der gleichen Einheit angegeben werden. Zieht man dagegen das geometrische Mittel heran, kann der Wert $(xy)^{1/2}$ zu unterschiedlichen Zeitpunkten sinnvoll verglichen werden, auch wenn x und y unterschiedliche Maßeinheiten aufweisen.